Landschaftszonen und Raumanalyse

Geographie 11
Niedersachsen

Von
Hans-Ulrich Bender
Ulrich Kümmerle
Norbert von der Ruhren
Manfred Thierer
Werner Wallert

Ernst Klett Schulbuchverlag
Stuttgart Düsseldorf Berlin Leipzig

Landschaftszonen und Raumanalyse

Geographie 11 Niedersachsen

Von
Studiendirektor Hans-Ulrich Bender
Prof. Ulrich Kümmerle
Studiendirektor Norbert von der Ruhren
Studiendirektor Dr. Manfred Thierer
Oberstudienrat Werner Wallert

Bildnachweis
S. 9 Zeiss/NASA-Foto; S. 30 oben Bavaria Verlag, Gauting; S. 30 unten H. Schwalm, Heidelberg; S. 31 oben W. Klaer, Mainz; S. 31 unten GEODIA, Göttingen; S. 32 oben H.-J. Philipp, Stuttgart; S. 32 unten B. Raster, Gilching; S. 33 oben M. Thierer, Leutkirch; S. 33 unten GEODIA, Göttingen; S. 34 oben J. Muench, Santa Barbara; S. 34 unten G. Gerster, Zumikon-Zürich; S. 35 GEODIA, Göttingen; S. 36 oben APN/Jürgens, Köln; S. 36 unten Province of Manitoba Information Services Branch, Winnipeg; S. 37 oben Paolo Koch, Zollikon; S. 37 unten Naturfoto/Koch, Tisvilde; S. 45 S. Seitz, Freiburg; S. 59 H. Mensching, Hamburg; S. 60 Fouad N. Ibrahim, Hannover; S. 61 H.-J. Philipp, Stuttgart; S. 66 G. Gerster, Zumikon/Zürich; S. 73 B. Raster, Gilching; S. 74 G. Gerster, Zumikon/Zürich; S. 77 L. Rother, Schwäbisch Gmünd; S. 79 F. Tichy, Erlangen; S. 89 G. Gerster, Zumikon/Zürich; S. 94 GEODIA, Göttingen; S. 112 W. Wisniewski, Waltrop; S. 125 N. von der Ruhren, Aachen; S. 129 N. von der Ruhren, Aachen; S. 136 Presseagentur Morgan, Weddelbrook; S. 139 Keystone, Hamburg.

Gedruckt auf Serena matt, hergestellt von den Cartiere del Garda
aus chlorfrei gebleichtem Zellstoff, säurefrei und ohne optische Aufheller.

1. Auflage 1 9 8 7 6 5 | 1996 95 94 93 92

Alle Drucke dieser Auflage können im Unterricht nebeneinander benutzt werden, sie sind untereinander unverändert.
Die letzte Zahl bezeichnet das Jahr dieses Druckes.

Redaktion: Ingeborg Philipp, Verlagsredakteurin

Zeichnungen: M. Hermes, W. Scivos, U. Wipfler
Umschlag: M. Muraro
Satz: Setzerei Lihs, Ludwigsburg
Druck: KLETT DRUCK H. S. GmbH, Korb
ISBN 3-12-409090-X

Inhaltsverzeichnis

I Physisch-geographische Grundlagen

Klima

Der Aufbau der Atmosphäre

Der Aufbau und die Zusammensetzung der Atmosphäre sind in den letzten Jahrzehnten mit Hilfe von Flugzeugen, Radiosonden und Wettersatelliten eingehend erforscht worden. Die Atmosphäre besteht aus verschiedenen Schichten: der Troposphäre, der Stratosphäre und der Ionosphäre. In der untersten Schicht, der Troposphäre, spielt sich das Wettergeschehen ab. Sie reicht an den Polen in Höhen von 8–9 km, in äquatorialen Breiten bis in 17–18 km Höhe. Die Zusammensetzung des Gasgemisches Luft ist bis in etwa 20 km Höhe, trotz der unterschiedlichen Dichte der Einzelgase, relativ konstant. Trockene, reine Luft besteht aus 78,08 Volumprozent Stickstoff, 20,95% Sauerstoff, 0,93% Argon und 0,03% Kohlendioxid. Die Luft enthält ferner wechselnde Mengen von Wasserdampf und andere Bestandteile (z. B. Staub, Mikroorganismen).

Sonnenstrahlung und Lufttemperatur

Die Sonne – Licht- und Wärmespenderin – ist die Antriebskraft aller atmosphärischen Vorgänge. An der Erdoberfläche wird die auftreffende kurzwellige Sonnenstrahlung in langwellige Wärmestrahlung umgewandelt. Diese wiederum erwärmt die Luft an der Erdoberfläche, dabei dehnt sich die Luft aus, wird leichter und steigt auf. Weil die Luft vorwiegend von der Erdoberfläche her erwärmt wird, nimmt ihre Temperatur mit zunehmender Höhe ab, pro 100 m Höhenunterschied im allgemeinen zwischen 0,5–0,8°C. An der Obergrenze der Troposphäre liegen die Temperaturen zwischen −40° und −90°C.

Die Intensität der Sonneneinstrahlung ist vor allem vom Einfallswinkel der Strahlen abhängig. Je flacher sie einfallen, um so geringer ist die eingestrahlte Wärmemenge. Das bedeutet, daß

- die täglich wechselnde Sonnenhöhe, deren Ursache die Erdrotation ist, einen bestimmten Tagesgang der Temperatur bedingt, wobei das Temperaturminimum etwa bei Sonnenaufgang, das Maximum etwa zwei bis drei Stunden nach Sonnenhöchststand erreicht wird;
- die durch die Schiefstellung der Erdachse bedingte jahreszeitlich unterschiedliche Sonnenhöhe einen bestimmten Jahresgang der Temperatur nach sich zieht;
- die Energiezufuhr der Sonne vom Äquator zu den Polen hin abnimmt.

Abb. 1: Abhängigkeit der Erwärmung vom Einfallswinkel der Sonnenstrahlen

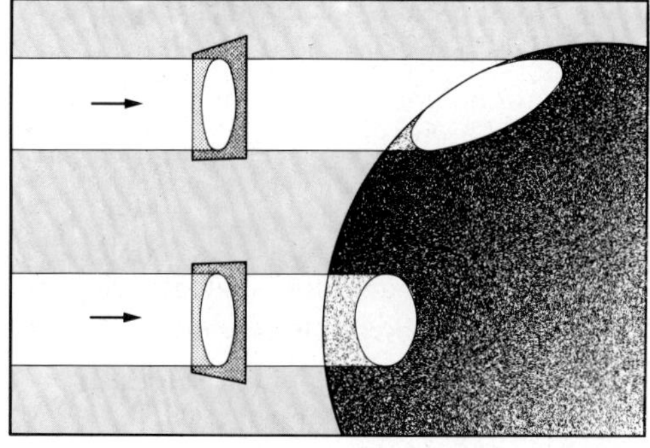

Eckardt Jungfer: Einführung in die Klimatologie. Stuttgart: Klett 1985, S. 54

Tab. 1: Mittagshöhe der Sonne und Tageslängen (Nordhalbkugel)

	Breitenlage	Mittagshöhe der Sonne			Tageslänge in Stunden	
		21. 6.	21. 3. 23. 9.	21. 12.	längster Tag	kürzester Tag
Nordpol	90°	23,5°	0°	–	24	0
Nördlicher Polarkreis	66,5°	47°	23,5°	0°	24	0
Nördlicher Wendekreis	23,5°	90°	66,5°	43°	13,5	10,5
Äquator	0°	66,5°	90°	66,5°	12	12

Zwischen dem Äquator und den Wendekreisen steht die Sonne zwei- bzw. einmal im Jahr mittags senkrecht. Die Mittagshöhe unterschreitet dort nie 43°. Daraus ergeben sich über das ganze Jahr hinweg sehr gleichmäßige Strahlungs- und Beleuchtungsbedingungen mit hohen tropischen Temperaturen (im Tiefland mehr als 25° C). Die Tagesschwankungen der Temperatur in den Tropen sind dagegen im Vergleich zu den jahreszeitlichen deutlich größer.

Die Temperaturverhältnisse auf der Erde sind aber nicht nur von der Intensität und der Dauer der Sonneneinstrahlung, sondern auch von anderen Einflußgrößen abhängig: der Höhenlage eines Ortes, der Verteilung von Land und Meer, dem Feuchtigkeitsgehalt der Luft (Dunst, Bewölkung usw.), dem Wärmetransport durch Winde (z. B. Föhn, Passate) und durch Meeresströmungen (z. B. Golfstrom) und schließlich der Beschaffenheit des Bodens und der Pflanzendecke.

Großen Einfluß übt vor allem die Verteilung von Land und Meer aus. Wasser erwärmt sich wegen seiner etwa viermal größeren Wärmekapazität langsamer als das Land; es kühlt sich auch langsamer wieder ab. Orte in Meeresnähe zeigen daher geringe Temperaturschwankungen zwischen Tag und Nacht sowie zwischen Sommer und Winter. Man spricht vom ozeanischen Temperaturgang (maritimes Klima, Seeklima). Im Innern der Kontinente sind dagegen die Tages- und Jahresschwankungen groß; man spricht vom kontinentalen Temperaturgang (kontinentales Klima, Landklima; vgl. dazu auch Abb. 2, S. 82–83).

1. *Erläutern Sie die Begriffe Tageszeitenklima und Jahreszeitenklima.*
2. *In welchen Gebieten werden die höchsten, in welchen Gebieten die niedrigsten Temperaturen gemessen?*
3. *Zeichnen Sie ein Temperaturprofil für die Monate Januar und Juli entlang dem 60. nördlichen Breitengrad. Begründen Sie die dabei feststellbaren Abweichungen.*

Luftdruck und Winde

Die Masse der Luft übt auf die Erdoberfläche einen Druck aus, den Luftdruck. Er wird mit dem Barometer gemessen und in der Maßeinheit Hektopascal (hPa) angegeben (1 Hektopascal = 1 Millibar [mbar]). In Meeresniveau lasten auf einem Quadratzentimeter unter Normalbedingungen 1,033 kg Luft; das entspricht 1013 hPa. Mit zunehmender Höhe nimmt der Luftdruck ab (6 km: 500 hPa, 16 km: 100 hPa). Um den Luftdruck verschiedener Orte vergleichen zu können, rechnet man die gemessenen Werte auf Meeresniveau und auf 0° C um. Die Linien, die Orte gleichen Luftdrucks verbinden, nennt man Isobaren.

Abb. 2: Luftbewegungen und Isobaren im Hoch und Tief auf der Nordhalbkugel

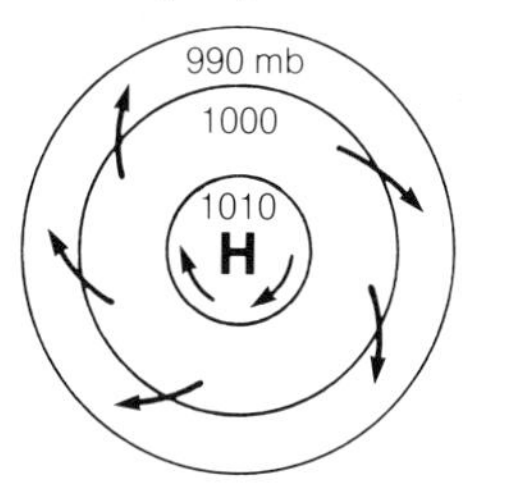

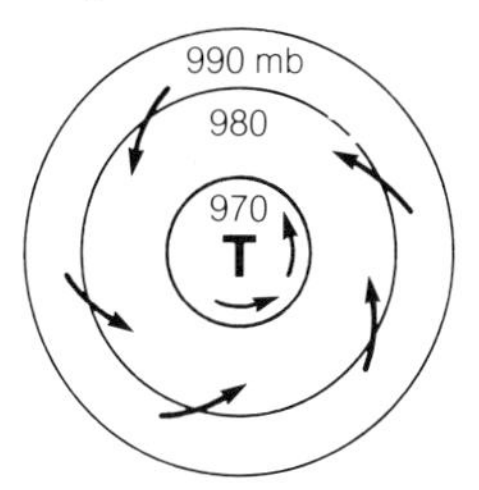

Ein Gebiet hohen Luftdrucks wird als Hochdruckgebiet (Antizyklone), ein solches mit niedrigem Luftdruck als Tiefdruckgebiet (Zyklone) bezeichnet. Aufgrund des unterschiedlichen Luftdrucks zwischen Hoch und Tief entstehen Winde, denn die Luft versucht, Druckunterschiede auszugleichen. Je stärker das Luftdruckgefälle, die Gradientkraft, um so größer ist die Windgeschwindigkeit.

Thermische Hochs und Tiefs entstehen durch die unterschiedliche Erwärmung der Luft. Beispielsweise erwärmt sich das Land am Tag schneller als das Wasser, und es kommt in Küstengebieten zur Ausbildung des Land-Seewind-Systems.
Tiefs können auch dann entstehen, wenn unterschiedlich temperierte Luftmassen, z. B. polare Kaltluft und tropische Warmluft, gegeneinander strömen (vgl. S. 8).

Abb. 3: Entstehung des Seewindes

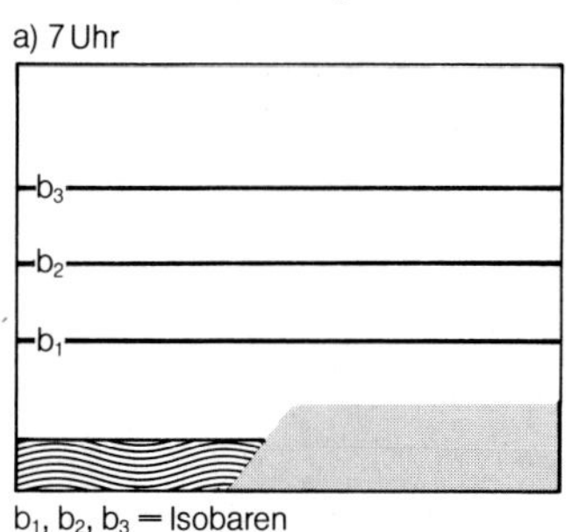

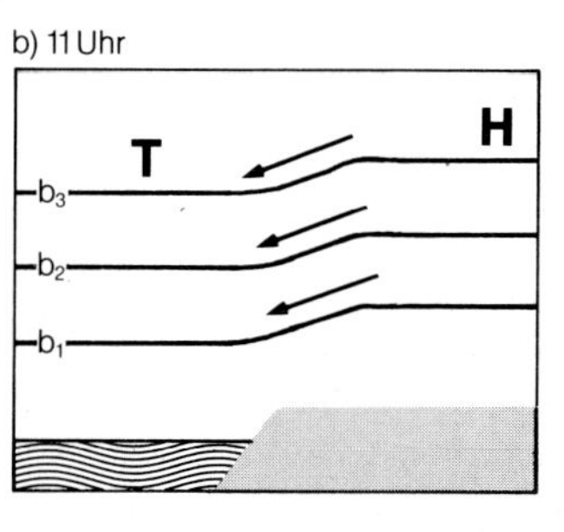

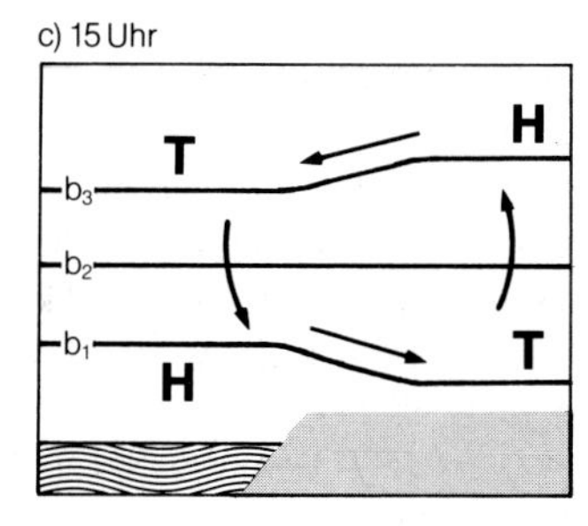

b_1, b_2, b_3 = Isobaren

Ablenkung der Winde. Stünde die Erde still, so würden die Winde immer direkt vom Hoch zum Tief wehen. Es vollzöge sich ein rascher Ausgleich zwischen Hoch- und Tiefdruckgebieten. Da sich die Erde aber dreht, wirkt auf jede Luftbewegung die ablenkende Kraft der Erdrotation ein, die Corioliskraft. Durch sie wird jeder Wind auf der Nordhalbkugel aus seiner Richtung nach rechts, auf der Südhalbkugel nach links abgelenkt (vgl. Abb. 4). So kommt zum Beispiel ein vom nördlichen Wendekreis zum Äquator wehender Wind dort nicht als Nordwind an, sondern wird nach rechts zum Nordostwind bzw. Ostwind abgelenkt. So ist zu erklären, warum in einem Hoch auf der Nordhalbkugel die Winde im Uhrzeigersinn, im Tief entgegen dem Uhrzeigersinn wehen.
Die Corioliskraft nimmt mit der Windgeschwindigkeit zu. Die Folge ist, daß der Wind schließlich beinahe parallel zu den Isobaren weht (Abb. 4c) und ein rascher Druckausgleich daher nicht möglich ist. Das ist z. B. in Höhen über 2000 m der Fall, wo der Wind durch Reibung nicht gebremst wird. Auch über dem Meer ist die Corioliskraft größer als über Land. In den unteren Luftschichten über Land wird dagegen der Wind durch Reibungskraft abgebremst, er wendet sich in Richtung des Tiefs (Abb. 4b).

Abb. 4: Ablenkung einer Luftmasse auf der Nordhalbkugel (schematisch)

a) Bei fehlender Corioliskraft
Unter Einwirkung der Corioliskraft:
b) bei starker Reibung (in unteren Luftschichten)
c) ohne Reibung (in höheren Luftschichten)
H H H
1000 mb
995 mb
990 mb
985 mb
T T T

Die Corioliskraft ist schließlich auch von der geographischen Breite abhängig und reduziert sich bis zum Äquator auf Null – also können die Winde dort unmittelbar in ein Tief einströmen. Somit entstehen nie größere Druckunterschiede, häufig herrscht Windstille. Man zählt daher diese Zone zu den Kalmen (von englisch calm = ruhig).

Atmosphärische Zirkulation. Der Temperaturunterschied zwischen den Polen und dem Äquator ist die eigentliche Ursache für die weltweite Luftzirkulation. In den Tropen lagern infolge der starken Sonneneinstrahlung warme Luftmassen, in den Polargebieten kalte. Deshalb ist die Luft über den Tropen nach oben ausgedehnt und weniger dicht. Die Grenze der Troposphäre liegt in etwa 18 km Höhe. An den Polen ist die Luft dichter, die Troposphärengrenze liegt in 8–9 km Höhe. In der Höhe herrscht deshalb am Äquator höherer, an den Polen niedrigerer Luftdruck. Die aus diesem Druckgefälle in der Höhe resultierenden Winde werden durch die Corioliskraft zu Westwinden abgelenkt. Solche Westwinde sind in den oberen Schichten der Troposphäre weltweit verbreitet. Am stärksten sind sie in einer schmalen Zone kräftigen Luftdruckabfalls, der planetarischen Frontalzone (vgl. Abb. 5).

Abb. 5: Die Entstehung der Frontalzone

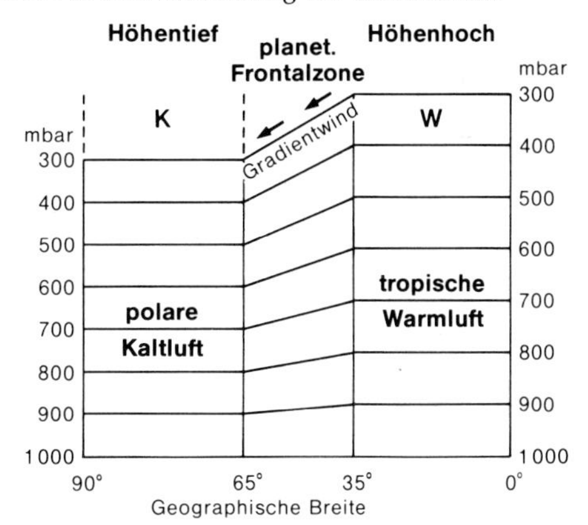

Abb. 6: Flugroute eines Versuchsballons

Nach Howard J. Critchfield: General Climatology. Englewood Cliffs, N. J.: Prentice-Hall Inc., 3. Aufl. 1974, S. 91

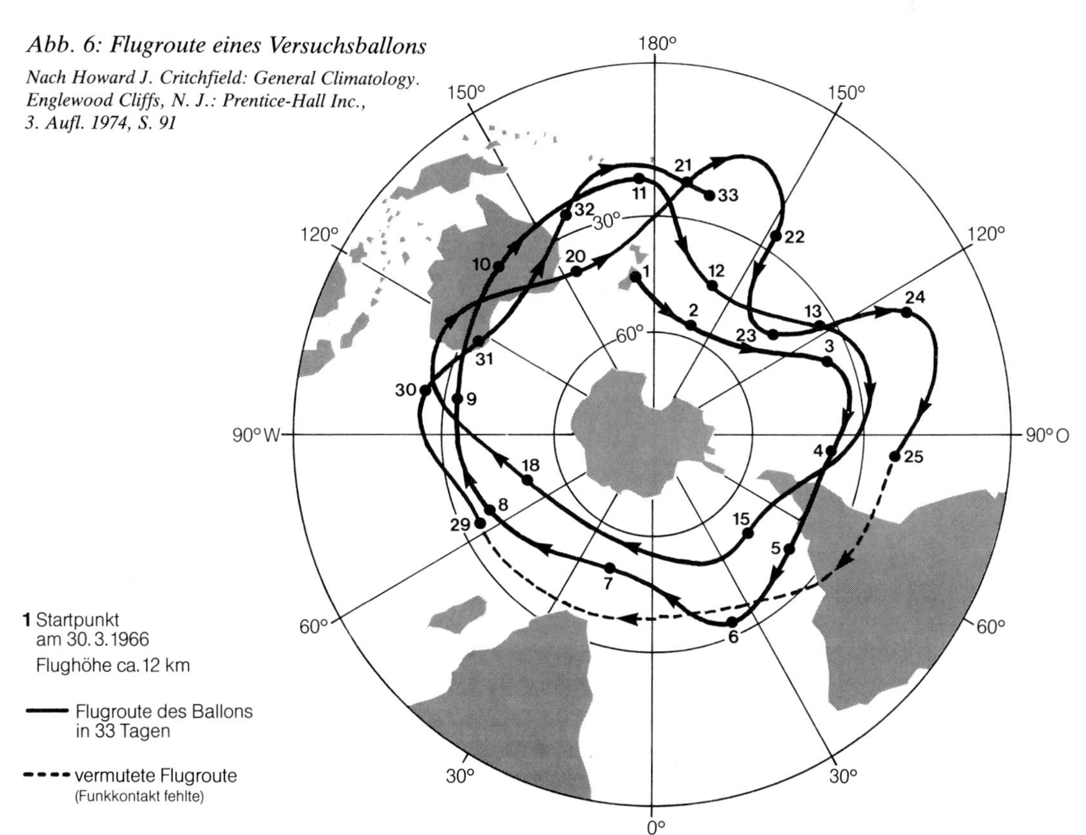

Dieses 100–200 km breite Strömungsband zieht ständig wechselnd und mäandrierend in den mittleren Breiten um die beiden Halbkugeln. Der Wind kann sich hier in 8–12 km Höhe bis zu 400 km/h, ja sogar bis zu 600 km/h steigern. Diese Strahlströme (Jetstreams) wirken sich in den gemäßigten Breiten bis auf die bodennahen Luftschichten aus.

In der planetarischen Frontalzone, in der Warmluft und polare Kaltluft aufeinandertreffen, bilden sich durch das Zusammenwirken der Coriolis- und der Gradientkraft Hoch- und Tiefdruckzellen. Wegen der Art ihrer Entstehung spricht man von dynamischen Hochs und Tiefs. Sie bestimmen das Wetter in der gemäßigten Zone (vgl. S. 16ff).

Man hat nun festgestellt, daß aus der Zone der Strahlströme die Tiefs polwärts ausscheren und dort eine Tiefdruckrinne bilden, die aus einzelnen, sich ständig erneuernden Zellen besteht

Abb. 7: Ausscheren der Zyklonen (Tiefdruck) und Antizyklonen (Hochdruck) aus der Höhenwestströmung auf der Nordhalbkugel (nach Flohn)

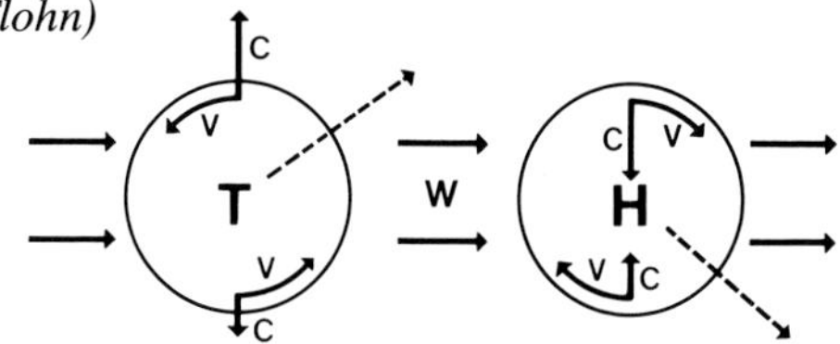

V = Windgeschwindigkeit, C = Corioliskraft, W = Westwinddrift

(z. B. Islandtief, Alëutentief). Auf der Äquatorseite scheren dagegen die Hochs aus, die in etwa 30° Breite einen Hochdruckgürtel (z. B. Azorenhoch, Hawaiihoch) ausbilden.

Über den Polkappen liegen flache Hochdruckgebiete, aus denen Luftmassen zu den polaren Tiefdruckrinnen strömen. Wegen der einwirkenden Corioliskraft werden daraus Ostwinde.

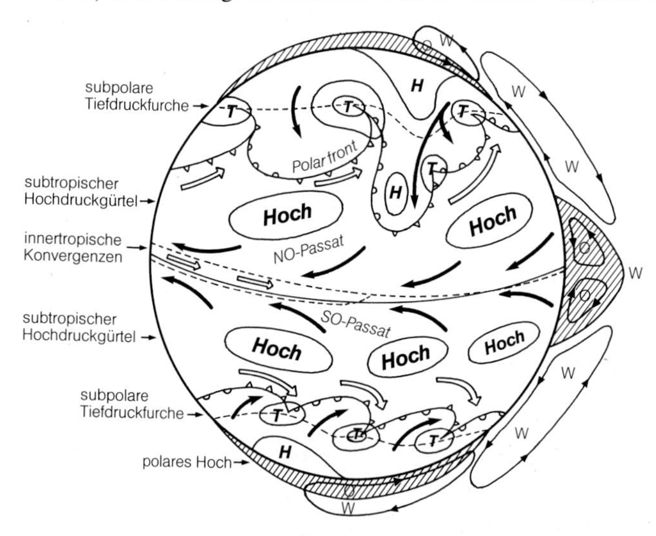

Abb. 8: Schema der planetarischen Luftdruck- und Windgürtel in 0–2 km Höhe mit Aufriß bis 15 km Höhe (nach Flohn)

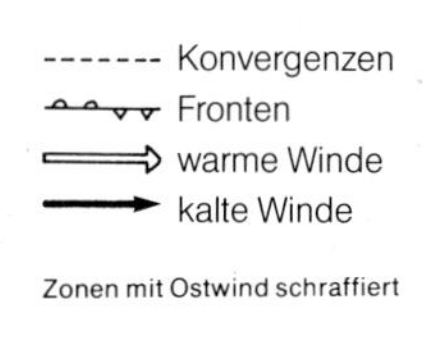

Passatzirkulation der Tropen. Am thermischen Äquator besteht am Boden niedriger Luftdruck, da Luft in der Höhe polwärts abfließt. In dieses Tiefdruckgebiet strömen von den bei etwa 30° gelegenen subtropischen Hochdruckgürteln Luftmassen ein. Es entstehen in Bodennähe der Nordostpassat der Nordhalbkugel und der Südostpassat der Südhalbkugel. Die Passate sind gleichmäßige, ihre Richtung beibehaltende Winde (spanisch passada = Überfahrt). Die Passate strömen gegeneinander, sie konvergieren (innertropische Konvergenzzone, ITC). Das führt zusammen mit der starken Aufheizung am Äquator zum Aufsteigen der Luft, womit Wolkenbildung, Schauer und Gewitter einhergehen (vgl. Abb. 9).

Im Nordsommer (Sommer der Nordhalbkugel) wandert der thermische Äquator mit der ITC nach Norden bis ca. 18° N (in Südasien sogar noch weiter), im Nordwinter nach Süden. Damit verschieben sich auch die anschließenden Luftdruck- und Windgürtel. (Siehe auch S. 120f.)

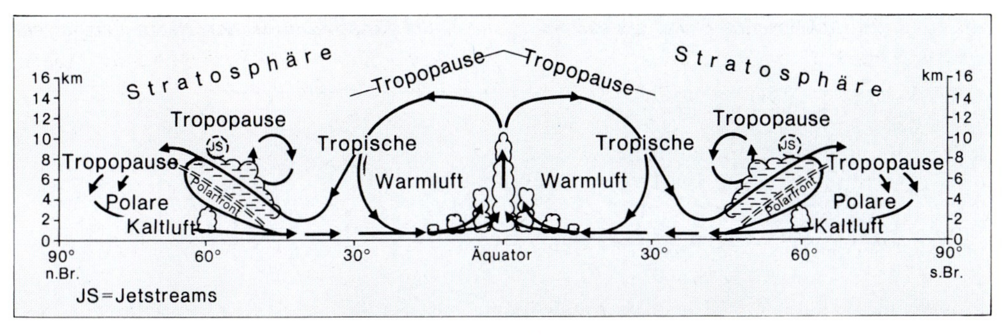

Abb. 9: Schematische Darstellung der atmosphärischen Zirkulation

Abb. 10: Luftdruckverteilung und Luftströmung im Mittel für die bodennahe Reibungszone im Januar und Juli

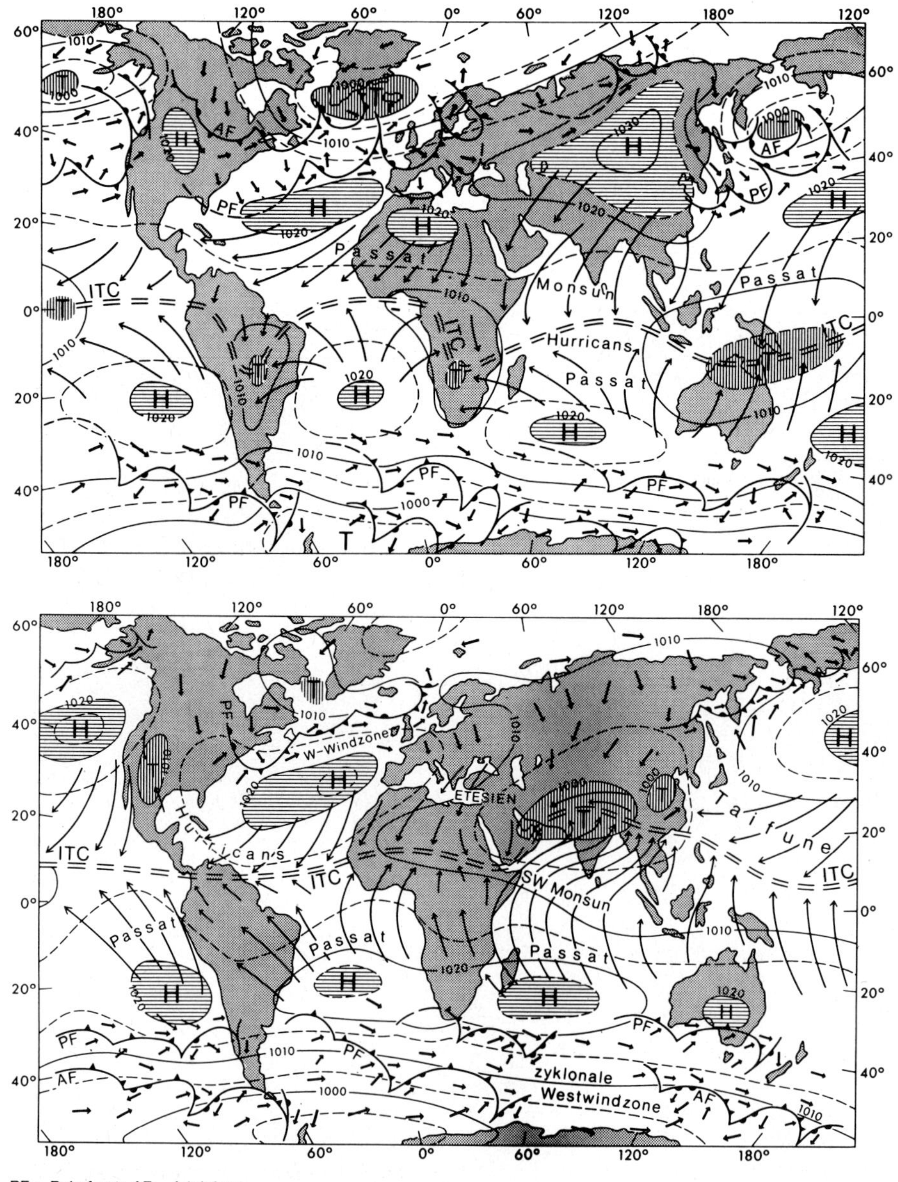

PF = Polarfront; AF = Arktisfront

Wolfgang Weischet: Einführung in die Allgemeine Klimatologie. Stuttgart: Teubner 1977, S. 224 u. 225, ergänzt

4. *Fertigen Sie analog der Abbildung 3 eine Skizze des Land-Seewind-Systems bei Nacht an.*

5. *Erklären Sie das winterliche Hochdruckgebiet Innerasiens.*

6. *Informieren Sie sich über lokale Windsysteme, z. B. den Föhn.*

7. *Versuchen Sie zu erklären, warum Segelschiffe in den Breiten um 30° sowie am Äquator nur mühsam vorankommen.*

8. *Beschreiben und erklären Sie den Verlauf der vom Ballon (Abb. 6) zurückgelegten Strecke. Ermitteln Sie die ungefähre Durchschnittsgeschwindigkeit.*

Luftfeuchtigkeit und Niederschlag

Abb. 11: Aufnahmefähigkeit der Luft für Wasserdampf bei verschiedenen Temperaturen

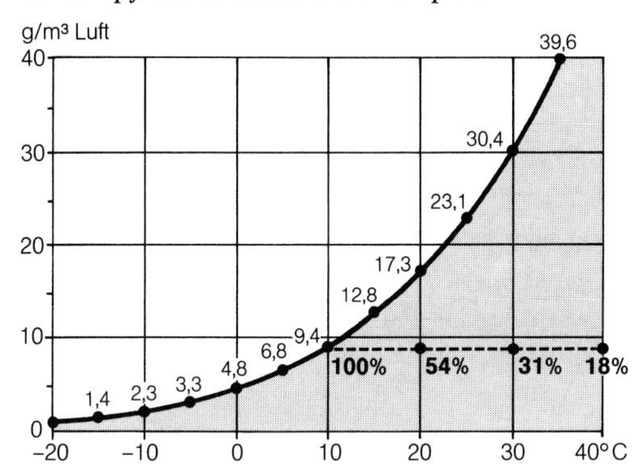

Luft, die bei 10°C gesättigt ist, also 100% relative Luftfeuchte aufweist, zeigt bei Erwärmung auf 20°C nur noch 54% relative Luftfeuchtigkeit.

Die Luft kann, je nach ihrer Temperatur, unterschiedliche Mengen Wasserdampf aufnehmen.
Die absolute Luftfeuchtigkeit gibt die Masse (in Gramm) des in einem Kubikmeter Luft enthaltenen Wasserdampfes an. Die relative Luftfeuchtigkeit gibt an, wieviel Prozent der maximal möglichen Wasserdampfmenge in einer Luftmasse tatsächlich enthalten sind. Beim Abkühlen der Luft wird der Sättigungs- oder Taupunkt bei 100% relativer Feuchte erreicht. Sinkt die Temperatur noch weiter, so kondensiert der Wasserdampf; es kommt zu Wolkenbildung und Niederschlag.
Die Kondensation des Wasserdampfes ist also immer eine Folge der Abkühlung der Luft. Diese kann eintreten:

- durch das Aufsteigen feuchter Luft im Luv von Gebirgen (Steigungsregen). Das Aufsteigen kann auch nach starker Aufheizung des Bodens erfolgen, wie etwa in den Tropen während des Zenitstandes der Sonne oder an heißen Sommertagen in den mittleren Breiten, woraus sich Wärmegewitter ergeben können.
- durch das Aufgleiten warmer Luft auf kalte (Frontalnebel, Frontalniederschläge);
- durch nächtliche Ausstrahlung und Abkühlung.

Niederschlagszonen im Überblick

Immerfeuchte, regenreiche Gebiete:

- Innere Tropen (vor allem Zenitalregen)
- Gebirgige Ostseiten tropischer Kontinente (Passat-Steigungsregen)
- Westseiten der Festländer und Gebirge in der Westwindzone (wandernde Tiefdrucksysteme und Westwind-Steigungsregen)

Wechselfeuchte Gebiete:

- Savannengebiete mit Wechsel von Regenzeit und Trockenzeit (Verschiebung der Luftdruck- und Windgürtel durch Verlagerung des Sonnenhöchststandes)
- Tropische Monsungebiete (jahreszeitlicher Wechsel von Windsystemen mit unterschiedlicher Richtung)
- Subtropische Winterregengebiete der Kontinent-Westseiten (sommerliche Trockenheit durch subtropischen Hochdruckgürtel, Winterregen durch Westwinde)
- Subtropische Sommerregengebiete der Kontinent-Ostseiten (Monsuneffekte)

Niederschlagsarme Gebiete:

- Subtropische Hochdruckgürtel (absteigende Luft)
- Küstenferne kontinental geprägte Gebiete
- Lee von Gebirgen
- Polare Hochdruckgebiete

9. *Warum fallen in kalten Gebieten weniger Niederschläge als in warmen?*

10. *Stellen Sie mit Hilfe von Atlaskarten die Niederschlagsverhältnisse in Niedersachsen fest. Vergleichen Sie diese mit anderen Bundesländern.*

11. *Erklären Sie die Niederschlagsverhältnisse an der Südostküste Brasiliens. Suchen Sie analoge Beispiele.*

12. *Interpretieren Sie das Satellitenbild (Foto S. 9) im Hinblick auf Luftfeuchtigkeit und Niederschläge.*

Abb. 12: Klimate der Erde

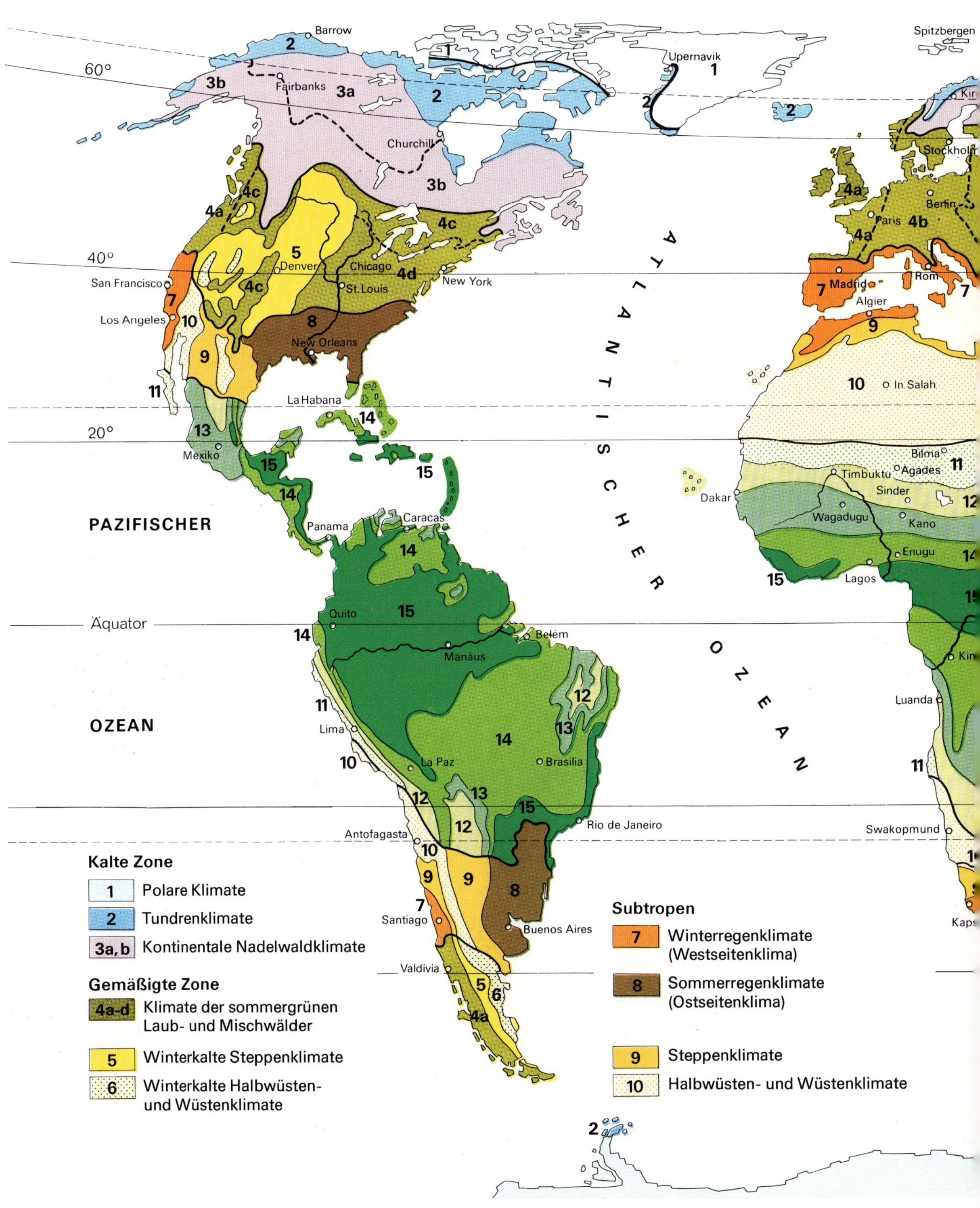

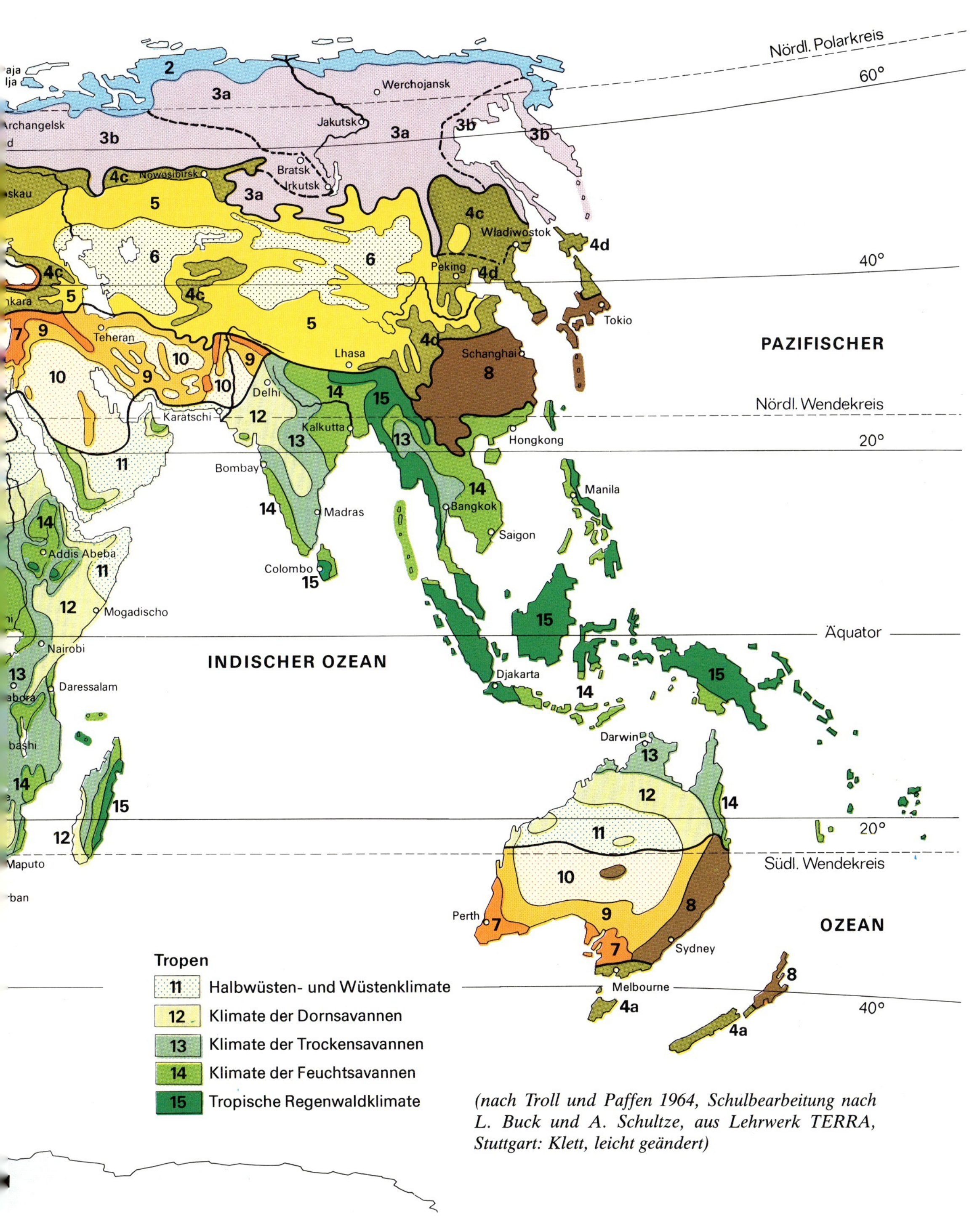

(nach Troll und Paffen 1964, Schulbearbeitung nach L. Buck und A. Schultze, aus Lehrwerk TERRA, Stuttgart: Klett, leicht geändert)

Klimazone	Subzone	wesentliche Klimamerkmale	Mitteltemperatur wärmster Monat	Mitteltemperatur kältester Monat	Temperatur: Jahres-schwankungen	hygrische Verhältnisse	Verwitterung, Bodenbildungs-prozesse	vorherrschende, potentielle Vegetation
Kalte Zone	1 Polare Klimate	extrem polare Eisklimate; Inlandeis, Frostschuttgebiete	unter 6°		(sehr) hoch	nival	physikalische Verwitt., minimale Boden-bildung	ohne höhere Vegetation
	2 Tundren-klimate	kurzer, frostfreier Sommer; Winter sehr kalt	6°–10°	unter –8°	hoch	humid	physikal. Verwitt., geringe Bodenbildung, Dauerfrostböden	Tundren (z. B. Moose, Flechten, Zwerg-sträucher)
	3a Extrem konti-nentale Nadelwald-klimate	extrem kalter, trockener, langer Winter	10°–20°	unter –25°	mehr als 40°	humid	vorherrschend: physikal. Verwitt., Podsolierung	sommergrüne Nadelwälder (Lärchen)
	3b Konti-nentale Nadelwald-klimate	lange, kalte, sehr schneereiche Winter; kurze, relativ warme Sommer; Vegetationsperiode: 100–150 Tage	10°–20°	unter –3°	20°–40°			immergrüne Nadelwälder (z. B. Fichte, Kiefer)
Gemäßigte Zone	Waldklimate 4a Ozeanische Klimate	milde Winter, mäßig warme Sommer	unter 20°	über 2°	unter 16°	humid	ausgewogenes Verhältnis von physikal. und chemischer Verwitterung; Entstehung von Braunerden, Para-braunerden und Über-gangsbildungen. Bei 4c: Dauerfrost-böden, Gley- und Podsolböden	überwiegend sommer-grüne Laubwälder, Mischwälder
	4b Kühl-gemäßigte Übergangs-klimate	milde bis mäßig kalte Winter, mäßig warme bis warme Sommer; Vegetationsperiode über 200 Tage	meist 15° bis 20°	2° bis –3°	16° bis 25°			sommergrüne Laubwälder, Mischwälder (z. B. Buche, Eiche, Fichte)
	4c Konti-nentale und extrem konti-nentale Klimate	kalte, lange Winter; Vegetationsperiode bei hoher Kontinentalität 120–150 Tage, sonst bis 210 Tage	15° bis über 20°	–3° bis –30°	20° bis über 40°	überwiegend humid		
	4d Sommer-warme Kli-mate der Ostseiten	generell wärmer als 4c, enge Beziehung zu südlich anschließen-den Subtropen	20° bis 26°	2° bis –8°	20° bis 35°			
	Steppen-klimate 5 Winter-kalte Steppen-klimate	Winterkälte und Trockenheit im Sommer engen die Vegetationsperiode ein: selten über 180 Tage	meist über 20°	meist unter 0°	hoch (Ausnahme: Patagonien)	5 bis 7 humide Monate	Bildung der humus-reichen Schwarzerden. Mit zunehmender Trockenheit: Abnahme der chemischen Verwitt., des Humus-gehalts und der [illegible]	Gras- und Zwerg-strauchsteppen

	6 Winterkalte Halbwüsten- und Wüstenklimate	Niederschläge geringer als bei 5				semiarid, arid	kastanienbraune Böden, Wüstenböden	Halbwüste, Wüste
Subtropenzone	7 Winterregenklimate (Westseitenklima)	warme und feuchte Jahreszeit fallen auseinander; Mittelmeerklima	starke Schwankungen meist über 20°	2° bis 13°	im Gegensatz zu den Tropen erhebliche Schwankungen	mehr als 5 humide Monate	Bodenbildungsprozesse in der trockenen Zeit weitgehend unterbrochen; rote und braune Böden	Hartlaubvegetation (z. B. Lorbeer, Stechpalme; immergrüne Stein- und Korkeichen)
	8 Sommerregenklimate (Ostseitenklima)	warme und feuchte Jahreszeit fallen zusammen				10 bis 12 humide Monate		immergrüne und sommergrüne Wälder
	9 Steppenklimate	feuchte Jahreszeit im Vergleich zu 7 kürzer				meist unter 5 humide Monate		Gras-, Strauch-, Dorn- und Sukkulentensteppen
	10 Halbwüsten- und Wüstenklimate	im Gegensatz zu 6 keine strengen Winter, aber Fröste möglich				meist weniger als 2 humide Monate		Halbwüste, Wüste (Anpassung der Pflanzen an die Trockenheit, z. B. Sukkulenz)
Tropenzone	11 Halbwüsten und Wüstenklimate	im Gegensatz zu 10 ganzjährig warm	im Tiefland über 18°	im Tiefland über 18°	gering (meist unter 10°)	weniger als 2 humide Monate	Wüstenböden	Halbwüste, Wüste (Anpassung an die Trockenheit)
	12 Klimate der Dornsavannen	12 bis 14: Wechsel von Regenzeit und Trockenzeit; Jahresniederschläge zunehmend, ebenso Länge der Regenzeit			(keine thermischen Jahreszeiten; Tagesschwankungen der Temperatur größer als Jahresschwankungen der Monatsmittel)	2 bis 4 1/2 humide Monate	fersiallitische Böden	Dornwälder und Dornsavannen
	13 Klimate der Trockenwälder und Trockensavannen					4 1/2 bis 7 humide Monate		regengrüne Trockenwälder und Trockensavannen
	14 Klimate der Feuchtwälder und Feuchtsavannen					7 bis 9 1/2 humide Monate	15 und Teile von 14: ferrallitische Böden (Laterite, Latosole)	immergrüne und regengrüne Feuchtwälder und Feuchtsavannen
	15 Tropische Regenwaldklimate	relativ gleichmäßige und hohe Niederschläge				9 1/2 bis 12 humide Monate, meist über 1500 mm	intensive, tiefgründige chemische Verwitterung	immergrüne tropische Regenwälder

Wetter und Klima in Mitteleuropa

Unter Wetter versteht man den augenblicklichen Zustand der Atmosphäre, unter Klima den durchschnittlichen Verlauf des Wetters in einem bestimmten Gebiet während eines größeren Zeitraums. Das Klima kann im Gegensatz zum Wetter nicht unmittelbar beobachtet werden, sondern muß hauptsächlich aus Durchschnittswerten erschlossen werden. Aus den Mittelwerten allein läßt sich allerdings kein zufriedenstellendes Bild vom atmosphärischen Geschehen eines Gebietes gewinnen. Die Klimatologen befassen sich deshalb auch eingehend mit der Abfolge, der Häufigkeit und der örtlichen Bedeutung charakteristischer Wetterlagen. Das ist vor allem in den mittleren Breiten der Nordhalbkugel, wo bestimmte Großwetterlagen den Jahresablauf des Wetters prägen, von größter Bedeutung. Mitteleuropa beispielsweise ist das ganze Jahr hindurch „Kampffeld" verschiedener Luftmassen, die sich, je nach ihrer Herkunft, in Temperatur und Luftfeuchtigkeit unterscheiden (vgl. Abb. 16).

Wetterablauf beim Durchzug einer Zyklone. Da Westwinde in Mitteleuropa vorherrschen, bestimmen die von Westen, vom Atlantik her auf den Kontinent ziehenden Zyklonen unser Wetter entscheidend. Die Zyklonen bilden sich beim Aufeinandertreffen von polarer Kaltluft und tropisch-subtropischer Warmluft in der planetarischen Frontalzone. Auf bestimmten Zugstraßen wandern sie nach Osten. Über dem Kontinent lösen sie sich wegen der Bodenreibung rascher auf als über Wasser.

Abb. 13: „Lebenslauf" einer Zyklone

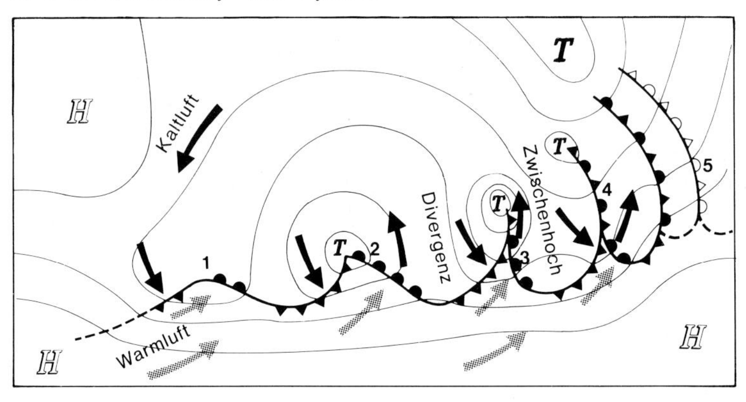

Nach Wolfgang Weischet: Einführung in die Allgemeine Klimatologie. Stuttgart: Teubner 1977, S. 238

Die umlaufenden Winde einer Zyklone bewirken an deren Rückseite ein Vordringen von Kaltluft in den südlichen Warmluftbereich und an ihrer Vorderseite den Vorstoß von Warmluft in den nördlichen Kaltluftbereich. Dringt Kaltluft gegen Warmluft vor, bezeichnet man die Luftmassengrenze als Kaltfront, dringt Warmluft gegen Kaltluft vor, so spricht man von einer Warmfront. Wenn eine Kaltfront die vorausgehende Warmfront einholt, wird die warme Luft von der Erdoberfläche abgehoben. Man bezeichnet diesen Vorgang, der das Auflösen der Zyklone einleitet, als Okklusion.

Beim Vordringen einer Warmfront schiebt sich die leichtere Warmluft keilförmig über die schwere Kaltluft. Die flach aufgleitende Warmluft ist für die zunehmende Schichtbewölkung und den einsetzenden Landregen verantwortlich. Die Temperaturen steigen, der Luftdruck nimmt ab. Das rasche Vordringen der Kaltfront, begleitet durch böige Winde, bewirkt ein Aufwirbeln der vorliegenden wärmeren Luftmassen (Konvektion). Charakteristisch hierfür ist eine kräftige Quellwolkenbildung (Cumulus) mit Frontgewittern und Schauertätigkeit. Die Temperaturen sinken, der Luftdruck steigt.

Abb. 14: Schema einer wandernden Zyklone im Grund- und Aufriß

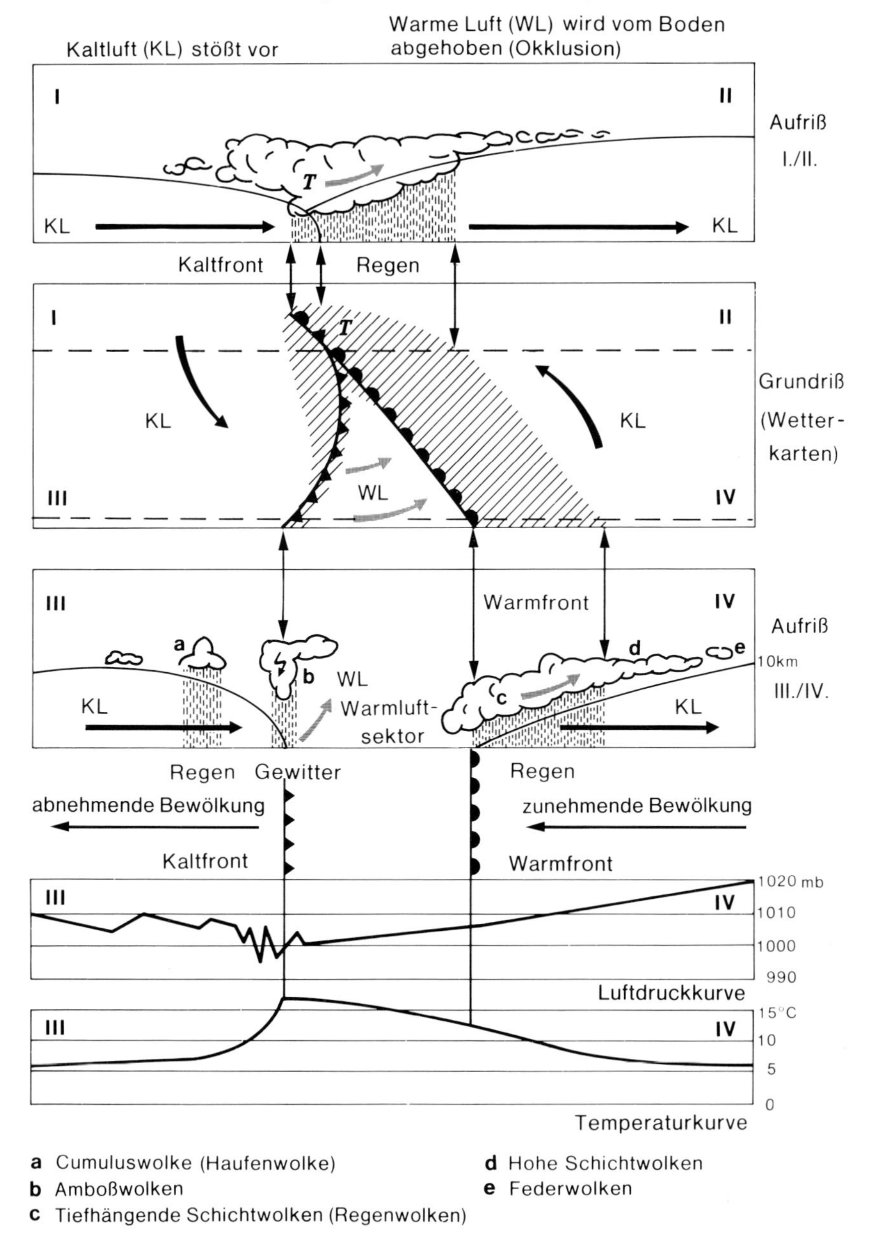

a Cumuluswolke (Haufenwolke)
b Amboßwolken
c Tiefhängende Schichtwolken (Regenwolken)
d Hohe Schichtwolken
e Federwolken

Im Fall einer Okklusion sind die Wettererscheinungen weniger intensiv. Der Durchzug des Tiefs macht sich lediglich durch geringere Quellwolkenbildung, begleitet von nur einzelnen Schauern, bemerkbar.

Entsprechend dem großen Durchmesser einer Zyklone werden weite Teile Europas gleichermaßen vom Wettergeschehen beeinflußt.

Wissenschaftl. Bezeichnung	Abk.	Bez. auf Wetterkarten	Wissenschaftl. Bezeichnung	Abk.	Bez. auf Wetterkarten
Kontinentale arktische Polarluft	cP_A	Sibirische Polarluft	Kontinentale gealterte Tropikluft	cT_P	Festlandluft
Maritime arkt. Polarluft	mP_A	Arktische Polarluft	Maritime gealterte Tropikluft	mT_P	Meeresluft
Kontinentale Polarluft	cP	Russische Polarluft	Kontinentale Tropikluft	cT	Asiatische Tropikluft
Maritime Polarluft	mP	Grönländische Polarluft	Maritime Tropikluft	mT	Atlantische Tropikluft
Kontinentale gealterte Polarluft	cP_T	Rückkehrende Polarluft	Kontinentale afrik. Tropikluft	cT_S	Afrikanische Tropikluft
Maritim gealterte Polarluft	mP_T	Erwärmte Polarluft	Maritime afrik. Tropikluft	mT_S	Mittelmeer-Tropikluft

Abb. 15: Die Luftmassen Europas

Detlef Schreiber: Meteorologie – Klimatologie. Bochum: Studienverlag Dr. N. Brockmeyer 1978, S. 90

Abb. 16: Die Luftmassen Europas und ihre Eigenschaften (nach D. Schreiber)

Ernst Heyer: Witterung und Klima. Leipzig: BSB G. B. Teubner Verlagsgesellschaft, 7. Auflage 1984, S. 28

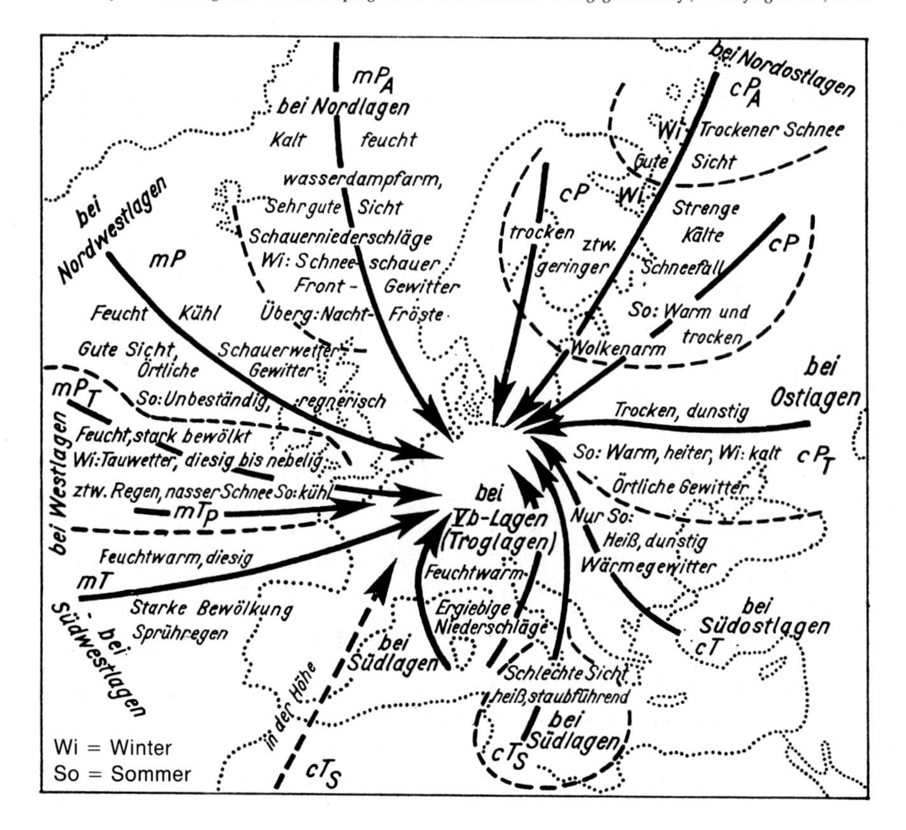

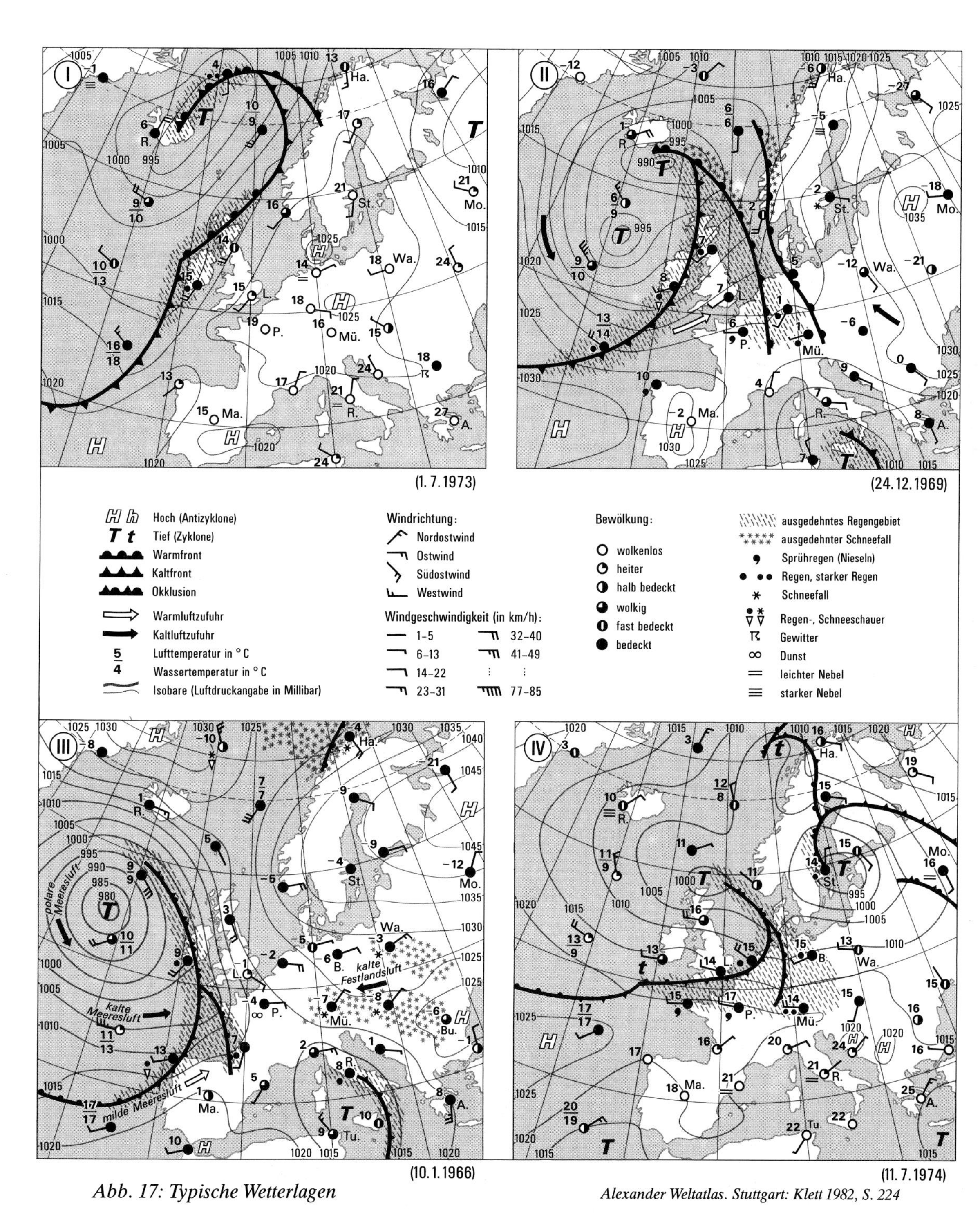

Abb. 17: Typische Wetterlagen

Alexander Weltatlas. Stuttgart: Klett 1982, S. 224

13. *Nennen Sie charakteristische Großwetterlagen, die den Jahresablauf des Wetters in Mitteleuropa prägen. Wie werden diese im Volksmund genannt?*

14. *Charakterisieren Sie die verschiedenen Wetterlagen in Abbildung 17.*

15. *Für welche Wirtschaftszweige ist die kurzfristige Wettervorhersage von großer Bedeutung?*

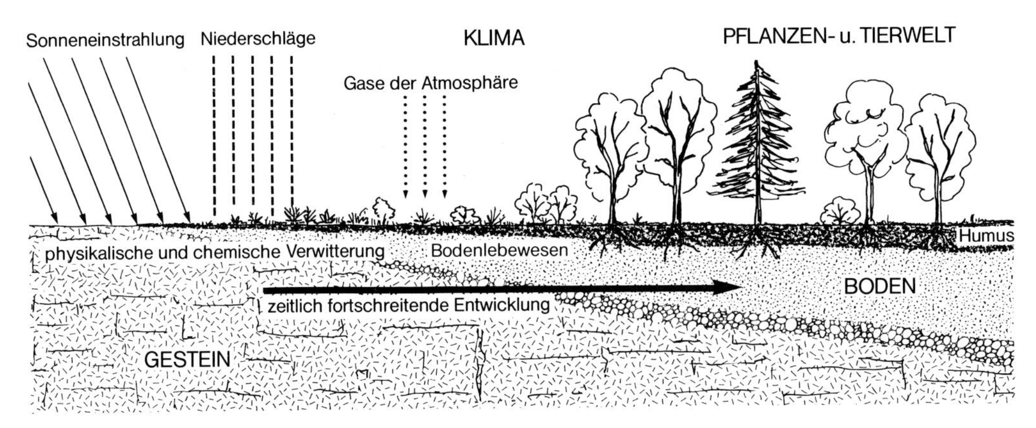

Abb. 1: Schematische Darstellung der Bodenentwicklung

Böden

Boden entsteht durch die Einflüsse des Klimas (Temperatur und Niederschlag), der Pflanzen- und der Tierwelt.

Er setzt sich zusammen aus dem verwitterten Gesteinsuntergrund (mineralische Substanz), den zersetzten Pflanzen- und Tierresten (organische Substanz) sowie aus Wasser und Luft.

Der Boden ist damit die oberste belebte Verwitterungsschicht der Erdkruste, auf der höhere Pflanzen wachsen können.

Mineralische Substanz. Durch physikalische und chemische Verwitterung des Ausgangsgesteins entstand und entsteht die mineralische Bodensubstanz, die man zunächst nach ihrer Korngröße erfassen kann.

Tab. 1: Mineralische Substanz nach Korngrößen

Bezeichnung der Fraktionen	mittlerer Korndurchmesser (in mm)
Bodenskelett	
Steine, Kies	>2,0
Feinboden	
Sand	2,0 –0,063
Grobsand	2,0 –0,63
Mittelsand	0,63 –0,20
Feinsand	0,20 –0,063
Schluff	0,063 –0,002
Grobschluff	0,063 –0,02
Mittelschluff	0,02 –0,0063
Feinschluff	0,0063–0,002
Ton	<0,002

Nach Diedrich Schroeder: Bodenkunde in Stichworten. Kiel: Hirt 1972, S. 30

Bodenarten: Im Boden kommen diese Kornfraktionen nie isoliert, sondern immer als Gemisch vor. Zur Einteilung und zur Benennung der Bodenarten werden aus diesem Gemisch in der Regel jeweils die beiden mengenmäßig größten Kornfraktionen des Feinbodens (<2,0 mm) herangezogen.

Tab. 2: Bodenarten (Anteile in Gewichtsprozent)

Kornfraktionen	Ton (<0,002 mm)	Schluff (0,002–0,063)	Sand (0,063–2,0 mm)
Bodenart			
schluffiger Sandboden	0–8	10–50	45–90
sandiger Schluffboden	0–8	50–80	12–50
toniger Lehmboden	25–35	35–50	15–50
lehmiger Tonboden	45–65	18–55	0–37

Nach Arno Semmel: Grundzüge der Bodengeographie. Stuttgart: Teubner 1977, S. 30/31

Qualität der Tonminerale. Entscheidend für die Bodenfruchtbarkeit ist beim mineralischen Bestandteil die chemische Eigenschaft, eine bestimmte Menge an Pflanzennährstoffen zu sorbieren (festzuhalten), d. h., vor der Verlagerung (Auswaschung) zu bewahren (Sorptionsvermögen) und sie bei Bedarf an die Pflanzen abzugeben (Austauschkapazität).

Nur die kleinste Gruppe der mineralischen Substanz, die der Tonminerale, besitzt diese Fähigkeit. Diese läßt sich nach ihrer Speicherfähigkeit, die in mval (= Milligramm Äquivalentgewicht) pro 100 g Trockensubstanz gemessen wird, weiter unterscheiden:

Dreischichttonminerale	
z. B. Illite	20– 50 mval/100 g
Montmorillonite	80–120 mval/100 g
Vermiculite	100–150 mval/100 g
Zweischichttonminerale	
z. B. Kaolinite	20– 50 mval/100 g

Demnach muß ein Boden, der sehr viele Dreischichttonminerale enthält, besonders fruchtbar sein; derjenige Boden, der vornehmlich Kaolinit enthält, ist sehr schlecht geeignet, die notwendigen Pflanzennährstoffe in ausreichender Menge zu speichern und abzugeben.

Abb. 2: Abhängigkeit von Korngrößen und Eigenschaft des Bodens

Sand — Schluff — Ton

Abnahme der Bodeneigenschaften: →
Wasserdurchlässigkeit, Durchwurzelbarkeit, Durchlüftung, Bearbeitbarkeit
← Abnahme der Bodeneigenschaften:
Wassergehalt, Wasserhaltevermögen, Nährstoffgehalt und Kationenaustauschfähigkeit

Bodenluft und Bodenwasser: Für die Atmung der Bodenorganismen und der Wurzeln ist der in der Bodenluft enthaltene Sauerstoff von großer Bedeutung. Stark tonhaltige Böden weisen zwar ein sehr günstiges Sorptionsvermögen auf, sie sind jedoch andererseits sehr schlecht durchlüftet. Dies ist besonders dann der Fall, wenn die Poren des Bodens überwiegend mit Wasser gefüllt sind. Fehlt aber das Bodenwasser, so kann weder der Nährstofftransport im Boden noch in der Pflanze stattfinden; ohne Wasser ist der Boden tot.

Organische Substanz (Humus) ist neben der mineralischen Substanz, der Bodenluft und dem Bodenwasser der vierte wichtige Bodenbestandteil. Er entsteht durch die Zersetzung und Umwandlung von Pflanzenbestandteilen (Blätter, Wurzeln u. a.) und von Kleinlebewesen.

Abb. 3: Schematische Darstellung der Bodenbestandteile in unterschiedlicher Tiefe

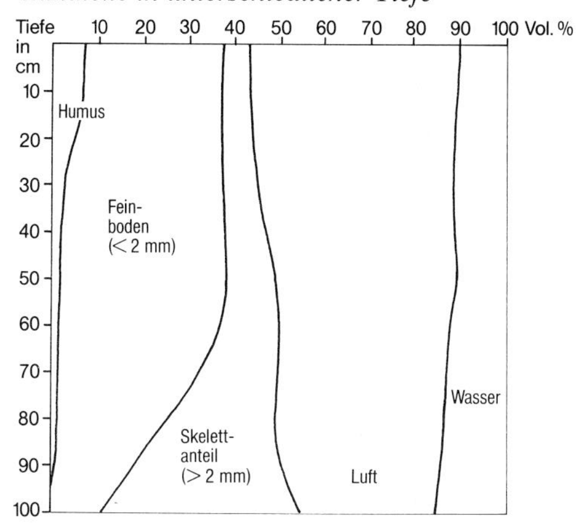

Dieser Umwandlungsprozeß geschieht durch die Tätigkeit der Regenwürmer, Wühltiere und Mikroorganismen (Bakterien, Algen, Pilze). Die Humusstoffe in der Größenordnung kleiner als 0,002 mm werden als Huminkolloide bezeichnet, sie sind neben den Tonmineralgruppen diejenigen Bodenbestandteile, die Pflanzennährstoffe in großen Mengen sorbieren können. Ihre Austauschkapazität liegt zwischen 200 und 500 mval/100 g Trockensubstanz.

Mit dem Begriff Bodentypen faßt man diejenigen Böden zusammen, die sich im gleichen oder sehr ähnlichen Entwicklungszustand befinden und in denen dementsprechend auch ähnliche Prozesse der Veränderung der Bodenbestandteile ablaufen. Diese Gemeinsamkeiten drükken sich v. a. in der Abfolge der Bodenhorizonte aus. Hierbei spielt neben dem Ausgangsgestein, den Reliefverhältnissen und der Vegetation insbesondere das Klimageschehen eine dominierende Rolle. Dauer und Höhe von Temperatur und Niederschlag bestimmen beispielsweise die vorherrschende Form der Verwitterungs-, Umwandlungs- und Verlagerungsprozesse.
Bei der Beurteilung von Pflanzenstandorten und bei der Bewertung der Böden bezüglich der landwirtschaftlichen Nutzung spielt die Erfassung der Bodenfruchtbarkeit die zentrale Rolle. Darunter versteht man die Fähigkeit des Bodens bzw. seiner Horizonte, Pflanzennährstoffe in Form von Kationen und Anionen zu speichern (Sorptionsvermögen) und abzugeben (Austauschkapazität), damit diese den Pflanzen bei Bedarf zur Verfügung stehen.

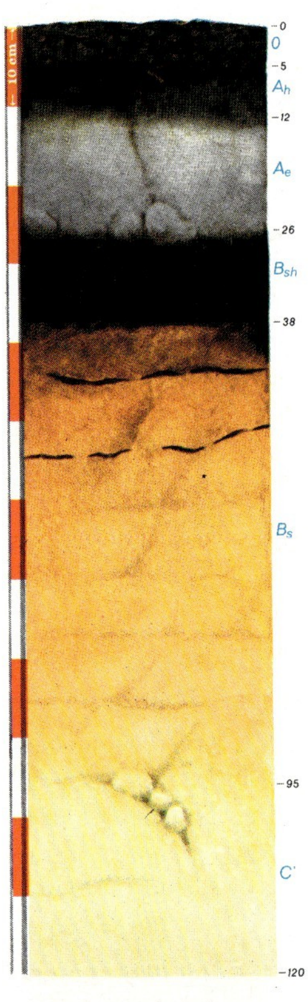

Einige wichtige Bodentypen

Podsol (aus dem Russischen, frei übersetzt: Ascheboden). Typischer Boden des kühlen und feuchten Klimas (borealer Nadelwald); niedrige Temperaturen und schlechte Zersetzbarkeit der Nadelblätter hemmen den Abbau der organischen Substanz; deshalb mächtige Rohhumusauflage, deren Säuren die Bodensubstanz stark angreifen; der abwärts gerichtete saure Sickerwasserstrom führt zur Verlagerung und teilweise zur Zerstörung der Tonsubstanz, ebenso wird die organische Substanz abwärts transportiert; im Unterboden erfolgt Anreicherung und teilweise Verfestigung beider Bodenbestandteile im Ortsteinhorizont. Der Podsol entsteht meist über nährstoffarmen Ausgangsgesteinen wie Sanden und Sandstein; er ist extrem nährstoffarm.

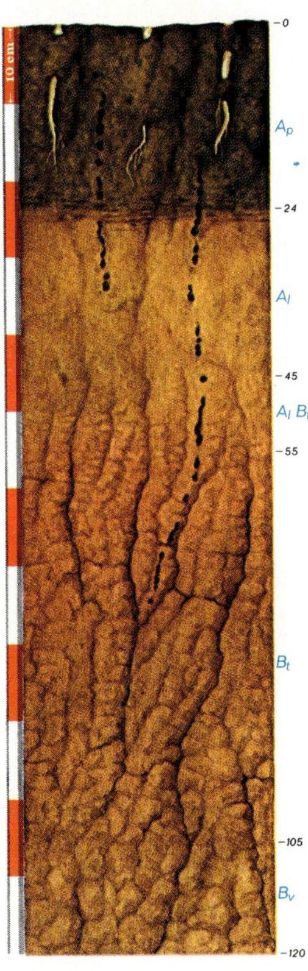

Parabraunerde: Entsteht im gemäßigt warmen, feuchten Klima (durchschnittlicher Jahresniederschlag: 500–800 mm; durchschnittliche Jahrestemperatur: ca. 7–10° C), Laubmischwald ist die typische natürliche Vegetation; die intensive Durchmischung durch die Waldvegetation schafft ein System großer und kleiner Poren; Boden deshalb durchlässig und gut durchlüftet. Laubwald liefert reichlich Humusmaterial, deshalb mächtiger A_h-Horizont; dieser jedoch bedingt durch die landwirtschaftliche Nutzung meist nicht mehr vorhanden; durch abwärts gerichteten Bodenwasserstrom Verlagerung der Tonminerale aus dem A_l-Horizont in den Unterboden, dort Anreicherung im B_t-Horizont, Lösung und Auswaschung des Calciums (Ca), des Kaliums (K) und des Natriums (Na); hoher Anteil an Dreischichttonmineralen, insbesondere Illit, deshalb gute Austauschkapazität; Ausgangsgestein: vielfach Löß, Lehm und lehmige Sande.

Schwarzerde (russisch: Tschernosem): Typischer Boden der kontinentalen Steppengebiete mit warmem Sommer und kaltem Winter; Steppenvegetation entwickelt sich im Frühjahr unter günstigen Feuchtigkeits- und Temperaturbedingungen sehr üppig, liefert viel organisches Material für die Humusbildung; im folgenden trockenen, warmen Sommer verdorren die Pflanzen, die Tätigkeit der Mikroorganismen ruht; feuchter Herbst entfacht deren Leben für kurze Zeit, im langen, kalten Winter ruht die Umsetzung der organischen Substanz; Einarbeitung der Humusstoffe in den Boden durch Bodentiere, Entstehung eines 50–80 cm mächtigen A_h-Horizontes, gesamter Horizont stark durchsetzt von Poren und Wühlgängen, gut durchlüftet; Huminkolloide bedingen extrem hohe Bodenfruchtbarkeit; Niederschlagsmangel verhindert die abwärts gerichtete Verlagerung der Tonminerale und der Huminkolloide; Schwarzerde entsteht meist über Löß oder einem anderen kalkhaltigen Ausgangsgestein.

O. German: Zur Bodenfruchtbarkeit. Düsseldorf 1982, S. 20, 21, 24

Ferrallitischer Boden (Latosol; Laterit; Roterden): Tropischer Boden in Gebieten mit ganzjährig hohen Temperaturen und Niederschlägen (>1200 mm, immerfeuchter tropischer Regenwald, Teile der Feuchtsavannen); diese bedingen intensive chemische Verwitterung, daher tiefgründige, meist mehrere Meter mächtige Böden; Kaolinit als Tonmineral vorherrschend, dieser für sehr geringe Austauschkapazität verantwortlich; der ständig abwärts gerichtete saure Sickerwasserstrom ist für die starke Auswaschung der Kieselsäure (SiO_2) und der spärlich vorhandenen Nährstoffe verantwortlich; Kalk- ($CaCO_3$), Stickstoff- (N) und Phosphorverbindungen (P) nur in ganz geringen Mengen vorhanden; die reichlich anfallende organische Substanz wird sehr schnell zersetzt, die dabei entstehenden Pflanzennährstoffe werden jedoch im natürlichen System nahezu vollständig über Wurzelpilze (Mykorrhizen) in die Pflanzen zurückgeführt; Anreicherung von Aluminium- und Eisenoxiden (Al_2O_3, Fe_2O_3), deshalb Rotfärbung und Bezeichnung ferrallitische Böden. Ausgangsgestein liegt in großer Tiefe, daher hat es keine Bedeutung für die Nachlieferung von Primärmineralien (= Ausgangsprodukte für Tonminerale) in die für Pflanzenstandorte wichtigen oberen Bodenhorizonte.

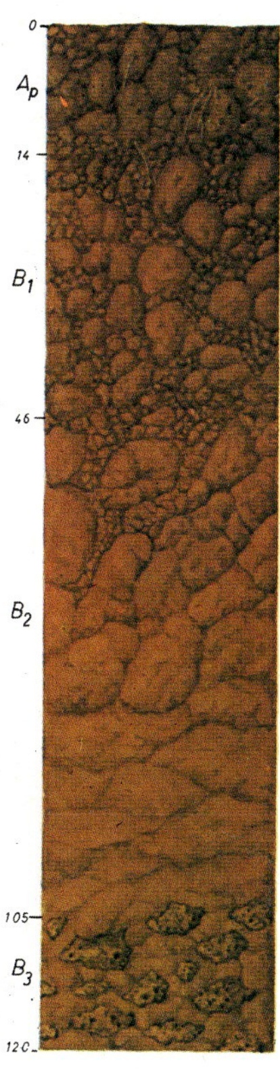

Eduard Mückenhausen: Die Bodenkunde und ihre geologischen, geomorphologischen, mineralogischen und petrologischen Grundlagen. Frankfurt am Main: DLG-Verlag 1982, Tafel 23

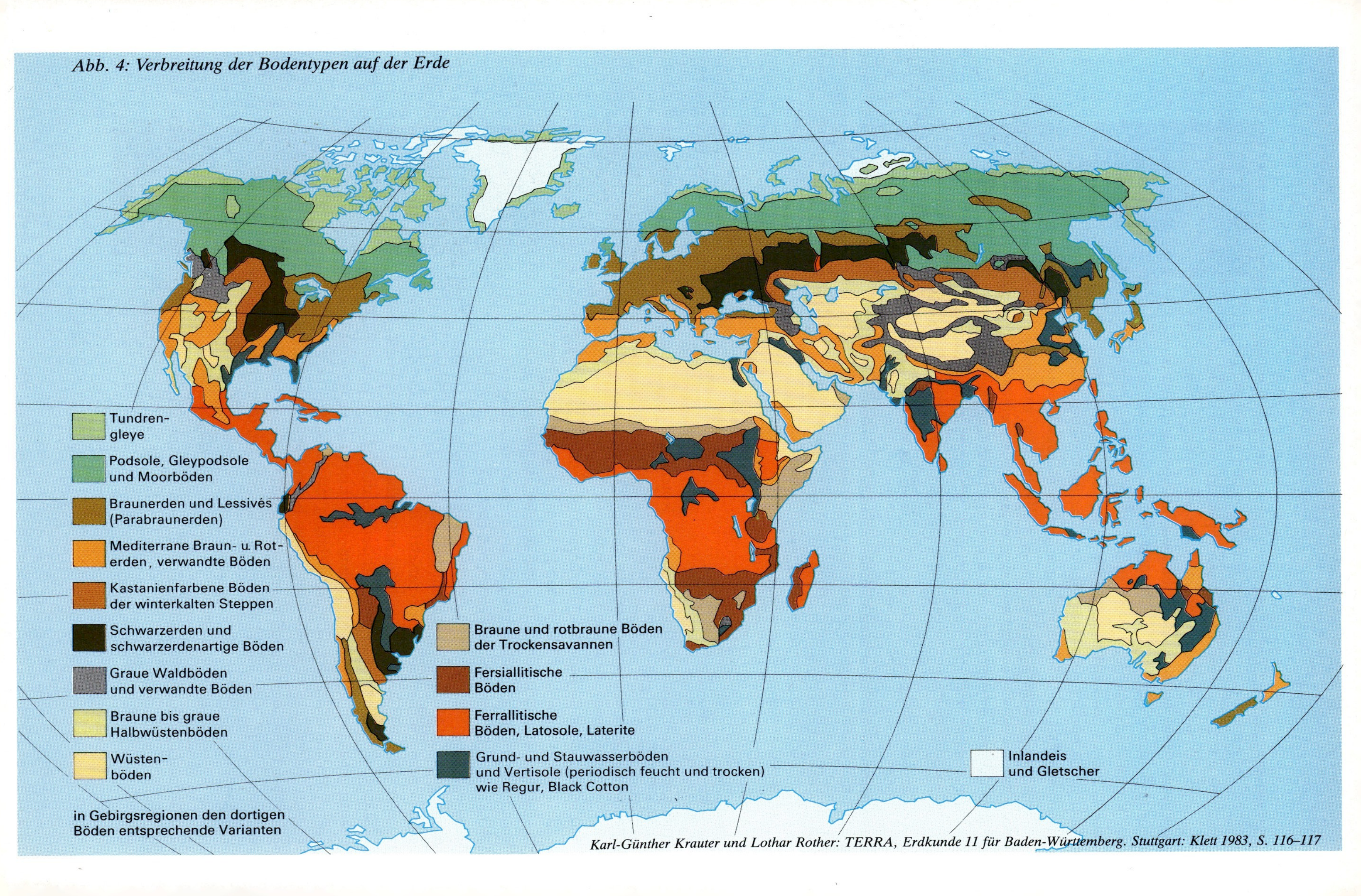

Abb. 4: Verbreitung der Bodentypen auf der Erde

Karl-Günther Krauter und Lothar Rother: TERRA, Erdkunde 11 für Baden-Württemberg. Stuttgart: Klett 1983, S. 116–117

Die aufgeführten Beispiele zeigen ein jeweils typisches Stadium der Bodenentwicklung in den entsprechenden Klima- und Vegetationszonen. Durch das ständige Einwirken der bodenbildenden Faktoren Temperatur, Niederschlag, Bodentiere, Vegetation und menschliche Nutzung laufen die Verwitterungs-, Umwandlungs- und Verlagerungsprozesse weiter ab und bewirken somit die Veränderung des oben dargestellten Zustandes.

Abb. 5: Bodenentwicklung aus Löß im gemäßigt warmen, humiden Klima

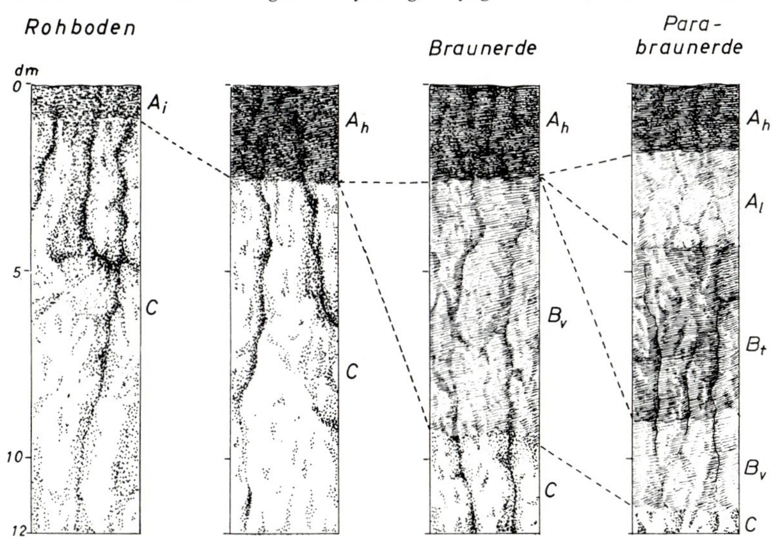

Erklärung der Horizont-Kennzeichnung

A = Oberboden
B = Unterboden
C = Ausgangsgestein
O = Rohhumusauflage
e = ausgeschwemmt (von eluvial)
i = Initialstadium (A-Horizont ohne sichtbaren Humus, jedoch belebt)

h = humos
l = lessivé (ausgewaschen)
p = bearbeitet, meist mit Pflug
t = Ton
v = verwittert
s = durch Säuren zerstörte Tonsubstanz = Sesquioxide

Eduard Mückenhausen: a.a.O., S. 394

1. *Definieren Sie aufgrund der Korngröße folgende Begriffe: Skelettboden, Feinboden, Sand, Schluff und Ton.*
2. *Die Tonfraktion spielt bezüglich der Bodenfruchtbarkeit eine wichtige Rolle. Beschreiben Sie diese Funktion, und zeigen Sie die Unterschiede innerhalb dieser kleinsten Korngrößengruppe auf.*
3. *Welche qualitativen Unterschiede und Gemeinsamkeiten bestehen zwischen den Huminkolloiden und den Tonmineralen?*
4. *Beschreiben und erklären Sie die Prozesse der Bodenbildung in ihrer zeitlich fortschreitenden Entwicklung (Abb. 1 und 5).*
5. *Erläutern Sie anhand ausgewählter Bodentypen die Funktion des Klimas bei den Bodenbildungsprozessen.*

Abb. 1: Die Vegetation der Erde

Klaus Müller-Hohenstein: Die Landschaftsgürtel der Erde. Stuttgart: Teubner 1979, S. 96 und Faltkarte

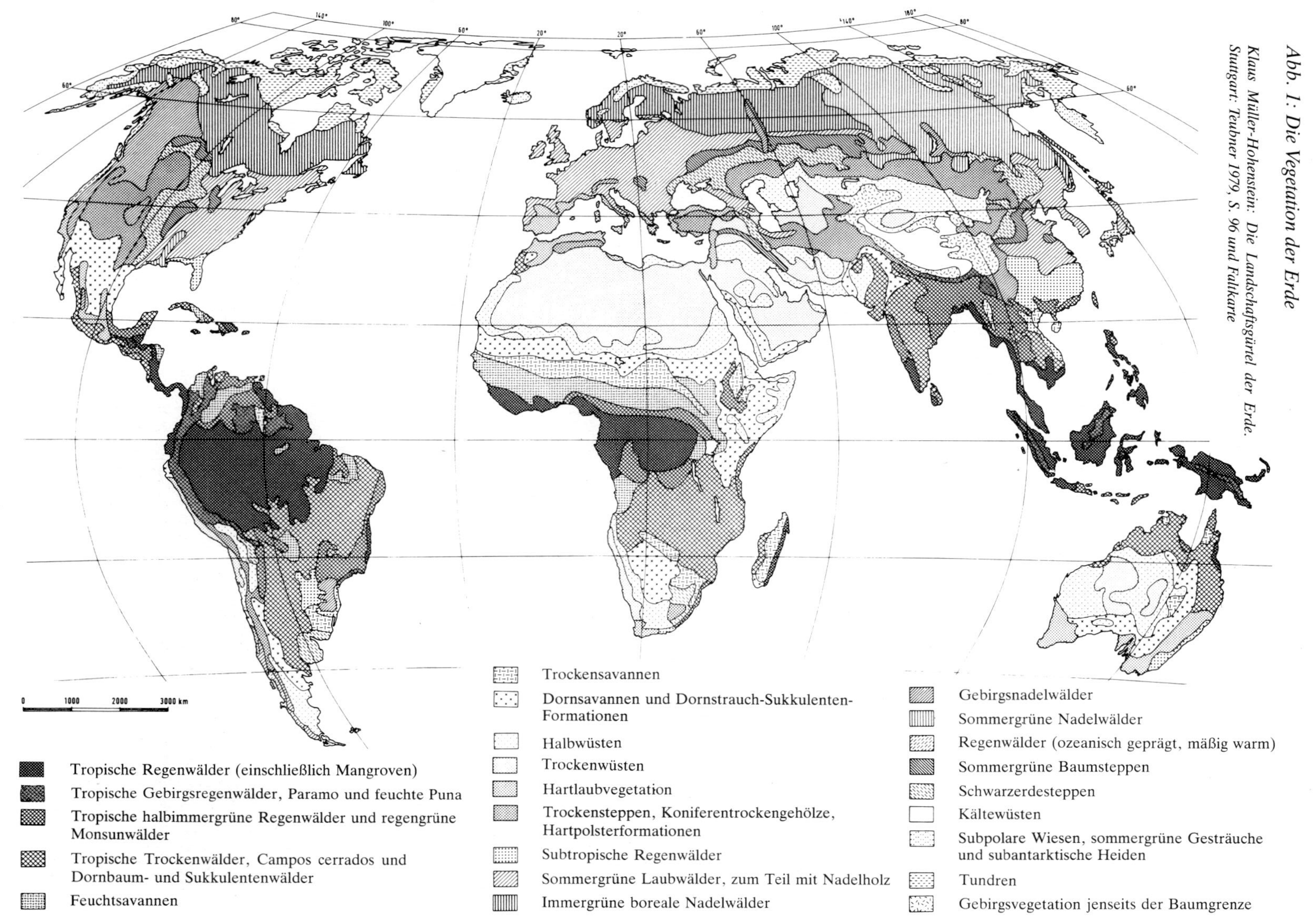

Vegetation

In nur wenigen Gebieten unserer Erde besteht heute noch die ursprüngliche, natürliche Vegetation; sie ist in mehr oder weniger starkem Maße vom Menschen verändert worden. An die Stelle des natürlichen Pflanzenkleides sind Ersatzgesellschaften getreten, die ihrerseits sehr stark nach Zweck, Dauer und Intensität der menschlichen Beeinflussung zu unterscheiden sind.

So sind die sommergrünen Laub- und Laubmischwälder in unseren Breiten durch die landwirtschaftliche Nutzung stark zurückgedrängt worden und Nadelbäume, insbesondere Fichte und Tanne, werden als wirtschaftlich bedeutsame Baumarten großflächig in den verbliebenen Waldgebieten angepflanzt.

Die dadurch geschaffenen vielfältigen Ersatzgesellschaften können global nicht mehr systematisch erfaßt werden. In Abb. 1 (S. 26) wird deshalb die „potentiell natürliche Vegetation" dargestellt. „Hierunter wird (nach K. Müller-Hohenstein) das Endstadium der jeweiligen Vegetationsentwicklung unter Ausschaltung des anthropogenen Einflusses und unter sonst konstant bleibenden gegenwärtigen natürlichen Voraussetzungen verstanden."

Höhenstufen. Luftdruck und Temperatur nehmen mit zunehmender Höhe ab. Die Gipfel der Gebirge zeichnen sich durch geringe tägliche und jahreszeitliche Temperaturschwankungen aus.

Den sich verändernden Klimabedingungen entsprechend, läßt sich mit zunehmender Höhe ein Wandel der Böden, der natürlichen Vegetation und dementsprechend auch der landwirtschaftlichen Nutzung feststellen. So reicht beispielsweise in den klimatisch begünstigten Walliser Alpen der Roggenanbau bis in 2100 m Höhe; die Baumgrenze ist bei 2500 m, die Schneegrenze bei 3300 m anzusetzen. In den tropischen Anden liegt die Baumgrenze dagegen bei etwa 4200 m, die Schneegrenze bei etwa 4800 m. Tropische Kulturpflanzen wie z. B. Kakao, Zuckerrohr und Kaffee gedeihen hier bis in etwa 2000 m ü. NN. Ab dieser Höhe reichen die Temperaturen für diese wärmeliebenden Pflanzen nicht mehr aus; Getreide und Kartoffeln sind nun die bestimmenden Anbauprodukte. Gerste und Kartoffeln können bis in etwa 3600 m ü. NN gepflanzt werden.

Abb. 2: Höhenstufen der Vegetation

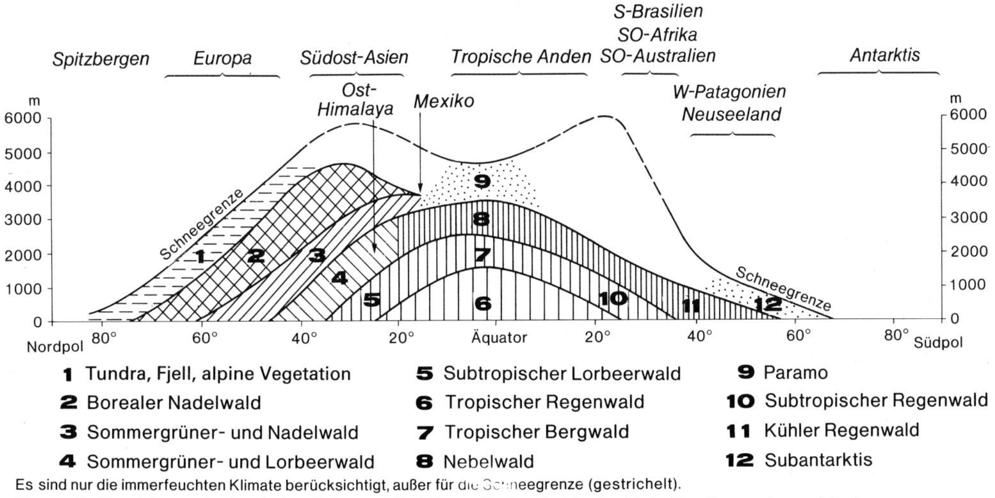

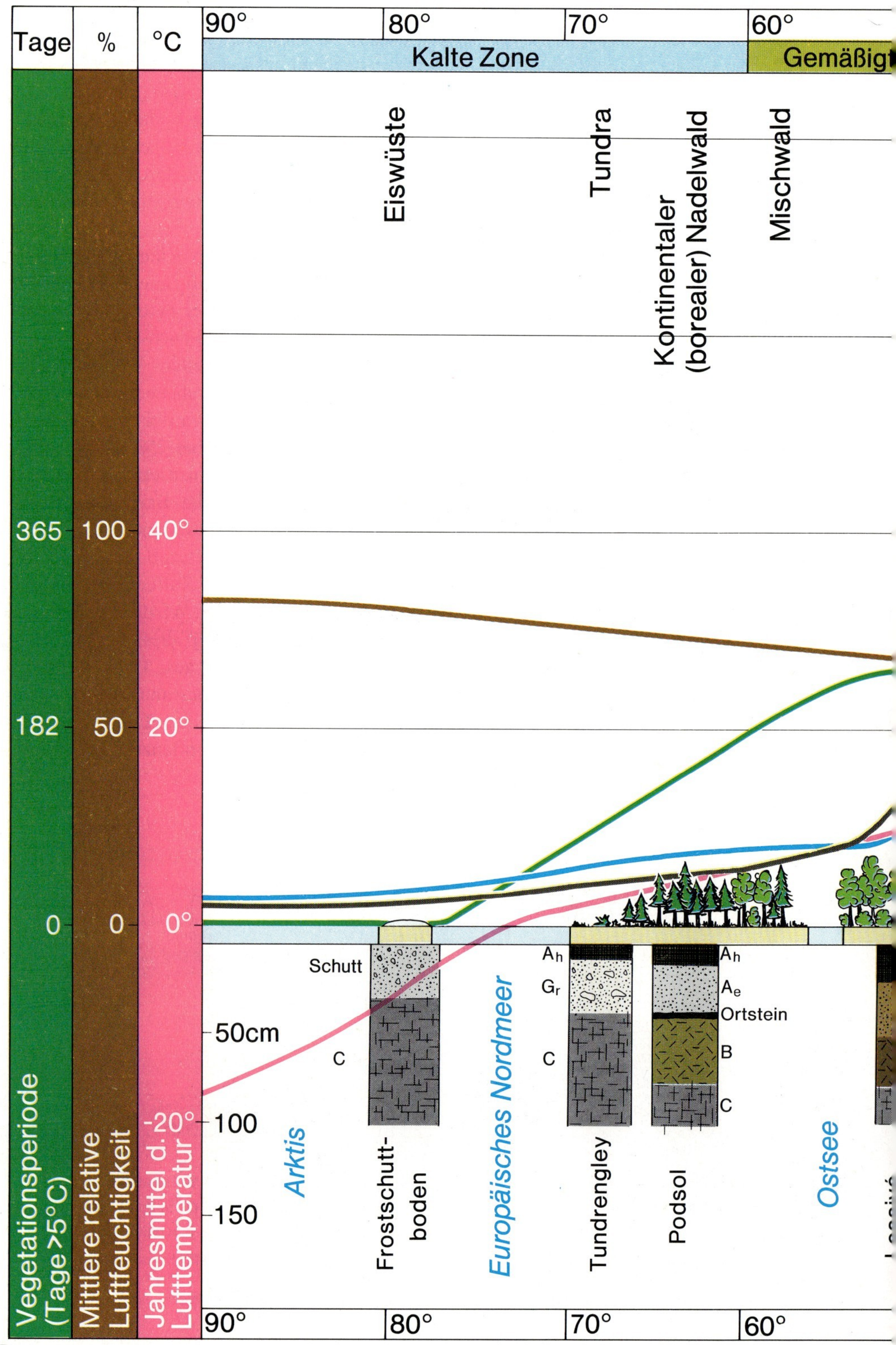
Tage
%
°C
90°
80°
70°
60°
Kalte Zone
Gemäßigt
Eiswüste
Tundra
Kontinentaler (borealer) Nadelwald
Mischwald
365
100
40°
182
50
20°
0
0
0°
-20°
Schutt
C
Ah
Gr
C
Ah
Ae
Ortstein
B
C
50cm
100
150
Arktis
Frostschutt-boden
Europäisches Nordmeer
Tundrengley
Podsol
Ostsee
Vegetationsperiode (Tage >5°C)
Mittlere relative Luftfeuchtigkeit
Jahresmittel d. Lufttemperatur
90°
80°
70°
60°

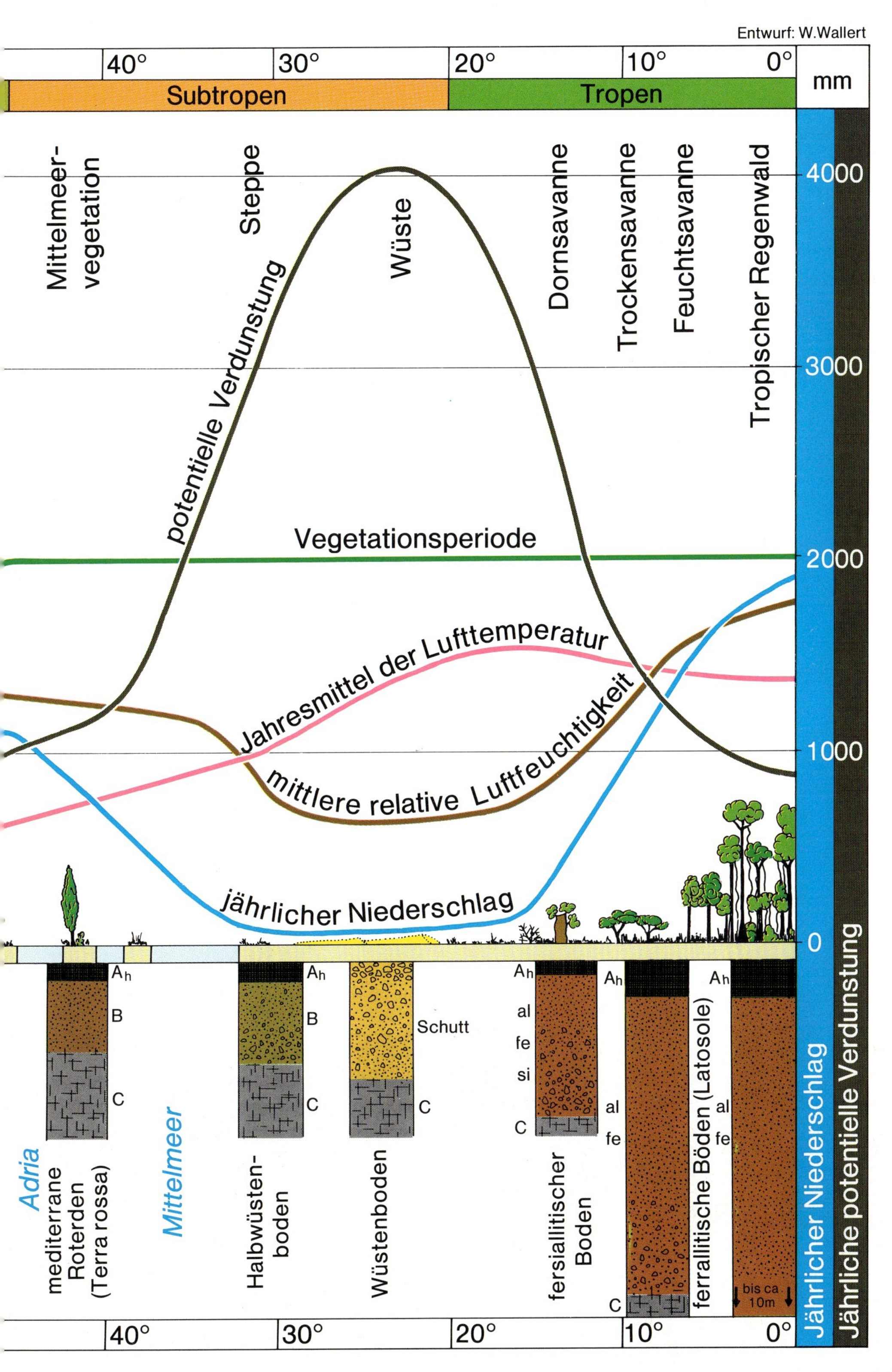

Entwurf: W.Wallert
40°
30°
20°
10°
0°
mm
Subtropen
Tropen
Mittelmeer-vegetation
Steppe
Wüste
Dornsavanne
Trockensavanne
Feuchtsavanne
Tropischer Regenwald
4000
3000
2000
1000
0
potentielle Verdunstung
Vegetationsperiode
Jahresmittel der Lufttemperatur
mittlere relative Luftfeuchtigkeit
jährlicher Niederschlag
Ah
B
C
Schutt
al
fe
si
bis ca 10m
Adria
mediterrane Roterden (Terra rossa)
Mittelmeer
Halbwüsten-boden
Wüstenboden
fersiallitischer Boden
ferrallitische Böden (Latosole)
Jährlicher Niederschlag
Jährliche potentielle Verdunstung

Nebenfluß des Amazonas

Weidewirtschaft in den Tropen

Feuchtsavanne im Niger-Benue-Gebiet

Trockensavanne in Tansania

Dahna, Saudi-Arabien

32

Feld mit Hecke vor Dünen bei Dachla, Ägypten

Huerta von Elche (Spanien)

Landnutzung in Südchina

Viehhaltung in den Great Plains

Bewässerung in den Great Plains

Landnutzung im deutschen Mittelgebirge beiderseits der Zonengrenze bei Duderstadt

Erosionsrinne in Südniedersachsen

Borealer Nadelwald

Industrieanlage in Kanada

Tundren in den Nordwest-Territorien Kanadas

Inlandeis auf Grönland

II Landschaftszonen

Das System der Landschaftszonen

Eine Gliederung der Erde in Landschaftszonen, auch Landschaftsgürtel oder Geozonen genannt, verlangt eine stark generalisierende, großräumige Betrachtungsweise des Zusammenwirkens der Geofaktoren Klima, Boden, Pflanzen- und Tierwelt und Relief. Bei einer derartigen Gliederung bleiben kleinräumige Landschaftseinheiten, in denen atypische (= azonale) Verhältnisse herrschen, in Darstellung und Abgrenzung unberücksichtigt. Die Landschaftszonen bilden ein Ordnungsraster, das eine rasche Orientierung über naturgeographische Zusammenhänge ermöglicht (vgl. Abb. S. 28–29).
Die globale Beschreibung und Darstellung der einzelnen Geofaktoren ist zunächst für das Verständnis des komplexen Zusammenwirkens notwendig. Sie stehen deshalb auch am Anfang dieses Buches.
Im globalen Vergleich der einzelnen Geofaktoren wird deutlich, daß dem Klima bei der Ausformung von Böden, Vegetation und Wasserhaushalt eine entscheidende Rolle zukommt. Insbesondere die Gliederung der Jahreszeitenklimate von Troll und Paffen (vgl. Abb. S. 12–13) weist eine hohe Übereinstimmung mit den Vegetations- und Bodenzonen auf. Sie wird deshalb auch in vereinfachter Form als Basis der Gliederung und zur Namengebung der einzelnen Landschaftszonen in diesem Buch herangezogen.

Die Tropen

Der tropische Regenwald

„**Die Regen** fallen als heftige Güsse oft mit Gewittern und meist am Nachmittag. Wenn man mit dem Auto fährt, hat man oft den Eindruck, als ob einem ein Wasserfall entgegenkommt, und man muß anhalten. Doch nach einigen Minuten kann schon wieder die Sonne scheinen, und es wird bei Temperaturen von oft über 30°C sehr schwül. Die Tagesstunden mit der höchsten Wahrscheinlichkeit an Sonnenschein sind frühmorgens. Schon am späten Vormittag ziehen zunehmend dicke Wolken auf.
Die Luftfeuchtigkeit in den Tropen ist sehr hoch. Nur an sonnigen Tagen kann sie infolge des Temperaturanstiegs um die Mittagszeit bis auf 40% fallen. Die mittlere Feuchtigkeit beträgt über 80% ...“

Heinrich Walter, Siegmar-W. Breckle: Ökologie der Erde, Bd. 2: Spezielle Ökologie der Tropischen und Subtropischen Zonen. Stuttgart: Fischer 1984, S. 3

Die hohen Niederschlagsmengen fallen nicht gleichmäßig über das ganze Jahr verteilt und an allen Tagen, wie dies vielfach angenommen wird. Vielmehr lassen sich für nahezu alle Gebiete des tropischen Regenwaldes mehrtägige Trockenperioden feststellen, die in den üblichen Darstellungen der Klimadiagramme nicht ablesbar sind (vgl. Abb. 1).

Abb. 1: Klimadiagramme ausgewählter Stationen

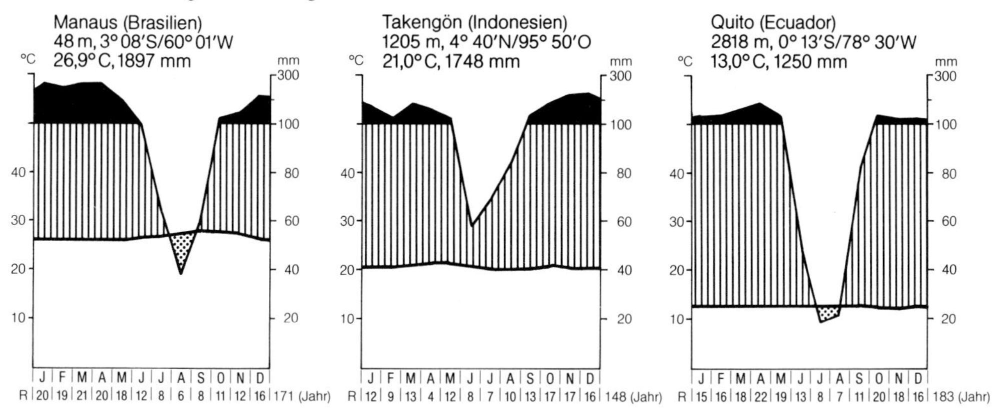

Temperatur. Zunächst fallen bei allen dargestellten Klimadiagrammen (vgl. Abb. 1) die sehr geringen monatlichen Abweichungen vom Jahresmittelwert auf. Dem gegenüber stehen jedoch vergleichsweise hohe tägliche Schwankungen. In der Beschreibung der Verhältnisse in Bogor (Java) kommt dies deutlich zum Ausdruck:

„An sonnigen Tagen im November kann die Temperatur an einem Tag zwischen 23,4°C um 6 Uhr und 32,4°C um 14 Uhr, also um ganze 9°C schwanken. Selbst während der Regenzeit kommen noch Schwankungen von 6–7°C innerhalb von 24 Stunden vor; sie können allerdings an trüben Tagen bis auf 2°C absinken ... Die Tagesschwankungen der Temperatur haben zur Folge, daß die Luftfeuchtigkeit zwischen 100% und 40% (bis 25%) schwankt ... und nur an sehr regnerischen Tagen nicht unter 90% sinkt ...
Wie ausgeprägt das Tageszeitenklima in den Tropen ist, ersieht man daraus, daß die Monatsmittel der Tagesschwankungen in Bogor zwischen 10,2°C und 6,9°C liegen und damit denen von Wien mit 10,2 bis 4,7°C entsprechen, diejenigen von Hamburg mit 7,6–3,5°C aber weit übertreffen ..."

Heinrich Walter, Siegmar-W. Breckle: a. a. O., S. 2

Abb. 2: Thermoisoplethendiagramm
Belém, 10 m, 1°27'S/48°29'W

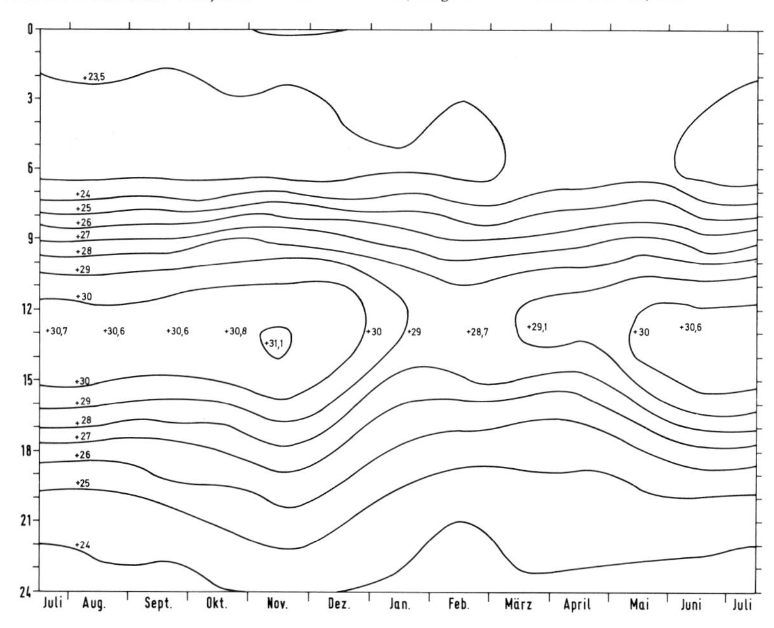

Klaus Müller-Hohenstein: Die Landschaftsgürtel der Erde. Stuttgart: Teubner 1981, S. 57

Im allgemeinen stark stufiger Aufbau. 60–100 Baumarten/ha, meist mit großen ledrigen Blättern: mit Träufelspitze und Wasserkelchen.

1 Hartblättrige Epiphyten (z. B. Bromeliaceen)
2 Weichblättrige Epiphyten (z. B. Begoniaceen, Piperaceen)
3 Epiphytische Orchideen
4 Palmen
5 Spreizklimmer
6 Kleinkronige, gerade, schlanke Stämme mit dünner Rinde
7 Rankenliane
8 Weichblättrige Kräuter (Begonia, Araceen)
9 Farne
10 Kauliflorie (Bäume, deren Blüten und Früchte direkt am Stamm bzw. an den starken Hauptästen treiben; z. B. Kakaobaum)
11 Hochstauden (z. B. Bananen)
12 Würger
13 Brettwurzeln (Wurzelmasse in den oberen 20 bis 30 cm des Bodens konzentriert)

Frank Klötzli. In: Tropenwelt. Bern: Kümmerly + Frey 1976, S. 36

Tab. 1: Biomassenproduktion verschiedener klimatischer Vegetationsformationen

Werte in t/ha Ø	Borealer Nadelwald (mittl. Taiga)	Buchenwald	Subtrop. Feuchtwald	Trop. Regenwald	Feuchtsavanne	Trockensavanne
Biomasse des Bestandes	260	370	410	über 500	66,6	26,8
Produktion/Jahr	7	13	24,5	32,5	(12)	7,3
Absterbende Biomasse/Jahr	5	9	21	25	(11,5)	7,2
Netto-Zuwachs der Biomasse/Jahr	2	4	3,5	7,5		0,1

Wolfgang Weischet: Die ökologische Benachteiligung der Tropen. Stuttgart: Teubner 1977, S. 43

Vegetation. Die üppige Vegetation, die hohe Biomassenproduktion und der hohe Anfall organischer Substanz (vgl. Tab. 1) führten schon sehr früh zu der Annahme, daß die Gebiete des tropischen Regenwaldes überaus fruchtbar und damit für die landwirtschaftliche Nutzung besonders geeignet seien. Die genauere Erforschung des tropischen Ökosystems – vor allem der Böden – führte jedoch zu einer grundlegenden Änderung in der Bewertung.

Böden (vgl. S. 23 und S. 28–29). Die tropischen Roterden, Laterite oder Latosole weisen aufgrund des Vorherrschens von Kaolinit (Zweischichttonmineral) eine äußerst geringe Speicherkapazität im Bereich der mineralischen Substanz auf. Der C-Horizont liegt im Durchschnitt in einer Tiefe von ca. 6–8 Metern. Er spielt damit für die sehr flach wurzelnden Pflanzen (vgl. Abb. 3) in bezug auf die Nachlieferung von Primär- und daraus zunächst entstehenden Dreischichttonmineralen keine Rolle.
Professor Harald Sioli, der jahrzehntelang in Manaus (Brasilien) das natürliche System des tropischen Regenwaldes und dessen Veränderungen erforscht hat, beschreibt dieses System Boden-Klima-Vegetation wie folgt:

„Eine notwendige Schlußfolgerung ist, daß der Wald de facto *nur auf,* aber *nicht aus* dem Boden wächst, daß er diesen vielmehr nur als Substrat für seine mechanische Fixierung anstatt als Nährstoffquelle benutzt und statt dessen in einem geschlossenen Nährstoffkreislauf lebt. Durch wahre Tricks schützt sich der Wald gegen Nährstoffverluste, und sein extrem artenreiches und damit vielschichtiges Ökosystem ermöglicht eine optimale und maximale Nutzung der begrenzten Nährstoffmenge, die durch die Organismuskette des Wald-Ökosystems zirkuliert und die nicht aus etwaigen Nährstoffreserven des Bodens erneuert oder ergänzt werden kann.
Der geschlossene Nährstoffkreislauf kommt dadurch zustande, daß der Wald ein oberflächliches Wurzelsystem von jedoch außerordentlicher Dichte besitzt, das dreimal so dicht wie das der Wälder unserer gemäßigten Klimagürtel ist ... Und dieses dichte Wurzelnetz wirkt als perfektes Filter, das alle Nährstoffe, die bei der Zersetzung der Laubstreu, mit den Exkrementen der Waldtiere usw. frei werden, sofort wieder aufnimmt und in die lebende Substanz des Waldes zurückführt ... Es sind also dieselben Nährstoffe, die stets wiederholt durch die Generationen der Urwaldorganismen kreisen; etwaige Verluste liegen in der Größenordnung der in den Regen enthaltenen Stoffmengen, so daß sie durch dieselben ausgeglichen werden ...
Die Remineralisation der Waldstreu und die zum Teil direkte Rückführung der in ihr enthaltenen Nährstoffe in die Wurzeln der Bäume werden vor allem durch Bodenpilze ... durch Mykorrhizen ..., besorgt. Der allgemeine Filtereffekt des Wurzelnetzes auf gelöste Stoffe konnte aber auch quantitativ nachgewiesen werden: Zum Unterschied vom chemisch armen Regenwasser erwiesen sich das Tropfwasser aus dem Kronendach des Waldes und der Stammablauf der Bäume als chemisch sehr reich, das Bodenwasser unterhalb des Wurzelnetzes aber wiederum so arm wie das Regenwasser.
Der Reichtum des Tropfwassers und des Stammablaufes dürfte nicht nur auf der Auswaschung von Stoffen aus den Blättern und ähnlichen Prozessen beruhen, sondern vor allem auf der ‚Wasserspülungs'funktion des Regens, der die Ausscheidungen der Tiere herunterwäscht, von denen im amazonischen Wald wohl die meisten, vor allem größeren Arten wie Vögel, Affen, Nasenbären, Faultiere usw., aber auch Insekten, das oberste Stockwerk des Waldes, die Baumkronen, bewohnen. Die chemisch reichen Tropfwässer und Stammabläufe machen übrigens auch die üppige Epiphytenflora einschließlich der epiphyllischen Pflanzen [Epiphyllen = Pflanzen, die auf Blättern leben] des amazonischen Waldes verständlich. Und diese Epiphyten schaffen wiederum neue Nischen für weitere Lebensformen.
Dieser Umstand sei auch als Beispiel für die optimale Nutzung der Nährstoffe in den Teilabschnitten ihres Nährstoffkreislaufes durch das hochdiverse Ökosystem erwähnt

..., das nicht nur die größte Buntheit der Lebenserscheinungen sein dürfte, die wir auf Erden kennen, sondern das sich außerdem durch die vielen Regelkreise, zu denen sich die Arten zusammenschließen, in einer Art stabilen Gleichgewichtes der Komponenten erhält, solange der besagte Kreislauf ungestört bleibt ..."

Harald Sioli: Amazonien. Stuttgart: Wissenschaftliche Verlagsgesellschaft mbH 1983, S. 54–55

Wasserhaushalt. Wegen der hohen Niederschläge ist der tropische Regenwald durch eine hohe Gewässerdichte und riesige abfließende Wassermengen gekennzeichnet. Das Abflußverhalten der großen Tieflandflüsse wird geprägt durch die Nebenflüsse in ihrem Einzugsbereich. Diese entspringen in Mittel- und Hochgebirgen, in denen die Regenzeiten aufgrund des Staueffekts stärker ausgeprägt sind, teilweise liegen diese außerhalb der tropischen Regenwaldgebiete. Demzufolge ist ein „typischer" Abflußgang der tropischen Flüsse nicht ohne weiteres feststellbar.

Fruchtbare Ausnahmegebiete. Im Bereich des tropischen Regenwaldes gibt es allerdings Gebiete, für die die bis jetzt dargestellten Sachverhalte – insbesondere was die Bodenfruchtbarkeit anbelangt – nicht zutreffen. Es sind dies diejenigen Räume, in denen durch Vulkantätigkeit eine Nachlieferung von Primärmineralen durch vulkanische Aschen erfolgt. Dazu gehören z. B. Java und Teile der Philippinen, in denen schon seit langer Zeit eine intensive agrarische Nutzung erfolgt. Die Bevölkerungsdichte im ländlichen Raum dieser Gebiete beträgt teilweise über 1000 Einwohner pro Quadratkilometer.

Ein weiteres Beispiel bilden die periodisch überschwemmten Gebiete der tropischen Tiefländer, in denen sich während der Überflutung Schluff- und Tonbestandteile absetzen. Ebenso wie in den Vulkangebieten liefern diese die Ausgangsprodukte zur Bildung von Dreischichttonmineralen bzw. liefern Dreischichttonminerale „direkt" an. Der Varzea-Bereich des Amazonas ist dafür ein typisches Beispiel.

Abb. 4: Schematischer Schnitt durch den Varzea-Bereich

Nach Jürg Müller: Brasilien. Stuttgart: Klett 1984, S. 98

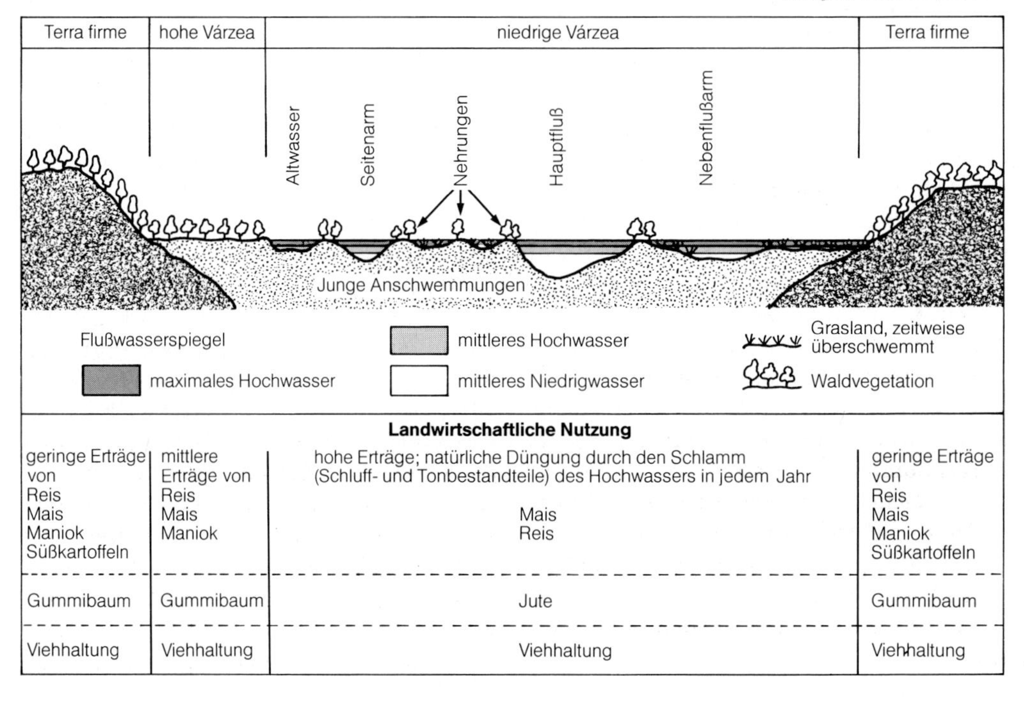

Landwirtschaftliche Nutzung

Terra firme	hohe Várzea	niedrige Várzea	Terra firme
geringe Erträge von Reis, Mais, Maniok, Süßkartoffeln	mittlere Erträge von Reis, Mais, Maniok	hohe Erträge; natürliche Düngung durch den Schlamm (Schluff- und Tonbestandteile) des Hochwassers in jedem Jahr Mais Reis	geringe Erträge von Reis, Mais, Maniok, Süßkartoffeln
Gummibaum	Gummibaum	Jute	Gummibaum
Viehhaltung	Viehhaltung	Viehhaltung	Viehhaltung

Weitere Ausnahmegebiete sind die tropischen Hochgebirgsregionen. Aufgrund der geringeren Jahresdurchschnittstemperatur und je nach Höhenlage und Exposition auch der teilweise geringeren Jahresniederschläge ist die chemische Verwitterung geringer. Demzufolge sind die Böden dort flachgründiger und weisen einen höheren Anteil an hochwertigen Tonmineralen und damit eine höhere Speicherfähigkeit auf. Allerdings sind diese Gebiete aufgrund ihrer hohen Reliefenergie besonders erosionsgefährdet.

1. *Ordnen Sie die aufgeführten Klimastationen (Abb. 1) in die Atlaskarte und in die Klimakarte (Seite 12) ein.*
   Beschreiben Sie Temperatur- und Niederschlagsgang, und erklären Sie mit Hilfe der Abbildung 10, Seite 10 die Verteilung der Niederschläge.
2. *Erläutern Sie anhand der Werte von Bogor (Text, S. 39) und Belém (Abb. 2, S. 39) den täglichen Temperaturgang und dessen Auswirkungen auf die Luftfeuchtigkeit.*
3. *Berechnen Sie mit Hilfe der Angaben in Abbildung 1, S. 39 den prozentmäßigen Anteil der Niederschlags- und Trockenperioden in den einzelnen Monaten.*
4. *Beschreiben Sie den Vegetationsaufbau des tropischen Tieflandregenwaldes, und erklären Sie auf dem Hintergrund der klimatischen Verhältnisse die Eigenschaft „immergrün".*
5. *Beschreiben und erklären Sie den geschlossenen Nährstoffkreislauf der organischen Substanz.*
6. *„Der Wald wächst* nur auf, *aber* nicht aus *dem Boden." Erklären Sie diesen Sachverhalt und damit die Funktion der mineralischen Substanz der tropischen Böden.*
7. *Erläutern Sie, warum in bestimmten Gebieten der tropischen Regenwaldzone eine intensive und ertragreiche Agrarproduktion möglich ist.*

Traditionelle Formen der Nutzung: shifting cultivation

Das System der shifting cultivation beruht darauf, daß dem Boden durch das Abbrennen der organischen Substanz große Mengen an Nährstoffen zugeführt werden. Die Kulturpflanzen können allerdings nur einen geringen Teil dieser Nährstoffe nach der Brandrodung verwerten. Sehr große Anteile werden in relativ kurzer Zeit durch die Niederschläge ausgeschwemmt, denn beim Abbrennen werden die einzigen Nährstoffspeicher, die Wurzelpilze (Mykorrhizen), zerstört. Dieses Ausschwemmen ist am hohen Nährstoffgehalt der Gewässer in Brandrodungsgebieten nachweisbar, während Flüsse aus ungestörten geoökologischen Systemen in den Tropen nahezu nährstofffrei sind. Man kann deshalb auch mit Recht von einem zeitweiligen „Überangebot" an Nährstoffen in den Brandrodungsgebieten sprechen. Insbesondere die hohen Ausschwemmungsverluste erklären die raschen Ertragsabfälle bei den Nutzpflanzen, und der scheinbare Widerspruch zwischen der großen Biomasse und dem hohen jährlichen Zuwachs der tropischen Regenwälder einerseits und der geringen und zum Teil extrem zurückgehenden Fruchtbarkeit bei Kulturpflanzen anderseits löst sich auf.
Der Bauer, der shifting cultivation betreibt, reagiert auf die Ertragsabfälle, indem er die Felder nach zwei- oder dreijähriger Nutzung (vereinzelt auch nur nach einer Kulturperiode) aufgibt und neue Flächen rodet.
In Abhängigkeit von den klimatischen Bedingungen, vor allem der Höhe der Niederschläge, müssen die aufgegebenen Flächen 7–16 Jahre der nachwachsenden natürlichen Vegetation (Sekundärbuschwald, Sekundärwald) überlassen werden. In dieser Zeit wachsen die Wurzelpilze nach, und allmählich nimmt die organische Substanz mit ihrem Nährstoffgehalt wieder zu. Allerdings beginnt man in vielen Fällen mit der erneuten Nutzung, ehe die Gesamtmenge der Nährstoffe den einstigen Stand erreicht hat (vgl. Abb. 6), was sich auf das Ertragsniveau auswirken muß. Oft ist bereits nach der zweiten Anbauperiode der Nährstoffvorrat derart reduziert, daß ein weiterer Anbau nicht mehr lohnt.

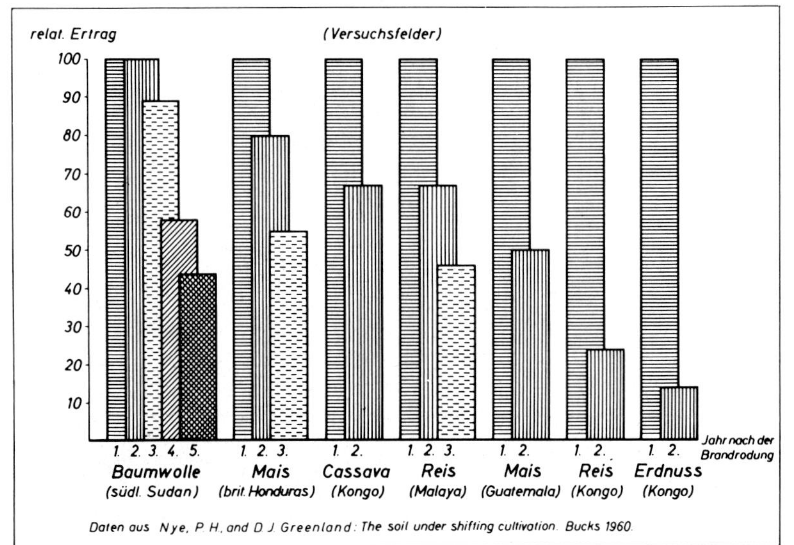

Abb. 5: Ertragsabfälle in den feuchten Tropen bei zunehmender Dauer der Ackernutzung im System der shifting cultivation

Bernd Andreae: Landwirtschaftliche Betriebsformen in den Tropen. Hamburg, Berlin: Paul Parey 1972, S. 51

Abb. 6: Vereinfachte modellhafte Darstellung des Systems der Wald-Feld-Wechselwirtschaft

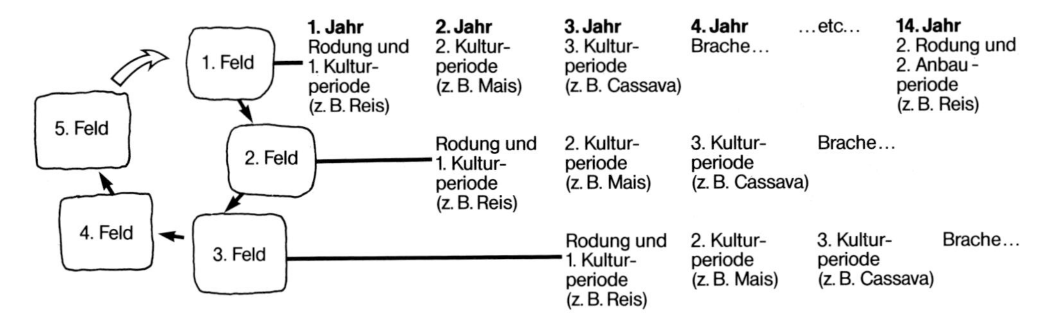

Nach 2. Anbauperiode (also ca. 16 Jahre nach 1. Rodung) → shifting away

Abb. 7: Modellhafte Darstellung der Entwicklung der shifting cultivation in Abhängigkeit vom Anbauintervall

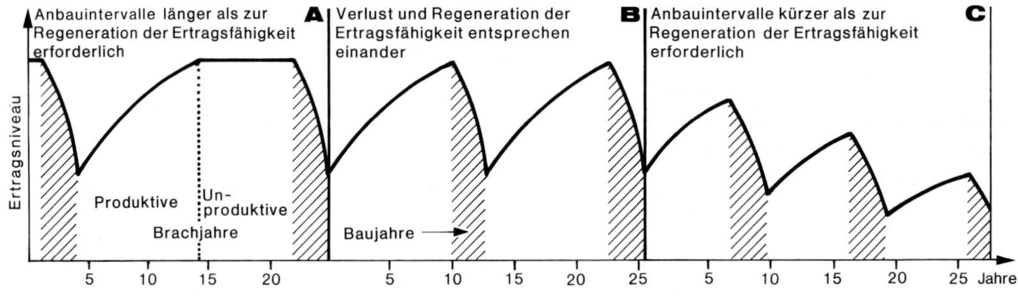

Nach: Bernd Andreae: Agrargeographie. Berlin, New York: de Gruyter 1977, S. 130

Da eine längere Regenerationsphase nicht mehr abgewartet werden kann, erfolgt das shifting away, der Versuch, neue Rodungsflächen (unter Umständen auch in weiterer Entfernung) zu erschließen, was eine Auflassung der alten Siedlung zur Folge hat.
Für die Erhaltung des Ertragsniveaus und damit für die Sicherung der Ernährungsgrundlage ist also die Länge der Regenerationsphase von großer Bedeutung. Da neue Rodungsflächen mit steigender Bevölkerungszahl knapper werden, mit der steigenden Bevölkerungszahl aber der Nahrungsmittelbedarf wächst, liegt die Gefahr nahe, daß im System der shifting cultivation die Anbauintervalle zur Bodenregeneration gekürzt werden, um einen aktuellen Nahrungsbedarf befriedigen zu können. Damit aber wird das Gleichgewicht zwischen Anbau und Regeneration gestört: Ertragsabfälle sind dann unvermeidlich, und langfristig ist die völlige Entwertung großer Flächen möglich.

Primärwald, Rodung, Brache

Shifting cultivation in Zumbata (Liberia)

Das Dorf Zumbata liegt ca. 40 Kilometer von der Hauptstadt Monrovia entfernt inmitten des tropischen Regenwaldes. Die 151 Einwohner sind Mitglieder des Golastammes, der neben den Kpelle zu den bedeutendsten in West-Liberia zählt.
In Zumbata gelang es erstmalig, mit Luftbildern eine genaue Differenzierung unterschiedlich alter Flächen in den Jahren 1960, 1962 und 1965 vor allem durch die unterschiedliche Wuchshöhe der Vegetation zu ermitteln. Dadurch wurde es möglich, die zentralen Problembereiche wie Nutzungsdauer, Länge der Brachzeit, Feldgröße und Feldform zu erfassen.

Auf der Grundlage des nebenstehenden Zahlenmaterials errechnete Peter Koch eine durchschnittliche Brachzeit von ca. acht Jahren. Diese sehr kurze Brachzeit (vgl. hierzu Abb. 6) täuscht jedoch über die wahren Verhältnisse hinweg.

Tab. 2: Flächenanteile der Rodungen und übrigen Nutzflächen, der Brachen und unproduktiven Areale 1962 und 1965

	1962		1965	
	ha	%	ha	%
Buschbrachen u. Sekundärwald	503,6	80,2	507,1	80,8
Zuckerrohr z. T. verbuscht			3,1	0,5
wiederholt genutzte Fläche	9,1	1,5	6,5	1,1
frische Rodungen des laufenden Jahres, angepflanzt	65,7	10,5	60,6	9,7
verfügbare Fläche für die Landwechselwirtschaft	578,4	92,2	577,3	92,1
ständige Nutzfläche (Dorfgarten u. a.)	5,6	0,9	7,7	1,2
nicht verfügbare Vegetationsfläche (Hochwald, Sumpf)	25,8	4,0	23,4	3,7
landwirtschaftlich unproduktive Flächen (Siedlung, Wege, Bäche etc.)	17,3	2,9	18,9	3,0
Gesamtfläche des Untersuchungsgebiets	627,1	100,0	627,3	100,0

Peter H. Koch: Die Shifting Cultivation und ihre Luftbildauswertung. Zürich: Juris Druck und Verlag 1970, S. 120, vereinfacht

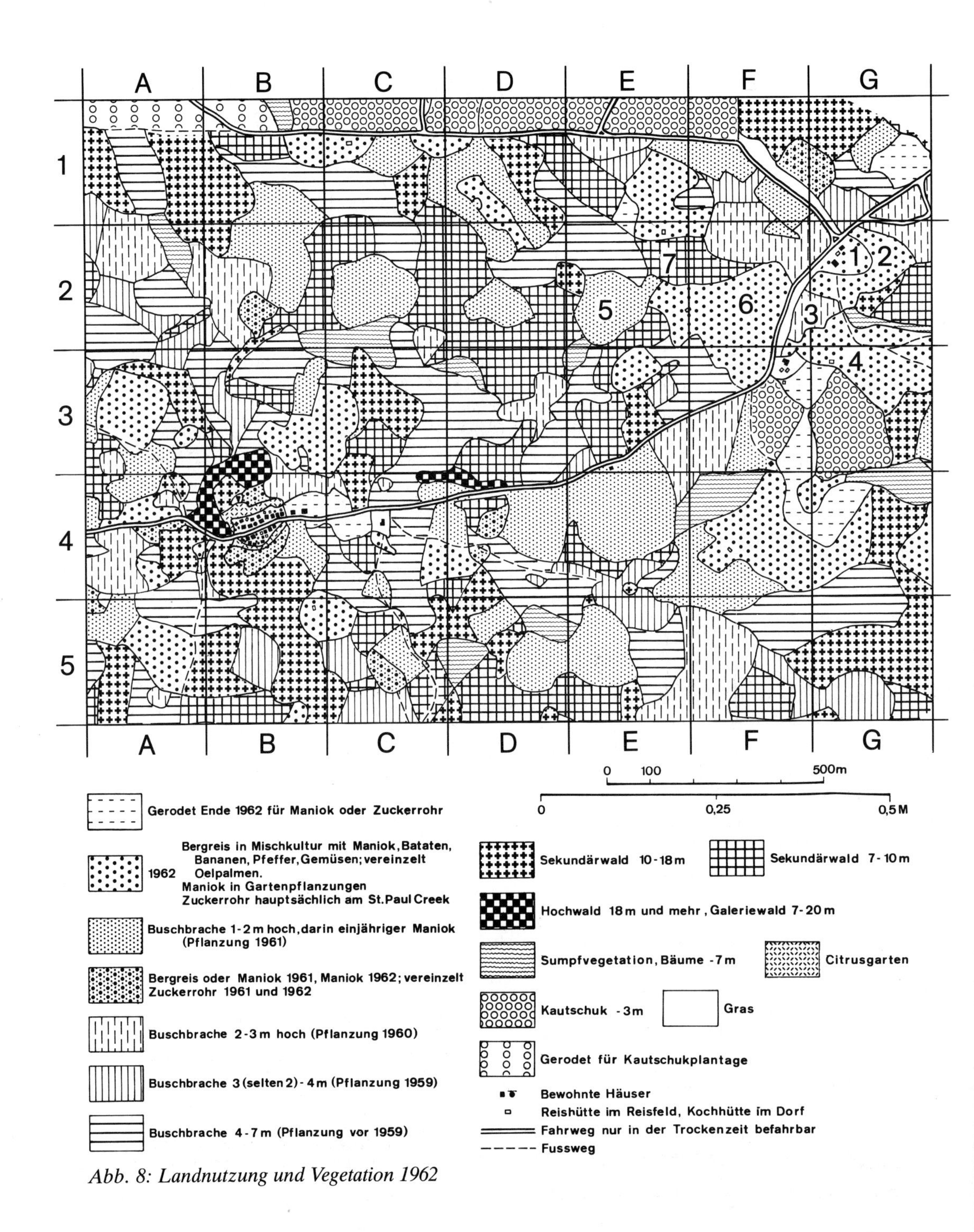

Abb. 8: Landnutzung und Vegetation 1962

8. *Vergleichen Sie die in den Planquadraten G2, F/G2 und F/G2/3 durchnumerierten Feldstücke 1 bis 4 im Jahre 1962 bezüglich Nutzung, Brachdauer, Reliefsituation, Größe und Gestalt mit den entsprechenden Ausschnitten im Jahre 1965.*
Führen Sie diesen Vergleich mit einer Folie oder einem gut durchsichtigen Pergamentpapier durch. Zeichnen Sie zuerst die Feldstücke des Jahres 1962 ein, und notieren Sie für diese die

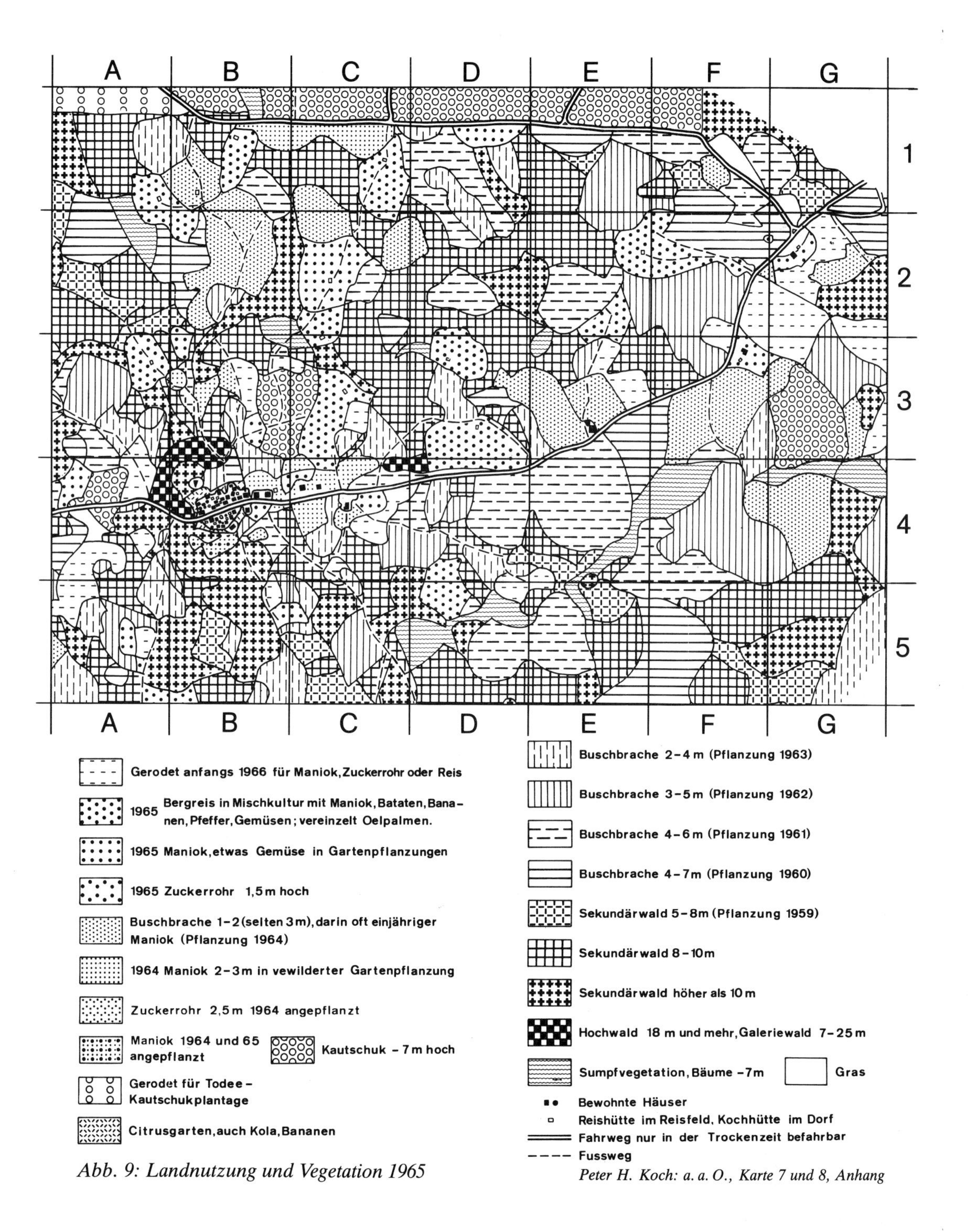

Abb. 9: Landnutzung und Vegetation 1965

Peter H. Koch: a. a. O., Karte 7 und 8, Anhang

entsprechenden, oben aufgeführten Eigenschaften. Legen Sie danach die Folie bzw. das Pergamentpapier über die Karte aus dem Jahre 1965. Notieren Sie auch hier die Eigenschaften, und vergleichen Sie beide Jahre miteinander. Führen Sie dasselbe mit den Feldstücken 5 bis 7 in den Planquadraten E2, E/F2/3 und E/F2 und dem oberen Bereich der Planquadrate A–F/1 durch.

Plantagenwirtschaft. Wie auch schon am Beispiel Zumbata erkennbar, spielt der meist weltmarktorientierte Anbau pflanzlicher Rohstoffe durch Plantagen eine ebenso wichtige Rolle wie die traditionelle Form der Nutzung durch Brandrodung.
Die Betriebsform der Plantage wurde von den Europäern im 16. Jahrhundert zunächst in der Karibik gegründet. Diese Betriebe, in denen meist ein pflanzlicher Rohstoff auf einer großen Fläche für den Export in die Mutterländer angebaut wurde, waren in der Regel auf die verkehrsmäßig günstig liegenden Küstenebenen konzentriert.
Mit Negersklaven als Arbeitskräfte brachten diese Betriebe innerhalb kurzer Zeit sehr hohe Gewinne. Im weiteren Verlauf der historischen Entwicklung wurde diese Form der Nutzung mit wechselnder Intensität betrieben. Insbesondere im 20. Jahrhundert sind es ausländische Unternehmen, die in großem Stil Plantagenwirtschaft betreiben.
Die zentrale ökologische Frage in diesem Zusammenhang lautet: Wie ist es möglich, daß bei den Dauerkulturen ein nahezu gleichmäßiger Ertrag zustandekommt? Dies steht doch im Widerspruch zu der zuvor ausgeführten ökologischen Benachteiligung! Auch die hohen Düngergaben erklären diesen Widerspruch allein nicht.
Die vorliegenden Forschungsergebnisse belegen, daß diese Dauerkulturen im Bereich ihrer Wurzelsysteme verschiedene Arten von Wurzelpilzen (Mykorrhizen) aufweisen, die einen Teil der künstlich zugeführten Pflanzennährstoffe speichern und damit den Pflanzen zur Verfügung stellen können. Ist dies demnach die optimale Nutzung der immerfeuchten Tropen?

9. *Begründen Sie die sinkenden Erträge bei Kulturpflanzen in den feuchten Tropen (Abb. 5).*
10. *Begründen Sie den Zusammenhang zwischen Ertragshöhe und Intervalldauer sowie Dauer der Anbauphase (Abb. 7).*
11. *Erörtern Sie die positiven und negativen Auswirkungen, die von dem weltmarktorientierten Anbau der Kautschukplantage (Abb. 8–9) möglicherweise auf die Einwohner Zumbatas ausgehen.*

Das Ende der tropischen Regenwälder?

Nachfolgend werden Berichte und Stellungnahmen aus unterschiedlichen Perspektiven zur Erschließung der tropischen Regenwälder in Südamerika und Asien aufgeführt. Sie verdeutlichen den generellen Gegensatz zwischen den ökonomischen und ökologischen Ansprüchen und damit die aktuellen Flächennutzungskonflikte dieser Räume.

„Abschied von den Wäldern

Der Amazonasregenwald ist vielleicht das eindringlichste Beispiel für die Zerstörung der Wälder auf der Erde, speziell der Regenwälder. Ein Bericht der US National Academy of Sciences aus dem Jahr 1980 zeigt warnend auf, daß jährlich 200000 Quadratkilometer tropischen Waldes zu Nutzflächen umgewandelt werden... Andere Schätzungen liegen noch höher. ‚Selbst wenn diese Zahlen konstant blieben‘, sagt der Bericht weiter, ‚würde das weltweit zu einer totalen Zerstörung aller tropischen Regenwälder innerhalb der nächsten fünfzig Jahre führen. Aber diese Zahlen sind nicht konstant – sie steigen ständig.‘ Und nicht nur die Bäume verschwinden. Nach dem oben erwähnten Bericht sind etwa drei Millionen der vier bis fünf Millionen Pflanzen- und Tierarten der Erde im Amazonasgebiet beheimatet und daran gebunden... Die Situation im Amazonasregenwald, der größte seiner Art, ist typisch für fast alle Regenwälder. Schätzungsweise 20 Prozent des Amazonasbekkens sind schon abgeholzt, Wälder von der Größe Englands gehen jährlich verloren. Der Ökologe Norman Myers, ein Waldspezialist aus Kenia, schätzt, daß pro Woche ein bis zwei Tier- oder Pflanzenarten im Amazonasgebiet ausgerottet werden, eine Zahl, die sich bis zum Ende dieses Jahrhunderts auf *zwei pro Stunde* steigern ließe. Ebenso schnell verschwinden die Indianerstämme im Amazonasgebiet, deren Schicksal es ist, von der einfallenden Zivilisation aufgesogen oder zerstört zu werden.“

Jacques-Yves Cousteau: Bestandsaufnahme eines Planeten. Cousteau-Umweltlesebuch 1. Stuttgart: Klett-Cotta 1983, S. 31–32

Agrarkolonisation in Amazonien

„Die offizielle Entwicklungsstrategie für Amazonien hat sich im agraren Bereich von der staatlich gelenkten kleinbäuerlichen Agrarkolonisation mit betont sozialer Zielsetzung auf privatwirtschaftliche Großprojekte auf ökonomischer Basis verlagert. Die Devise, durch die Schaffung von Zehntausenden von Bauernstellen ‚Amazonien mit Nordestinos zu besiedeln' (Expräsident Medici 1970) ist der Auffassung gewichen, daß der Erfolg der Landwirtschaft nur auf unternehmerischer Basis garantiert werden könne (Landwirtschaftsminister Paulinelli) und daß ‚es sinnlos sein würde, die Ländereien Amazoniens denen zu überlassen, die weder technisch noch finanziell in der Lage sind, sie zu explorieren.' ...
Die staatliche kleinbäuerliche Agrarkolonisation an der Transamazonica zwischen Tocantins und Tapajos hat damit jegliche Prioritäten hinsichtlich ihrer weiteren Förderung verloren."

Gerd Kohlhepp: Planung und heutige Situation staatlicher kleinbäuerlicher Kolonisationsprojekte an der Transamazonica. In: Geographische Zeitschrift 1976, H. 3, S. 206–207

„Das anspruchsvolle brasilianische Modell zur wirtschaftlichen Entwicklung des Landes, mit dem ein außerordentlich hoher Kapitalbedarf verbunden ist, hat – im Zusammenhang mit der unvorhergesehenen Erdölpreissteigerung – die Regierung in finanzielle Schwierigkeiten gebracht und somit eine exportorientierte, auch auf erhebliche Steigerung der Rohstoffexporte ausgerichtete Wirtschaftspolitik verankert."

Gerd Kohlhepp: Bergbaustandorte im östlichen Amazonasgebiet. Studien zur allgemeinen und regionalen Geographie. Frankfurter Wirtschafts- und Sozialgeographische Schriften, H. 26. Frankfurt: Seminar für Wirtschaftsgeographie der Johann Wolfgang Goethe Universität 1977, S. 268–269

Ökologische und soziale Probleme in Ostamazonien, die mit der Erschließung der hochwertigen Eisenerzlagerstätten der Serra dos Carajás und dem damit verbundenen Bau des Wasserkraftwerkes in Tucurui am Rio Tocantins zusammenhängen, werden im folgenden Bericht geschildert:

„Der Regenwald brennt. Die wirtschaftliche Erschließung Amazoniens entartet zu einem Raubzug ... In Brasilien fürchten freilich viele um die Belastungen des ostamazonischen Ökosystems. Was der Sinn für Gigantomanie aus dem Busch gestampft hat, muß nach Ansicht der Experten das Gleichgewicht des größten Regenwaldes der Erde gefährlich beeinflussen. Sogar im Kongreß in Brasilia erhob die Opposition bittere Vorwürfe. Auch die Bevölkerung der Region läßt sich trotz aufwendiger Plakataktion der Technokraten zur Verharmlosung der Schäden kaum noch besänftigen. Sie bangt um ihre natürlichen Lebensgrundlagen, die der Konflikt Ökonomie und Ökologie in Brasilien infolge ungenügender Gesetze zum Schutz der Umwelt immer wieder in Frage stellt ... In den Feuern der heftigsten Kolonisation, die je über Amazonien hergefallen ist, vergeht der Regenwald Stück um Stück und mit ihm ein seit Jahrmillionen gewachsenes Ökosystem, das die Wissenschaft noch gar nicht genau erforschen konnte ...
Zu Opfern unkoordinierter Planung wurden die Caboclos – Abkömmlinge aus der Mischung portugiesischen und indianischen Bluts. Im Stausee verschwindet ein großer Teil ihrer Siedlungen am Rand der Transamazonica – jenes Alptraums von Straße, die einst von Bulldozern der Armee, als Korridor zwischen Süden und Norden, in den Dschungel geschlagen wurde und die doch schon wieder vergeht unter Staubwolken und Regenschlamm oder unter zudringlichen Dschungelgewächsen beiderseits der Schneise. Was das Umsiedlungsprogramm der Electronorte für die Enttäuschten bereithält, sind ausgerodete Landstriche, die den letzten Indianerstämmen unter Protest abgejagt wurden. Mit Gewalt wollen sie sich zurückholen, was ihre ohnehin von der Zivilisation seit langem bedrohte Existenz bisher garantiert hatte ..."

Die Zeit, Nr. 49 vom 30. 11. 1984, 33

Tropischer Regenwald in Asien

„Sofern es durch zunehmendes Bevölkerungswachstum zu großflächiger Vernich-

tung der Walddecke in Nepal und Assam kommt, sind für Bangladesh nachteilige Folgen aufgrund zunehmender Bodenabtragung zu erwarten. Bereits unter den gegenwärtigen Bedingungen ist das Land periodisch Flutkatastrophen ausgesetzt, und die zu erwartende Verschlimmerung solcher Überschwemmungen wird sich sowohl auf die Produktivität des Landes wie auf große Teile der Bevölkerung bedrohlich auswirken. Hierin dürfte das bedeutendste Umweltproblem liegen, mit dem sich Bangladesh bis zum Jahre 2000 konfrontiert sehen wird ...
In den Einzugsgebieten des Himalaya führen sowohl Überweidung wie Brennholzsammeln zu größeren Schäden. Erdrutsche, Überschwemmungen in der Gangesebene, Absinken des Grundwasserspiegels und Verschlammung der Reservoire sind die Folgen. Es ist zu erwarten, daß es ebenso schwer sein wird, die soziologischen Probleme in der Forstwirtschaft zu lösen, wie die Mittel für eine Wiederaufforstung zu beschaffen. Die Suche nach alternativen Möglichkeiten für das Überleben der Menschen, die gegenwärtig ihre Bedürfnisse aus den Wäldern decken, muß parallel zur Entwicklung guter forstwirtschaftlicher Methoden erfolgen."

Global 2000. Der Bericht an den Präsidenten. Frankfurt: Zweitausendeins 1980, S. 676–677

12. *Das Scheitern der Agrarkolonisation in Amazonien (Gebiet Itaituba-Altamira) ist neben organisatorischen Problemen vor allem auf die ökologische Benachteiligung dieser Gebiete zurückzuführen. Begründen Sie dies!*

13. *Bewerten Sie anhand der Erschließung der Eisenerzlagerstätten in der Serra dos Carajás und dem damit verbundenen Bau des Wasserkraftwerkes (einschließlich Stausee) die wirtschaftlichen Ziele der brasilianischen Regierung und die ökologischen Folgen dieser Maßnahmen.*

14. *Erläutern Sie die Folgewirkungen der Waldzerstörung im Himalayagebiet. Vergleichen Sie diese Entwicklung mit derjenigen in Amazonien.*

Die Savannen

In den wechselfeuchten Tropen (äußere Tropen), in denen sich Regen- und Trockenzeiten abwechseln, sind die Savannen weit verbreitet, Gebiete mit einer mehr oder weniger dichten Grasschicht und einzelnen Bäumen, Büschen oder Sträuchern, aber auch Baumgruppen und Wäldern (vgl. Fotos S. 31).

Das Klima. Innerhalb der Savannen gibt es zonale Unterschiede, für die vor allem die Niederschlagsverhältnisse verantwortlich sind. In den äquatornäheren Gebieten treten zwei Niederschlagsmaxima auf, die zu den Wendekreisen hin zu einem sommerlichen Regenmaximum zusammenfallen. Mit wachsender Entfernung zum Äquator verkürzt sich die Regenzeit, ist jedoch immer ganz klar ausgeprägt. Außerdem nehmen die Niederschläge ab und werden unregelmäßiger (vgl. Abb. 1): Ihre hohe Variabilität ist ein Kennzeichen der Trocken- und Dornsavanne.
Die Regenzeiten (Zenitalregen) folgen in einigem zeitlichen Abstand dem Sonnenhöchststand. In weiten Gebieten der Savannen sind die Niederschläge ausschließlich Zenitalregen, zyklonale Einflüsse sind selten.
Der Wechsel zwischen Regen- und Trockenzeit ist also das gemeinsame Merkmal der wechselfeuchten Tropen. Auch für die naturräumlichen Unterschiede innerhalb der Savannen sind die Niederschlagsverhältnisse entscheidend.
Die Temperaturverhältnisse haben dagegen geringeren Einfluß. Zu den Wendekreisen hin nehmen die Temperaturmaxima und die jahreszeitlichen Unterschiede zu. Dennoch herrscht – auch in der Trocken- und Dornsavanne (vgl. Abb. 2) – in den wechselfeuchten Tropen noch Tageszeitenklima.
Der beständige Wechsel zwischen der Regen- und Trockenzeit hat seine Auswirkungen auch auf die jahreszeitlichen Wasserstandsschwankungen der Flüsse. So müssen manche Flüsse, wie z. B. der Nil, große Verdunstungsstrecken überwinden, und die Flüsse des Tschadseebeckens haben überhaupt keinen Abfluß zum Meer.

Abb. 1: Klimadiagramme ausgewählter Stationen

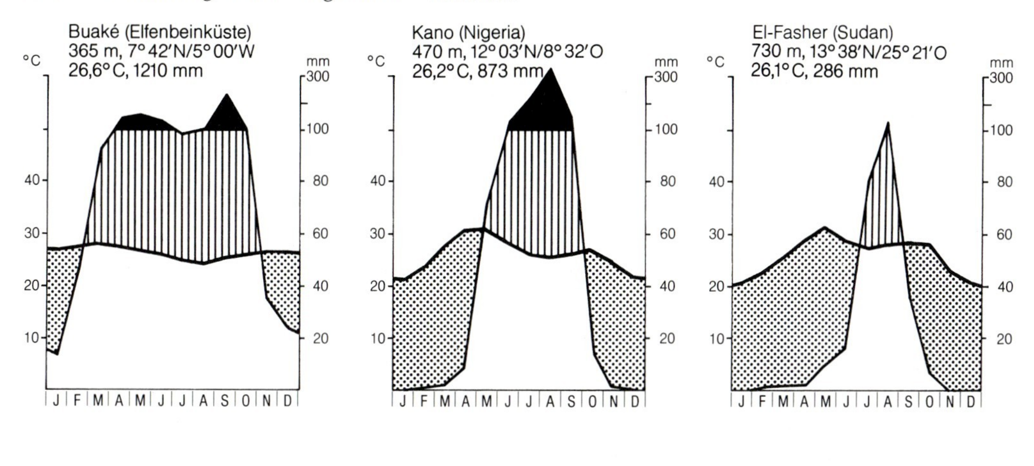

Abb. 2: Thermoisoplethendiagramm der Dornsavanne

Timbuktu, 250 m, 16°49′ N, 2°52′ O

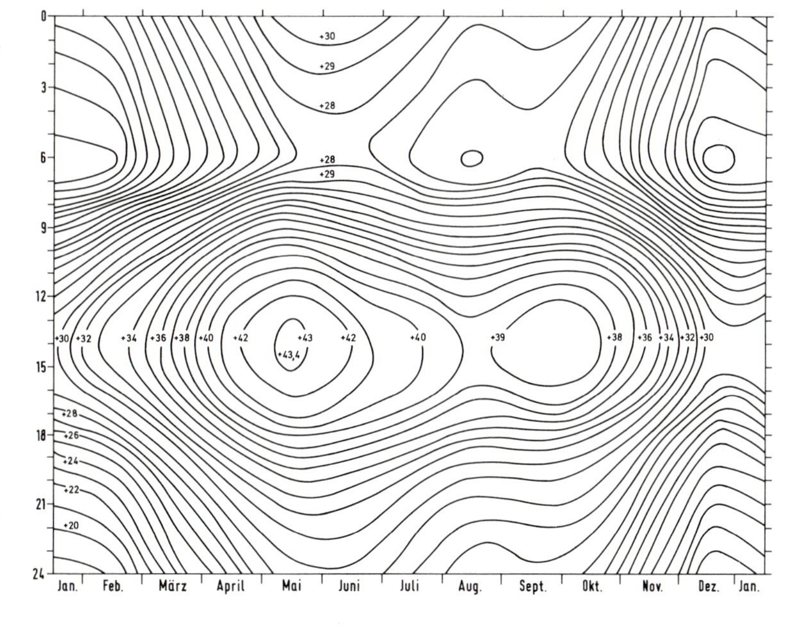

Klaus Müller-Hohenstein: Die Landschaftsgürtel der Erde. Stuttgart: Teubner 1979, S. 91

Die Böden. Der Wechsel zwischen Regen- und Trockenzeit führt dazu, daß die Böden uneinheitlich sind. Das liegt zum Teil daran, daß sich beispielsweise in den Senken, zumindest während des Beginns der Trockenzeit, noch Wasser sammelt, während die Hanglagen bereits trokken sind, dort also keine chemische Verwitterung mehr stattfindet. Auch die nach Art und Tiefe unterschiedlichen Stauhorizonte im Boden führen zu einer Vielfalt der Erscheinungsformen der Savannen. Eine rein zonale Vegetation, die den Klimaverhältnissen entspricht, ist vergleichsweise selten.

Vorwiegend in der Feuchtsavanne sind rote Latosole häufig, die aus Silikatgesteinen entstanden sind, nachdem infolge der starken chemischen Verwitterung Kieselsäure ausgewaschen wurde. Wegen des geringen Humusgehalts, der

starken Versauerung und der geringen Austauschkapazität der vorherrschenden Kaolinite sind diese Latosole für den Anbau ungünstig. Daneben finden sich, vor allem in der Trocken- und Dornsavanne, braunrote und braune tropische Böden mit geringer Kieselsäureauswaschung (fersiallitische Böden), die nährstoffreicher und weniger tiefgründig sind.
Insgesamt wird die Bodenfruchtbarkeit in der Trocken- und Dornsavanne – im Gegensatz zur Feuchtsavanne – stärker durch fehlende Feuchtigkeit als durch die Nährstoffarmut der Böden begrenzt.
Mit zunehmender Aridität kommt es besonders in der Trocken- und Dornsavanne bei salzhaltigem Grundwasser häufig zu Salzanreicherungen im Oberboden und an der Oberfläche. Verbreitet sind auch flächenhafte Abspülungen nach Starkregen.

Die Vegetation. Eine Beschreibung der Savannen als „baumdurchsetzte Grasfluren" reicht nicht aus. Die klimatischen Unterschiede erfordern eine Unterteilung in Feucht-, Trocken- und Dornsavanne, innerhalb derer sich wiederum vielfältige Abweichungen zeigen, die auch in einem „Kampf" zwischen Gräsern und Holzpflanzen (Bäume, Büsche, Sträucher) offenbar werden:

„Holzpflanzen
1. benötigen größere Niederschlagsmengen,
2. diese können in der Winterzeit fallen,
3. der Boden muß auch während der Dürrezeit genügend Wasser enthalten, um wenigstens eine geringe Wasseraufnahme zu gewährleisten,
4. die Wasserkapazität braucht nicht groß zu sein, d. h., der Boden kann grobkörnig und sogar steinig oder felsig sein, da das extensive Wurzelsystem sehr weit in horizontaler und vertikaler Richtung streicht.

Gräser
1. kommen mit geringeren Jahresniederschlägen aus,
2. diese müssen jedoch während der Vegetationszeit, also im Sommer, fallen,
3. während der Ruhezeit wird praktisch kein Wasser aus dem Boden aufgenommen,
4. die Böden müssen eine relativ hohe Feldkapazität (Maß für die Wasserspeicherkapazität des Bodens) besitzen, also nicht zu grobkörnig sein, damit das intensive Wurzelsystem aus einem kleinen Bodenvolumen während der Vegetationszeit genügend Wasser aufnehmen kann, denn die Gräser transpirieren, solange genügend Wasser im Boden vorhanden ist, sehr stark; bei eintretendem Wassermangel vertrocknen die Blätter rasch."

Heinrich Walter, Siegmar-W. Breckle: Ökologie der Erde, Bd. 2: Spezielle Ökologie der Tropischen und Subtropischen Zonen. Stuttgart: Fischer 1984, S. 127

Bei Niederschlägen unter 200 mm wachsen nur Gräser, sie nehmen das gesamte Wasser auf. Erst bei höheren Niederschlägen bleibt etwas Restwasser auch während der Dürrezeit, damit sind auch die Voraussetzungen für Holzgewächse gegeben. Im Vegetationssystem der Savannen sind also die Gräser die bestimmenden Pflanzen, die Holzpflanzen hängen von ihnen ab (Walter/Breckle).

Die Vegetation der Savannen im Überblick.
Feuchtsavanne (vgl. Klimadiagramm Abb. 1, S. 51, Buaké):
- 2½–5 Monate Trockenzeit, relativ geringe mittlere Variabilität;
- übermannshohe Gräser mit Baumgruppen und Feuchtwäldern (hochwüchsige Bäume, die in der Trockenzeit Laub abwerfen, sowie Sträucher und niedrige Bäume, die ganzjährig Laub tragen);
- entlang der Flüsse Galeriewälder, zum Teil immergrün.

Trockensavanne und Trockenwälder (vgl. Klimadiagramm Abb. 1, S. 51, Kano):
- 5–7½ Monate Trockenzeit, hohe Variabilität der Niederschläge;
- Grasland mit einzelnen lichten Trockenwäldern (niedrige Bäume mit tiefen Wurzeln, Sträucher, die wie auch die Bäume in der Trockenzeit Laub abwerfen).

Dornsavanne (vgl. Abbildungen 1 und 2, S. 51, El-Fasher und Timbuktu):
- 7½–10 Monate Trockenzeit, sehr hohe Variabilität der Niederschläge;

– niedrige Gräser, ungleichmäßig verteilt, Dornsträucher und Akazien.

Die Abfolge vom Regenwald über die Feucht- und Trockensavanne zur Dornsavanne (und dann weiter zur Halbwüste und Wüste) zeigt sich, bei fließenden Übergängen, am deutlichsten in Afrika zwischen Äquator und Wendekreis. In Asien und Amerika ist die Abfolge wegen der Oberflächenformen weniger ausgeprägt.

Der Naturraum der Savanne wurde und wird durch die wirtschaftliche Nutzung großflächig verändert. Überweidung läßt in der Trockensavanne Gräser verschwinden. An ihre Stelle treten strauchartige Akazien, so daß diese Flächen nicht mehr als Weideland genutzt werden können. Der Brennholzmangel führt dazu, daß auch diese Sträucher häufig abgeholzt werden – zurück bleibt dann fast vegetationsloses Land.

In der Feuchtsavanne werden regengrüne Wälder im Zuge der shifting cultivation gerodet. Der Ackerbau zerstört den empfindlichen Boden- und Wasserhaushalt, es entstehen dann Grasflächen mit wenigen Bäumen: „Sekundärsavanne“, ein Savannentypus, der nicht auf die natürlichen Bedingungen des Raumes zurückzuführen ist.

1. *Vergleichen Sie den Temperaturgang in Abbildung 1, S. 51, mit dem der tropischen Regenwaldzone (S. 39). Begründen Sie die Unterschiede.*
2. *Vergleichen Sie Abb. 2, S. 51 mit dem Thermoisoplethendiagramm der tropischen Regenwaldzone (S. 39).*
3. *Erläutern Sie den „Wettbewerb“ zwischen Holzpflanzen und Gräsern in der Savanne.*
4. *Suchen Sie auf Atlaskarten Savannengebiete außerhalb Afrikas.*

Der Sahel, eine Problemzone der Savannen

Abb. 3: Mittlere Variabilität im Sahel

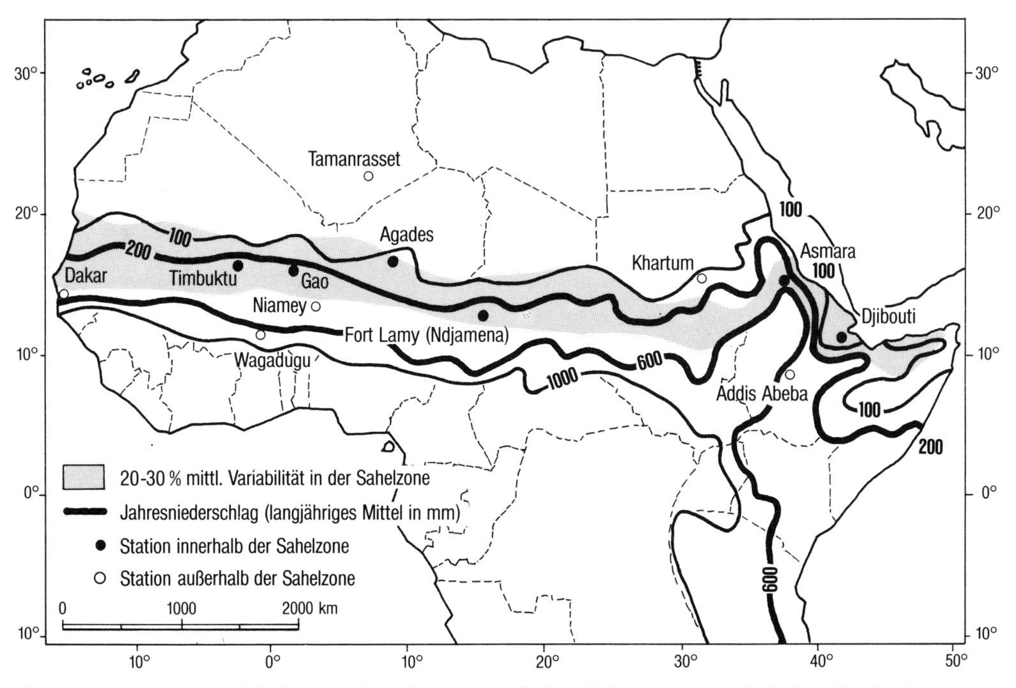

Horst Mensching: Breitet sich die Wüste aus? In: Geoökodynamik. Band I. Darmstadt: Geoöko-Verlag 1980, S. 24

Abb. 4: Langjährige Schwankungen der Jahresniederschläge in El-Fasher (730 m)

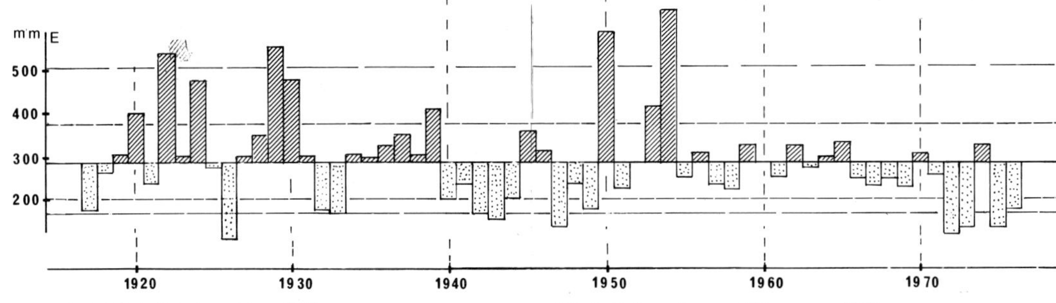

Mittl. jährl. Niederschlag: 289 mm
Mittl. Abweichung nach oben: 86 mm = 29,8 %
Mittl. Abweichung nach unten: 84 mm = 29,1 %
Mittl. Schwankung: 170 mm = 59 %
Mittl. Variabilität: 85 mm = 29,5 %

Fouad N. Ibrahim: Desertification in Nord-Darfur. Hamburger Geographische Studien, H. 35. Hamburg: Selbstverlag des Geographischen Instituts 1980, S. 16

Das Klima im Sahel. Da die Aridität ein Hauptkennzeichen des Sahel ist, liegt es nahe, zuerst die Niederschlagsverhältnisse zu untersuchen. Dabei fällt vor allem die große mittlere Variabilität der Niederschläge auf. Sie beträgt in weiten Gebieten ungefähr 30 %, vereinzelt können die Abweichungen nach oben und unten bis zu 50 % des Jahresmittels betragen, wobei im allgemeinen die Variabilität mit abnehmendem durchschnittlichem Jahresmittel zunimmt und beispielsweise in Agades, bei einem Durchschnittswert von 157 mm/Jahr 57,2 % beträgt. Die große mittlere Variabilität der Niederschläge ist für den Sahel so charakteristisch, daß sie als ein aussagekräftiges Abgrenzungskriterium für die Sahelzone verwendet werden kann (vgl. Abb. 3).

Aus den meteorologisch erfaßten Daten läßt sich vermuten, daß in bestimmten zeitlichen Abfolgen merkliche Trocken- bzw. Feuchtperioden auftreten. Aber dies gilt nicht ausnahmslos und heute keineswegs für den gesamten Sahel. Eine eindeutige Periodizität ist heute noch nicht beweisbar, eine klare Regelhaftigkeit nicht zu erkennen. Deshalb sind auch verläßliche Aussagen über Dürreperioden nicht möglich. Jedenfalls gab es Trockenperioden, seitdem das Klimageschehen im Sahel beobachtet wird. Zwar läßt sich in einigen Gebieten eine Tendenz zu allmählich geringer werdenden Jahresniederschlägen erkennen, die These, die Isohyeten verlagerten sich seit 1926 um 0,8 km/Jahr nach Süden, bleibt aber vorerst nicht belegbar.

Die jahreszeitliche Luftdruckverteilung ist ausschlaggebend für das Klima im Sahel. Im Winter reicht das Azorenhoch weit nach Osten über die Sahara hinweg und bildet so mit dem innerasiatischen Hoch einen zusammenhängenden Hochdruckgürtel. Die absteigenden trockenen Luftmassen des nördlichen Astes des Passatkreislaufs erreichen das Gebiet der Sahara, von wo sie als warme und trockene Winde aus Nordost, dem Harmattan des westlichen Afrika (= NO-Passat), dem meteorologischen Äquator zuströmen. Die Sahara kann demnach als Passatwüste bezeichnet werden. Nach ihrer Lage am Wendekreis zählt sie zu den Wendekreiswüsten.

Im Sommer besteht dagegen ein großes Hitzetief über der Sahara. Deshalb kommt es infolge des Luftdruckgefälles zwischen den subtropischen und tropischen Hochdruckgebieten südlich des Äquators und dem Hitzetief über der Sahara zu einer Strömung von Süd nach Nord, die nach dem Überschreiten des Äquators nach Nordosten umgelenkt wird. Dabei wird feuchte Luft des SW-Monsuns aus äquatorialen Meeresgebieten mitgeführt. Entsprechend verlagert sich auch die Konvergenzzone: Im Nordwinter liegt sie südlich des Äquators, im Nordsommer im Gebiet der höchsten Erwärmung, also nördlich des Äquators. Die Niederschlagsverteilung im Sahel läßt sich demnach mit dem Passat-

kreislauf und seinen Windsystemen erklären.
Allerdings bleibt damit ungeklärt, weshalb die feuchten Luftmassen im Nordsommer nur bis ca. 18° N vorstoßen, während sie auf der Südhalbkugel im Südsommer bis 25° S reichen, wo deshalb die Trockenzone wesentlich weniger deutlich ausgeprägt ist. Meist sieht man in den unterschiedlich großen Landmassen auf der Nord- und Südhalbkugel die Ursache für diese Unterschiede.

Immer noch bleibt die Frage offen, warum denn die Verlagerung der ITC (innertropische Konvergenz) so unregelmäßig erfolgt. In manchen Jahren dringt sie nämlich auf der Nordhalbkugel weit nach Norden vor; dies sind dann die relativ feuchten Jahre im Sahel. In anderen kommt sie aber schon weiter im Süden zum Stehen; dies ergibt dann die trockenen Jahre. Bisher gibt es für die Ursachen dieser Variabilität und damit für die Ursachen der verhängnisvollen Niederschlagsschwankungen im Sahel keine allseits akzeptierte Erklärung. Einzig ein gewisser Zusammenhang mit der unterschiedlichen Sonnenfleckentätigkeit ist feststellbar.

Auch während der feuchten Periode, deren Dauer von Süden nach Norden abnimmt, kommt es nicht zu einer eigentlichen Regenzeit mit mehreren oder vielen aufeinanderfolgenden Tagen mit Niederschlag, sondern die Regentage werden immer wieder durch Trockenperioden unterschiedlicher Dauer unterbrochen. Dies ist darauf zurückzuführen, daß die Niederschläge im Sahel normalerweise als lokale Gewitter oder als „linienhafte Störungen" (kurzzeitiges Durchziehen engbegrenzter Regenzonen) niedergehen. Darin liegt eine erhebliche Gefahr für die Vegetation. Selbst wenn die mittleren jährlichen Niederschlagswerte erreicht werden, die Gesamtmenge der Niederschläge also ausreichen müßte, kann die Vegetation schwer geschädigt werden. Denn nach anfänglichen Regenfällen, die zu raschem Pflanzenwuchs führen, können die folgenden Trockenphasen ein Absterben der Pflanzen verursachen.

Außerdem führt die hohe Temperatur und die teilweise hohe Windgeschwindigkeit zu starker Verdunstung und damit zu einem raschen Wasserverlust. In weiten Gebieten des Sahel liegt die mögliche Verdunstungsmenge (potentielle Evapotranspiration; Evaporation = Wasserdampfabgabe durch Boden- und Gewässeroberfläche; Transpiration = Wasserdampfabgabe durch oberirdische Pflanzenteile) über 1800 mm/Jahr. Im Juli sind wegen der überaus starken Einstrahlung Werte von 8–10 mm/Tag nicht selten.

Abb. 5: Mittlere Luftdruckverteilung und Winde über Afrika im Januar und Juli

Dieter Klaus: Klimatologische und klima-ökologische Aspekte der Dürre im Sahel. Wiesbaden: Steiner 1981, S. 10

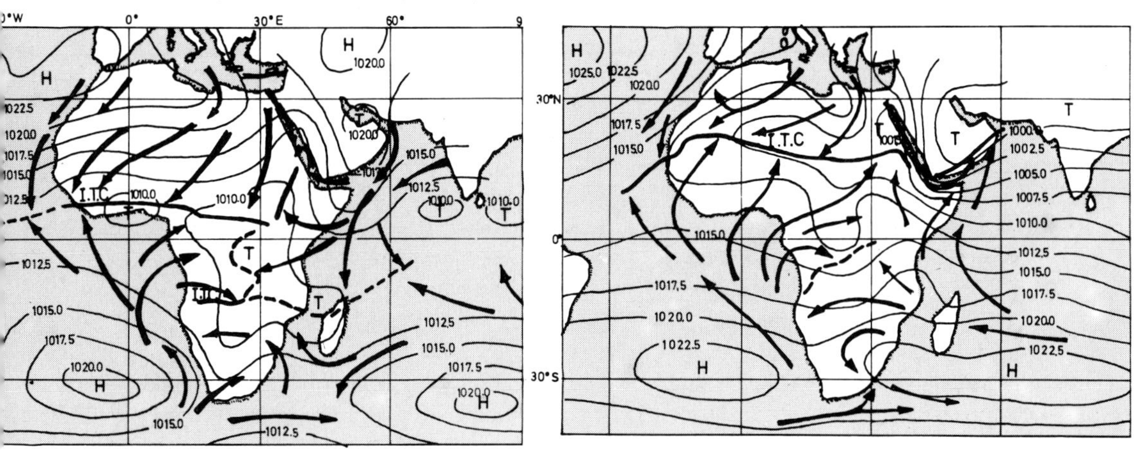

Die Auswirkungen auf die Böden aufgrund der raschen Verdunstung und der kurz dauernden Niederschläge sind ungünstig. Nach einer oberflächlichen Durchfeuchtung trocknet der Boden bald aus und verhärtet an der Oberfläche. Die nach einiger Zeit wieder einsetzenden Niederschläge verdunsten wegen der geringen Aufnahmefähigkeit der verhärteten Bodenoberflächen rasch bzw. fließen schnell ab, ohne den Boden tiefgründig zu durchfeuchten. In der Folge kommt es zu starker Abspülung und damit zu zusätzlich negativen Voraussetzungen für die Vegetation. Besonders die lehmigen schweren Böden sind der Gefahr der Verhärtung ausgesetzt. Im Gegensatz dazu kann auf den ebenfalls vorkommenden lockeren Sandböden das Wasser leichter eindringen und tiefer versickern, so daß die Verdunstung reduziert wird und mehr Wasser der Vegetation verfügbar ist. Allerdings ist auch ein ungünstiges, sehr rasches Durchsickern zum Grundwasser auf diesen Böden möglich.
Neben den Niederschlägen ist nur das in den höheren Schichten liegende Grundwasser (Oberschicht-Grundwasser, im Sahel bis in Tiefen bis ca. 50 m lagernd) für den Wasserhaushalt des natürlichen Ökosystems ausschlaggebend. Das tieflagernde Grundwasser (Aquifer) kann nur durch Tiefbrunnen erreicht werden, da es zum Teil erst in Tiefen von über 300 m anzutreffen ist.

Die traditionelle Form der Landnutzung

Während der vergangenen Jahrhunderte mit ihrem geringen Bevölkerungswachstum hatten die Menschen im Sahel ein System der Landnutzung entwickelt, das dem ökologischen System der Zone optimal angepaßt war. Wo die Niederschläge hoch genug waren, wo die feuchte Periode länger dauerte oder regelmäßiger eintrat oder wo der Boden weniger schnell austrocknete, also zum Beispiel in den südlicheren Gebieten oder in den Flußniederungen, dort wurde Hirse angebaut. Haupterwerbszweig war die Viehzucht. Mit Beginn der Niederschläge im Juli zogen die Männer mit den Herden nach Norden in die Savannengebiete, wo durch die

Tab. 1: Einwohner der Sahelstaaten (ohne Sudan und Äthiopien)

	in 1000 1950	1970	1981	jährl. Zunahme (∅) in % 1950–1970	jährl. Zunahme (∅) in % 1970–1979
Mauretanien	550	1160	1680	+5,7%	+2,7%
Senegal	2100	3930	5810	+4,4%	+2,6%
Obervolta	3130	5390	7090	+3,6%	+1,6%
Mali	3450	5020	7160	+2,3%	+2,6%
Niger	2370	4020	5480	+3,5%	+2,8%
Tschad	2250	3800	4550	+3,5%	+2,0%

Tab. 2: Großviehbestand[1] im Sahel

	1950		1970		jährl. Zunahme
	in Mio.	ha je Stück Vieh	in Mio.	ha je Stück Vieh	1950–1970
Mauretanien	4,2	8,5	9,0	4,4	+5,7%
Senegal	2,1	2,4	5,9	1,0	+9,1%
Obervolta	2,9	4,5	8,0	1,7	+8,8%
Mali	10,0	3,0	17,9	1,7	+4,0%
Niger	7,5	0,4	14,4	0,2	+4,6%
Tschad	7,1	5,9	9,6	4,7	+1,8%

[1] Pferde, Kamele, Esel, Rinder, Schafe, Ziegen, Büffel

Niederschläge, die bis zum 17. oder 18. Breitengrad reichten, die rasch aufblühende Vegetation ausreichend Weidefläche bot. In Abhängigkeit von Dauer und Ergiebigkeit der Niederschläge blieben die Herden mehr oder weniger lange im Norden und zogen nach der beginnenden Austrocknung des Bodens wieder nach Süden, wo dann die abgeernteten Felder als Stoppelweide dienten.
In den nördlichen Gebieten des Sahel gab es auch vollnomadische Stämme. Sie wanderten mit den Sommerregen noch weiter nach Norden in die ariden Gebiete hinein und kehrten nach dem Ende der Niederschläge in weiter südlich gelegene Weidegebiete zurück.
Dieses System des Halb- und Vollnomadismus blieb im Einklang mit der Natur, solange die Zahl und Größe der Herden klein gehalten wurden. Selbst in den trockeneren Jahren kam es zu keiner Überweidung und zu keiner Schädigung der Vegetation, da die für die Herden zur Verfügung stehenden Flächen groß genug waren.
Mit einem starken Bevölkerungswachstum und der damit verbundenen steigenden Zahl der Herden mußte dieses System aber zusammenbrechen, da der Flächenbedarf enorm war: Jedes Stück Großvieh benötigt im Sahel, je nach der Höhe der Niederschläge, 2–10 ha Weidefläche!

Die Veränderung der traditionellen Nutzungsformen im Sahel am Beispiel Darfur

In Nord-Darfur, im Südwesten der Republik Sudan, hat die Bevölkerung in der Zeit von 1903 bis 1976 auf das Neunfache zugenommen (von 130000 auf 1056000 Einwohner). Aufgrund dieses zunehmenden Bevölkerungsdrucks wurde die Hirseanbaufläche ausgedehnt und die Viehzahl der Herden vergrößert. Von den insgesamt 340000 km^2 ist die Hälfte für extensive Weidewirtschaft geeignet, davon wiederum werden nur etwa 50% tatsächlich genutzt (85000 km^2), da die Wasserversorgung für Mensch und Tier nicht überall gewährleistet ist.

Tab. 3: Entwicklung der Zahl der Weidetiere in Darfur zwischen 1956 und 1976

	1956	1976 (davon Nord-Darfur)	Zuwachs (1956 = 100)
Rinder	1980000	3642500 (908100)	184
Kamele	170000	368200 (226100)	217
Schafe	1080000	2641600 (1409500)	245
Ziegen	890000	2310200 (1193000)	260

Fouad N. Ibrahim: a. a. O., S. 123

Man kann davon ausgehen, daß die Viehhalter nur maximal 50% ihres Tierbestandes offiziell angeben, da die Steuerentrichtung sich an der Tierzahl orientiert. Es ergibt sich daher bezüglich des tatsächlichen Viehbestandes nach Großvieheinheiten folgende Aufstellung:

Kamele	226 100 × 2 × 1 =	452 200 LSU*
Rinder	908 100 × 2 × 0,75 =	1 362 150 LSU
Schafe	1 409 500 × 2 × 0,12 =	338 280 LSU
Ziegen	1 193 000 × 2 × 0,12 =	286 320 LSU
Gesamt		2 438 950 LSU

* Dieser Erfassung liegt die üblicherweise verwendete Livestock-Standard-Unit (LSU) zugrunde, in der 1 Kamel = 1 LSU, 1 Rind = 0,75 LSU, 1 Schaf bzw. 1 Ziege = 0,12 LSU entspricht.
Fouad N. Ibrahim: a. a. O., S. 127

Zur Erhaltung von 100 kg tierischer Masse benötigt man 1825 kg pflanzliche Biomasse pro Jahr. Demnach ergibt sich für die Erhaltung einer Großvieheinheit mit

$$250\text{ kg: } \frac{1825 \cdot 250\text{ kg}}{100} = 4562{,}5\text{ kg/Jahr.}$$

Legt man für diesen Teil der Sahelzone den in agrarwissenschaftlichen Untersuchungen ermittelten jährlichen Wert der Biomassenproduktion von 1000 kg Trockengewicht pro Hektar Landoberfläche zugrunde, so läßt sich daraus für Nord-Darfur die maximale tierische Tragfähigkeit errechnen:

$$\frac{8\,500\,000 \cdot 1000}{4562{,}5}\text{ LSU} = 1\,863\,014\text{ LSU.}$$

Der Vergleich mit dem tatsächlich vorhandenen Wert gibt zu denken Anlaß!

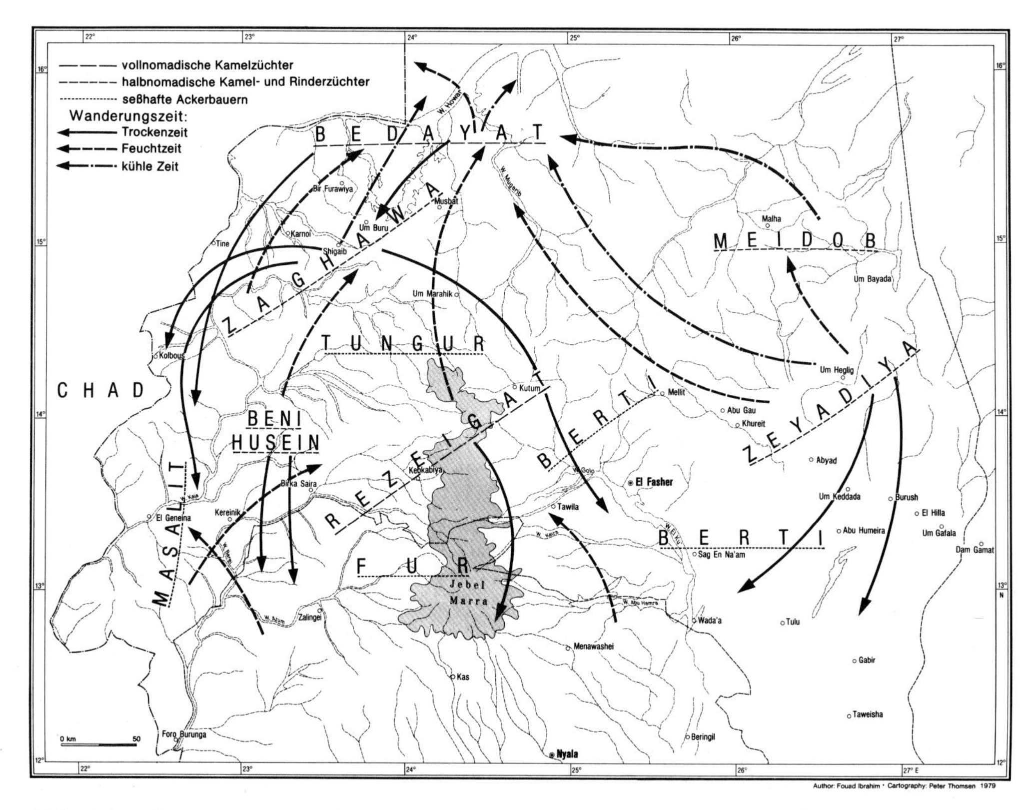

Abb. 6: Nord-Darfur: Die Stämme und die saisonalen Wanderungen

Kühle Zeit entspricht der Trockenzeit in den höher gelegenen Landesteilen; Höhenlage bedingt Abkühlung, dadurch wesentliche Erhöhung der relativen Luftfeuchtigkeit; Trinkwasserbedarf der Weidetiere sinkt; Bäume, Kräuter und Sträucher liefern noch mehrere Monate nach der Regenzeit gutes Futter.

Fouad N. Ibrahim: a. a. O., S. 114

Desertifikationsprozesse im Stammesgebiet der Zaghawas

Die Zaghawas sind Halbnomaden, ihr Stammesgebiet liegt im Nordwesten des Untersuchungsraumes (vgl. Abb. 6).

In der lang andauernden Feuchtphase zwischen 1950 und 1966 verlagerten sie den Ackerbau ca. 150 km nach Norden über die agronomische Trockengrenze hinaus. Durch die ab 1966 einsetzenden Dürrejahre kam es vor allem in diesem Gebiet zu großen Hungersnöten, da die Hirsepflanzen während der Wachstumszeit nicht genügend Niederschläge erhielten und so nicht ausreifen konnten. Im gleichen Zeitraum veränderte sich der Viehbestand der Zaghawas.

Tab. 4: Entwicklung des Viehbestandes im Stammesgebiet der Zaghawas von 1965 bis 1975

	1965	1970	1974/75	Ab- bzw. Zunahme
Rinder	31 830	29 234	10 695	− 66 %
Kamele	6 543	7 989	30 778	+ 370 %
Schafe	77 938	86 641	98 000	+ 26 %
Ziegen	8 976	21 630	68 393	+ 660 %
Pferde	1 178	1 076	317	− 73 %
Esel	6 217	7 152	9 447	+ 52 %

Die starke Zunahme der Herdenbestände an Kamelen und Ziegen liegt darin begründet, daß im Gegensatz zu den Rindern diese Tierarten wesentlich stärker an die Trockenheit dieses Gebietes angepaßt sind. Kam es durch die Überstockung vor allem durch Rinder in der

Feuchtphase zur weitgehenden Vernichtung der Acacia-mellifera-Savanne, so erfolgt heute durch die große Zahl der Ziegen die Vernichtung der verbliebenen, ohnehin schon stark degradierten Vegetation; selbst der giftige Calotropis-Strauch wird von ihnen in der Trockenzeit abgefressen. Dadurch verstärken sich Windabtragung und Dünenbildung.

Gekoppelt mit diesen Desertifikationsprozessen war die drastische Reduzierung der Siedlungen im Stammesgebiet, vielfach gingen sie auf den Stand von 1915/1920 zurück.

Heute leben von den insgesamt 180000 Stammesmitgliedern nur noch 40000 im eigentlichen Stammbereich. Die Zuwanderungsgebiete liegen im Süden und Osten Darfurs, vor allem im Gebiet um die Stadt El-Fasher.

Desertifikationsprozesse in der Region El-Fasher

In der Republik Sudan nahm zwischen 1960 und 1975 die Hirseanbaufläche von 392000 ha auf 105500 ha zu, im gleichen Zeitraum sank der Hektarertrag von 5,8 dt/ha auf 3,8 dt/ha. Durch die dramatische Bevölkerungsentwicklung in El-Fasher, die Bevölkerungszahl stieg im Zeitraum von 1956 bis 1976/77 von 26000 auf 70000 an, erhöhte sich der Druck auf die möglichen Anbauflächen im unmittelbaren Umland der Stadt, es kam zu einer sehr starken Ausdehnung der Hirseanbaufläche. Dies liegt zum einen an den relativ fruchtbaren und tiefgründigen Goz-Sand-Böden, zum anderen an der guten Wasserversorgung dieses Gebietes durch das Wadi Golo.

Das Risiko der Mißernten aufgrund der sehr starken lokalen Variabilität der Niederschläge versuchen die Hirsebauern dadurch zu mindern, daß sie in verschiedenen Teilräumen dieses Gebietes ihre Felder anlegen. Es werden dann nur diejenigen Felder weiterbearbeitet, die in der Regenzeit (Juli/August), der Hauptwachstumszeit der Hirse, genügend Niederschläge erhalten haben.

Entscheidend für die verheerenden Desertifikationsprozesse ist neben der Ausdehnung der Hirseanbaufläche die Art der Feldbestellung und Feldbearbeitung: Die Hirsesamen werden in einem Abstand von 140 cm bis 220 cm ausgebracht, und während der Wachstumsperiode wird der dazwischenliegende Boden regelmäßig von Unkraut befreit. Diese Zwischenräume sind demzufolge dem Wind schutzlos ausgeliefert, es kommt zu einer sehr starken Auswehung der tiefgründigen Goz-Sand-Böden und damit zur Mobilisierung von alten Dünen. Als verstärkender Faktor kommt das weitgehende Fehlen von Brachzeiten hinzu, ca. 80 % der Akkerfläche werden ständig genutzt.

Desertifikation um eine Wasserstelle

Bodenerosion in einem Hirsefeld auf den Goz-Sand-Böden bei El-Fasher

Neben der radikalen flächenhaften Rodung der Bäume und Sträucher zur Vergrößerung der Hirseanbaufläche ist der sehr große Holzverbrauch der Familien vor allem in Gebieten hoher Bevölkerungskonzentration dafür verantwortlich, daß nicht nur die letzten Reste der ursprünglichen Vegetation gerodet werden, sondern daß sich die Bedarfsdeckung zusehends auf Gebiete ausdehnt, die bisher von diesen Rodungsmaßnahmen verschont geblieben sind.

Durch den verstärkten Holzeinschlag vergrößert sich einerseits der Oberflächenabfluß und damit die Verdunstung, andererseits erhöht sich die Abflußgeschwindigkeit mit der Folge, daß Wadiläufe verlegt werden und die dortigen Tiefbrunnen und Wasserlöcher, Lebensgrundlage aller Siedlungen, versiegen.

Tab. 5: Jährlicher Holzverbrauch pro Familie in Darfur

Verwendungszweck	Zahl der Bäume
Bau von Wohnhütten (16 Bäume zum Bau von 2 Hütten pro Familie – Lebensdauer ca. 6 Jahre)	2,5
Umzäunung des Wohngrundstücks (80 m – jährl. zur Hälfte erneuern)	40,0
Umzäunung der Felder (600 m – davon ⅓, da nur ungefähr jeder 3. Bauer sein Feld einfriedet – jährlich zur Hälfte erneuern)	100,0
Brennholz (1 Baum bzw. Busch/Woche)	52,0
Gesamtanzahl der benötigten Bäume	194,5

Fouad N. Ibrahim: a. a. O., S. 130

Auf dieser Berechnungsgrundlage ergibt sich für die vergangenen zehn Jahre, bei einer Haushaltszahl von 200000, eine ersatzlose Beseitigung von nahezu 400 Millionen Bäumen!

5. *Beschreiben und begründen Sie die Niederschlagsverteilung im Sahel. Ziehen Sie dabei Vergleiche zu den innertropischen Niederschlägen.*

6. *Erklären Sie die Auswirkungen der hohen mittleren Variabilität der Niederschläge für die Sahelzone und die Länder, die an ihr Anteil haben.*

7. *Nennen Sie Ursachen für die relativ geringe pflanzliche Biomasse (Trockengewicht) im Sahel.*

8. *Begründen Sie die traditionelle Form der Landnutzung im Sahel vor dem Hintergrund der naturgeographischen Voraussetzungen.*

9. *Fassen Sie die Ursachen der Desertifikation in Nord-Darfur zusammen.*

10. *Erörtern Sie für das Stammesgebiet der Zaghawas und für die Region um El-Fasher/Mellit mögliche Lösungsansätze zur Einschränkung der Desertifikationsprozesse.*

Die Subtropen

Die Subtropenzone im Überblick

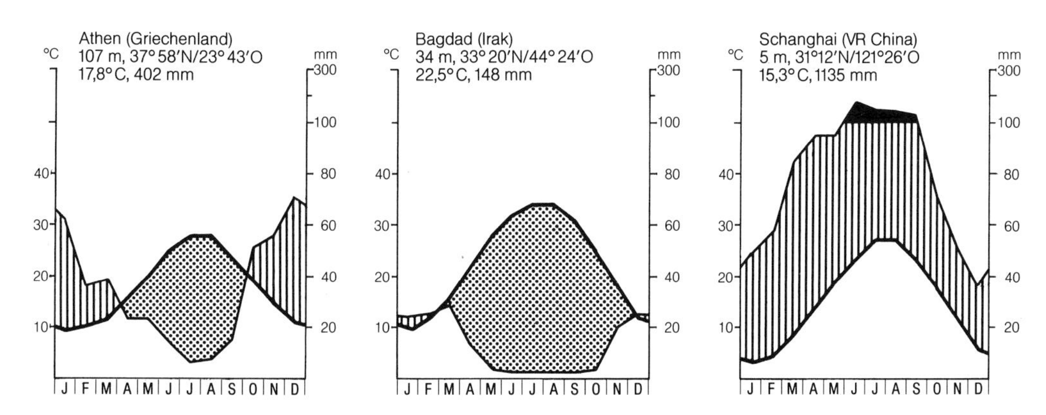

Abb. 1: Klimadiagramme ausgewählter Stationen

Die Subtropen, auch warmgemäßigte Zone genannt, unterscheiden sich von den Tropen durch ihre zum Teil erheblichen jährlichen Temperaturschwankungen. Es kommt zur Ausbildung deutlicher Jahreszeiten; die Jahresamplitude der Temperatur liegt erheblich über der höchsten Tagesamplitude. Die Mittel der kältesten Monate bewegen sich zwischen 2°C und 13°C.

Ausgesprochen heterogen erweist sich die Subtropenzone im Hinblick auf die Höhe der Jahresniederschläge und dem Niederschlagsgang. Man unterscheidet subtropische Wüsten- und Halbwüstenklimate, subtropische Steppenklimate sowie subtropische Sommer- und Winterregengebiete. Die Abbildung 1 zeigt, daß die Anordnung der genannten Subzonen nicht so breitenkreisorientiert ist wie beispielsweise in der Tropenzone Afrikas; auffallend sind die Unterschiede zwischen den Westseiten und den Ostseiten der Kontinente.

Bewässerungskanal in den Subtropen

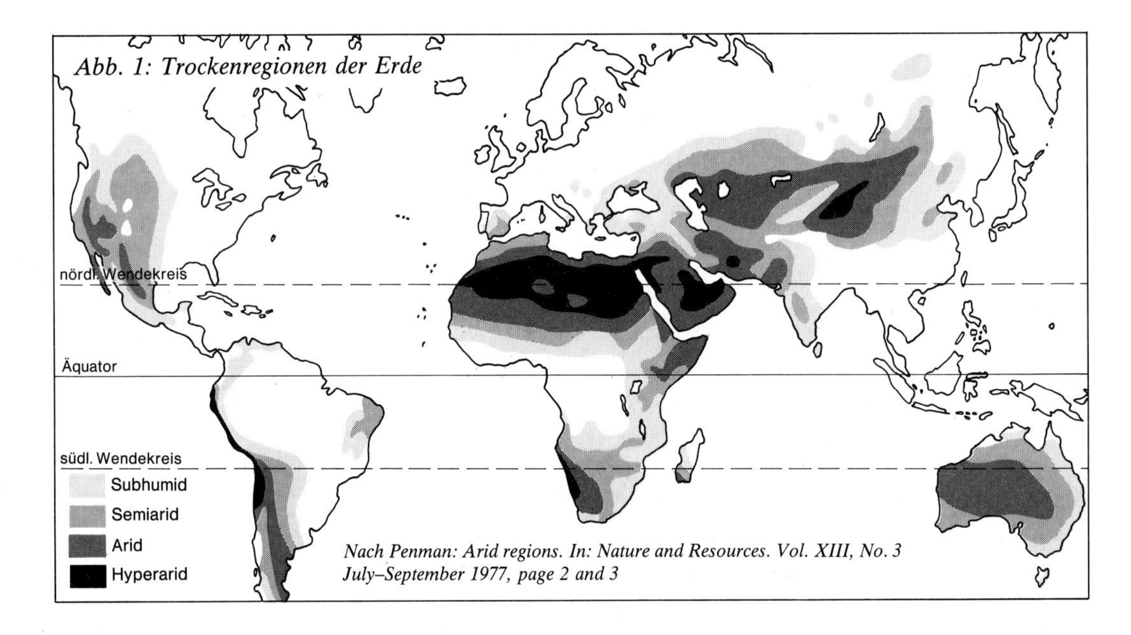

Abb. 1: Trockenregionen der Erde

Nach Penman: Arid regions. In: Nature and Resources. Vol. XIII, No. 3 July–September 1977, page 2 and 3

Die Wüste

Sehr vereinfacht kann man die Wüsten nach ihren Entstehungsbedingungen folgendermaßen einteilen: Im Lee großer Gebirgszüge entstehen Regenschattenwüsten, kalte Meeresströmungen haben Küstenwüsten zur Folge, Binnenwüsten finden sich im Innern großer Landmassen, an den Wendekreisen liegen die Wendekreis- oder Passatwüsten.

Aride Gebiete (Trockengebiete) nehmen mit 48 Mio. km² 36 % der Erdoberfläche ein. Ihre jährliche Verdunstung ist höher als der Niederschlag. Je nach Temperatur und Windverhältnissen können demnach Gebiete mit unterschiedlicher Niederschlagsmenge aride Gebiete sein. Nach dem Verhältnis von Niederschlag und Verdunstung kann man vereinfachend unterscheiden:

hyperaride Zonen	(N : V <	0,03)
aride Zonen	(N : V	0,03–0,2)
semiaride Zonen	(N : V	0,2 –0,5)
subhumide Zonen	(N : V	0,5 –0,75)

Genaue Abgrenzungen sind schwierig, ihre Berechnung ist umstritten.
Trockengebiete dürfen nicht mit Wüsten gleichgesetzt werden, zu denen u. a. auch die kalten und polaren Wüsten gehören und die insgesamt mit 29 Mio. km² 19 % der Erdoberfläche umfassen.

Als Landschaftszone werden hier nur die Wendekreiswüsten angesprochen. Sie entstehen durch absteigende Luftbewegungen im Übergangsbereich zwischen den Tropen und den Subtropen. Das beste Beispiel für eine Wendekreiswüste, und mit 9 Mio. km² zugleich die größte, ist die Sahara.

Das Klima wird bestimmt von extremer Aridität. In der zentralen Sahara ist das Klima hyperarid. Hier liegen die jährlichen Niederschlagssummen auch im langjährigen Mittel unter 20 mm, teilweise sogar unter 5 mm. Zur Abgrenzung der Kernzone wird meist die 100-mm-Isohyete herangezogen. Zu den semiariden Randzonen hin nehmen die Jahressummen der Niederschläge rasch zu, wobei von Süden tropische Einflüsse mit sommerlichen Niederschlägen und von Norden subtropische Einflüsse mit Winterregen wirksam werden.
Wie in allen Trockengebieten fallen die Niederschläge episodisch: Es kann vorkommen, daß es in manchen Teilen der Sahara bis zu einem Jahrzehnt lang nicht regnet. Wenn aber die sehr seltenen Niederschläge fallen, so sind sie meist um so intensiver. In den Randzonen der Sahara kommt es bisweilen zu Überschwemmungen mit flächenhaft abfließendem Wasser, und in

Abb. 2: Klimadiagramme ausgewählter Stationen in der Sahara

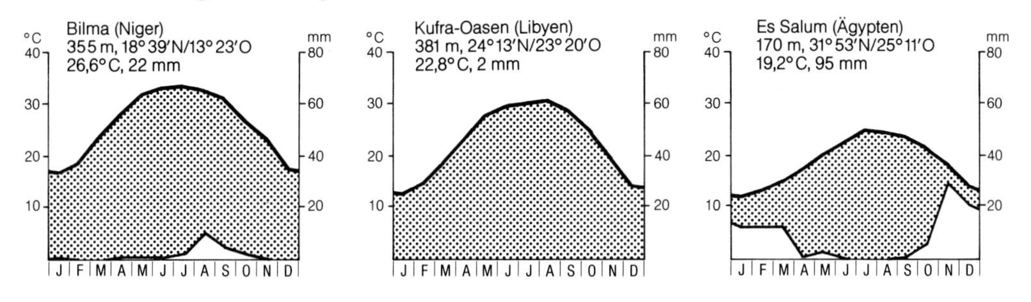

Tab. 1: Episodische Regen von mehr als 5 mm pro Niederschlagsereignis (nach F. Pierre, 1955)

	1	2	3	4	5	6	7	8	9	10	11	12	Jahressumme
1946	18	–	–	–	–	–	–	–	–	–	–	–	21
1947	–	–	–	–	–	–	–	–	–	–	–	–	7
1948	–	–	5	9	–	7	–	–	–	25	–	7	55
1949	–	–	20	30	–	–	–	–	–	–	–	22	75
1950	–	–	–	–	56	–	–	–	–	–	22	–	80

Heinrich Walter, Siegmar-W. Breckle: Ökologie der Erde, Bd. 2: Spezielle Ökologie der Tropischen und Subtropischen Zonen. Stuttgart: G. Fischer 1984, S. 361

den Wadis sind herantosende Schlamm- und Wassermassen schon mancher Viehherde oder Karawane zum Verhängnis geworden. Weit verbreitet ist die (kaum überprüfbare) Überlieferung: „In der Sahara sind schon mehr Menschen ertrunken als verdurstet."

Die Aridität wird zum einen durch die geringen Niederschläge, zum anderen durch die sehr hohe potentielle Evapotranspiration hervorgerufen. Auch sie erreicht ihre Extremwerte von 5000 mm im zentralen Teil der Sahara und nimmt zu den Randgebieten hin ab.

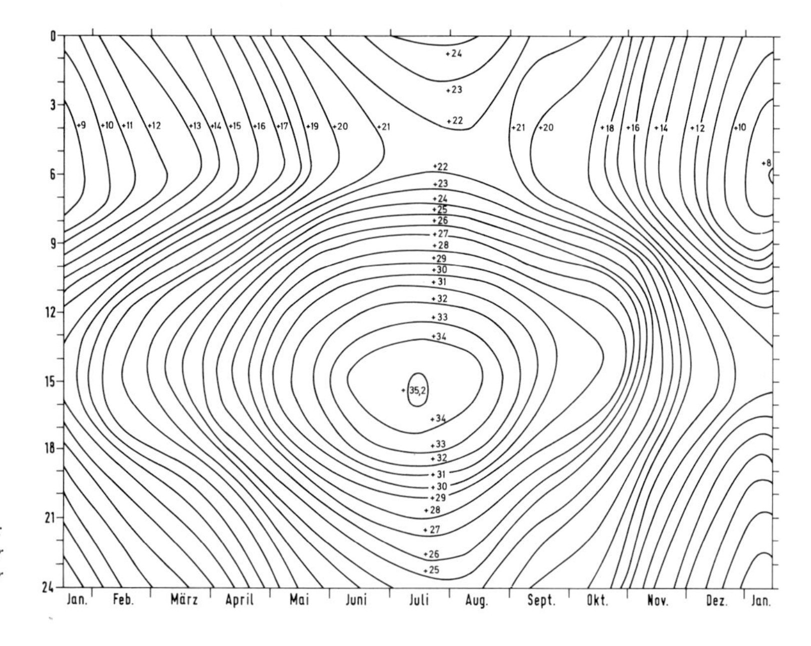

Abb. 3: Thermoisoplethendiagramm

Kairo, 33 m, 30° 5′ N, 36° 17′ O

Klaus Müller-Hohenstein: Die Landschaftsgürtel der Erde. Stuttgart: Teubner 1979, S. 108

Die absteigenden Luftmassen an den Wendekreisen haben eine verbreitete Wolkenarmut zur Folge – wie ein Blick auf Satellitenaufnahmen bestätigt (vgl. Satellitenfoto S. 9). Tagsüber herrscht eine äußerst intensive Einstrahlung, die die sommerlichen Mittagstemperaturen bis auf 50°C (im Schatten) ansteigen läßt. Nachts wird die Ausstrahlung, die Wärmeabgabe an den Weltraum, ebensowenig durch eine Wolkendecke behindert. Die Auskühlung ist dann so stark, daß in den Wintermonaten Nachtfröste keine Seltenheit sind. Extreme Tagesamplituden, die 50°C innerhalb von 24 Stunden erreichen können, sind ein weiteres Merkmal des Wüstenklimas der Sahara.

Die Jahresmittel der Lufttemperatur liegen mit 20–28°C ähnlich hoch wie in den humiden Tropen, sie ergeben sich jedoch aus sehr viel größeren tages- und jahreszeitlichen Schwankungen als im Tageszeitenklima der humiden Tropen.

Die Vegetation der Wüsten ist entscheidend geprägt von der Aridität des Klimas. Eine dichtere Vegetationsdecke entsteht nur an begünstigten Standorten, wo die episodischen Niederschläge zusammenfließen, z. B. in Senken, oder wo die Pflanzen einen Grundwasserhorizont erreichen können, wie beispielsweise in Wadis. Dazu bilden auch kleinere Büsche Wurzeln aus, die bis in eine Tiefe von mehreren Metern reichen.
Die vorkommenden Pflanzenarten sind auch in anderer Weise an die extremen Standortbedingungen angepaßt. Besonders harte Blätter schützen die Xerophyten vor der hohen Verdunstungskraft, andere werfen bei extremer Trockenheit ihre Blätter ab. Die Sukkulenten speichern Wasser über lange Trockenperioden hinweg im Stamm oder in dicken Blättern. Halophyten sind an die höhere Salzkonzentration mancher Wüstenstandorte angepaßt. Wiederum andere Arten überdauern viele regenlose Jahre als Samen, um sich dann nach den episodischen Niederschlagsereignissen binnen weniger Tage zu entfalten. Für einen kurzen Zeitraum blüht dann die Wüste.
Im Gegensatz zur verbreiteten Vegetationsarmut der Sahara haben die Wüsten anderer Kontinente z.T. eine dichtere und artenreichere Vegetation. Die Trockengebiete am südlichen Wendekreis sind eher als Halbwüsten, Steppen oder Dornsavannen ausgeprägt.

Die Böden der Wüsten verdienen kaum diesen Namen. Wesentliche Voraussetzungen für die Bodenbildung sind im ariden Klima nicht gegeben. Wegen der fehlenden Durchfeuchtung des Bodens ist die chemische Verwitterung unbedeutend. Um so wirkungsvoller ist infolge der hohen Tagesamplituden die physikalische Verwitterung: Durch die starken täglichen Temperaturschwankungen wird das anstehende Gestein zerkleinert. Die feinen Bodenbestandteile werden vom Wind fortgeweht, und die Oberfläche der Wüstenböden bilden sogenannte Steinpflaster. Im Schutz derselben bleiben auch die feineren Bestandteile des Wüstenbodens erhalten. Ein weiteres Merkmal ist die Humusarmut. Der Humusanteil ist minimal, da es praktisch keine Streu liefernde Vegetationsdecke gibt. Die fehlende organische Substanz gibt den Wüstenböden ein helles, ockerfarbenes Aussehen.

Abb. 4: Schematisches Profil eines Wüstenbodens

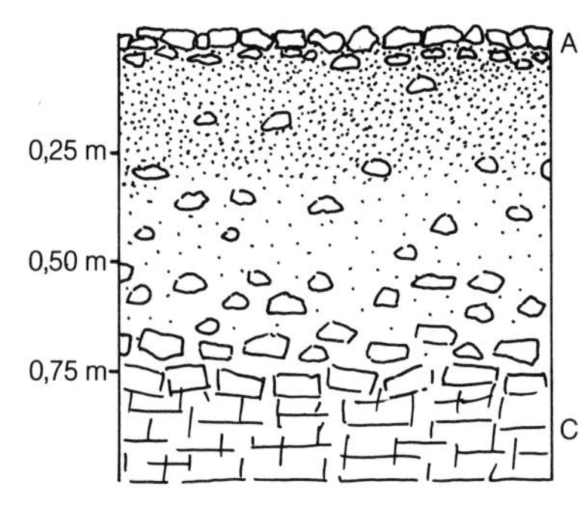

Die typischen Wüstenformen der Sahara entstehen vornehmlich unter dem Einfluß der physikalischen Verwitterung und der formgebenden Kraft des Windes. Wo auf den weiten Tafellandschaften das Feinmaterial aus dem verwitterten Gestein herausgeblasen wird, entsteht die Steinwüste, die Hamada. Sie wird geprägt von kantigen, unregelmäßig geformten Steinen unterschiedlicher Größe.

Auf leicht geneigten Flächen entsteht der Serir, die Kieswüste. Hier sind die Steine kleiner und abgerundet. Sie sind von oberflächlich abfließenden Wassern transportiert worden, die während feuchterer Klimaperioden (Pluvialzeiten) vor mehr als 10000 Jahren häufiger auftraten. Ein so entstandener Serir ist also eine fossile Wüstenform. Ein Serir kann aber auch entstehen, wenn die Kiesel Bestandteile eines Konglomerats sind, dessen übrige Bestandteile verwittert und ausgeweht worden sind. Dieser Prozeß findet auch unter den Bedingungen des gegenwärtigen Klimas statt.

Die großen Beckenlandschaften der Sahara werden von den Sand- und Dünenwüsten eingenommen. Der Wind hat das andernorts fortgewehte Feinmaterial hier akkumuliert. Die Ergs mit ihren Dünenfeldern und ihrer Vegetationslosigkeit gelten gemeinhin als typische Wüstenform der Sahara, doch nehmen sie nur 20% der Gesamtfläche ein. Auf weniger mächtigen Sanddecken bilden sich bei vorherrschenden Winden aus einer Richtung die sichelförmigen Barchane aus.

Abb. 5: Barchan (Sicheldüne)

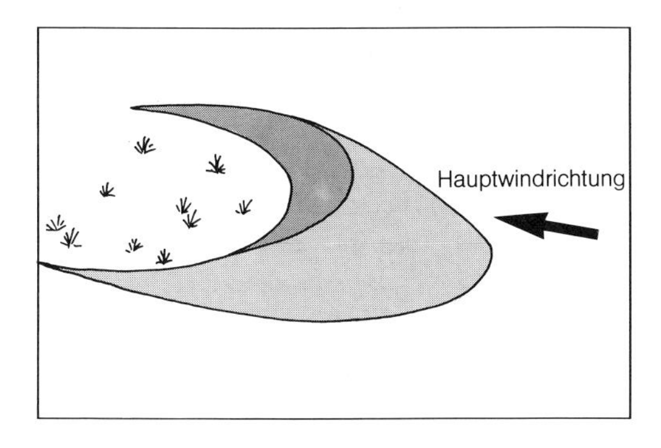

In Senken, wo das Wasser der episodischen Niederschläge zusammenfließt, wird das Feinmaterial akkumuliert. Da hier das Wasser verdunstet, wird auch Salz angereichert. So entstehen die Salztonpfannen der Sebkhas. In den semiariden Randzonen der nördlichen Sahara, wo sie sich im Bereich des Saharaatlas besonders großflächig und zahlreich ausgebildet haben, werden sie Schotts genannt.

Die traditionellen Nutzungsformen der Wüsten sind die extensive Weidewirtschaft und die Oasenwirtschaft. In der Sahara werden insbesondere die Halbwüsten und Steppen der Randzonen viehwirtschaftlich genutzt. Die jahreszeitlichen Wanderungen der klassischen nomadischen Viehwirtschaft waren dem Rhythmus der Niederschläge und der Vegetation angepaßt. Zwischen den einzelnen Weidegängen konnte sich die Pflanzendecke regenerieren.
Die zentralen Bereiche der Sahara wurden von den Karawanen berührt, die den transsaharischen Handel aufrechterhielten. Ihre Routen berücksichtigten die Lage von Oasen, Brunnen und Weidegebieten.
Oasen waren und sind Inseln menschlichen Wirtschaftens in einem weithin lebensfeindlichen Raum. Eine Form der Oase sind die Flußoasen: Wo Fremdlingsflüsse, aus humiden Klimazonen kommend, Trockengebiete queren, werden sie zu Bewässerungszwecken genutzt. Das klassische Beispiel ist die Niloase.
Wo oberflächennahe Grundwasserhorizonte von den Nutzpflanzen, und das sind hier vor allem die Dattelpalmen, erreicht werden können, entstanden Grundwasseroasen. In den Souf-Oasen (Algerien) werden bis zu 12 m tiefe Gruben in den Sand gegraben. Dann können die Palmen das 5–10 m tiefer vorhandene Grundwasser erreichen. Wenn die Palmen gepflanzt werden, müssen sie zunächst mehrere Jahre bewässert werden, ehe die Wurzeln lang genug sind, um das Grundwasser zu erreichen. Der Gefahr der Versandung versucht man zu begegnen, indem man trockene Palmwedel am Rand der Gruben in den Sand steckt, die die Verlagerung des Sandes durch den Wind verhindern sollen (Foto S. 66).
In den traditionellen Quelloasen wird das geförderte Wasser in Gräben geleitet und auf kleine Felder verteilt, auf denen Gemüse, Getreide, Baumwolle, Tabak, Zitrusfrüchte und anderes mehr angebaut werden. Doch auch hier kommt die Dattelpalme hinzu. Sie stellt nicht nur eine zusätzliche Möglichkeit der Nutzung des sehr begrenzten Kulturlandes in Form eines zweiten oder dritten Anbau-„Stockwerks" dar, sondern im Schatten der Dattelpalmen entsteht ein Mikroklima, das sich vorteil-

Souf-Oasen in Algerien

haft auf den übrigen Anbau auswirkt: Die Einstrahlung wird verringert, die Lufttemperatur ist nicht ganz so hoch, die Windzirkulation wird vermindert, und die Verdunstung ist geringer. Durch moderne Bohr- und Förderungstechnologie konnten in den letzten Jahren neue Wasservorkommen in größeren Tiefen erschlossen werden, und die Bewässerungsflächen in den Oasen wurden erheblich ausgeweitet. Das vermehrte Wasserangebot bringt teilweise aber auch Probleme mit sich, wie am Beispiel der Oasen des „Neuen Tals" in Ägypten gezeigt werden soll.

1. *Ordnen Sie die ariden und hyperariden Trokkengebiete der Abbildung 1, S. 62 mit Hilfe geeigneter Atlaskarten den auf Seite 62 angesprochenen Wüstentypen zu.*
2. *Erklären Sie die jahreszeitlichen Unterschiede der Niederschläge in Bilma und Es Salum (Abb. 2, S. 63) aus dem Gesamtzusammenhang der atmosphärischen Zirkulation (vgl. S. 7ff).*
3. *Vergleichen Sie das Thermoisoplethendiagramm von Kairo (Abb. 3, S. 63) mit dem von Timbuktu (S. 51), und erklären Sie die unterschiedliche Ausprägung des Temperaturmaximums.*
4. *Erklären Sie die Merkmale eines Wüstenbodens (Abb. 4) durch die Entstehungsbedingungen im Wüstenklima.*
5. *Untersuchen Sie auf einer Atlaskarte von Nordafrika die Verbreitung von Hamada, Serir und Erg in ihrer Abhängigkeit von den Oberflächenformen. Berücksichtigen Sie dabei die unterschiedlichen Entstehungsbedingungen dieser Wüstenformen. Versuchen Sie, die Zusammenhänge von Wüstenformen und Relief in einem kleinen schematischen Profil zu verdeutlichen. Am besten eignen sich dazu die Wüstengebiete Algeriens und Libyens.*
6. *Suchen Sie im Atlas nach weiteren Beispielen für Flußoasen.*
7. *Vergleichen Sie die Quelloase (Abb. 6, S. 67) mit der Grundwasseroase (Foto S. 66). Beschreiben und erklären Sie die wesentlichen Gemeinsamkeiten und Unterschiede.*

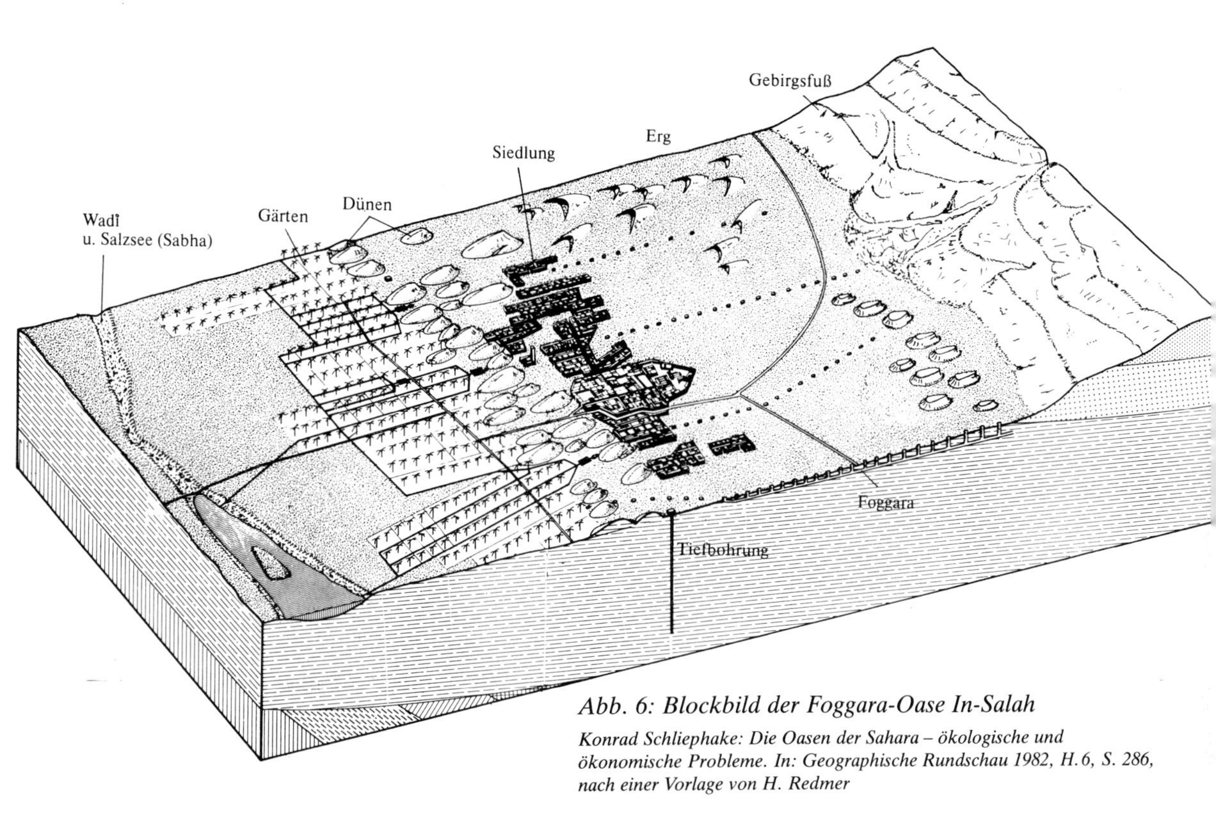

Abb. 6: Blockbild der Foggara-Oase In-Salah

Konrad Schliephake: Die Oasen der Sahara – ökologische und ökonomische Probleme. In: Geographische Rundschau 1982, H. 6, S. 286, nach einer Vorlage von H. Redmer

Das Projekt „Neues Tal" in Ägypten

Die Bevölkerung Ägyptens konzentriert sich seit jeher auf die begrenzten, aber von Natur aus sehr fruchtbaren Nutzflächen des Niltales und des Nildeltas. Mit aufwendigen wasserbautechnischen Maßnahmen (Assuanhochdamm, Pumpwerke, Kanäle) konnten in jüngster Zeit neue Kulturflächen hinzugewonnen werden. Zusätzlich wurde durch ganzjährige Bewässerung die Nutzung bestehender Anbauflächen intensiviert. Gleichzeitig gingen aber auch aus den verschiedensten Gründen Anbauflächen verloren, so daß die früher einmal erhoffte Ausweitung des Kulturlandes um 25 % nicht erreicht werden konnte, vielmehr hielten sich Zugewinn und Verlust an Anbauflächen in etwa die Waage. Die Ernährungssituation ist nach wie vor problematisch, und Ägypten muß in zunehmendem Umfang Getreide importieren.

Schon im ägyptischen Altertum gab es Kulturland außerhalb der Niloase. Es lag in den Depressionen der westlichen Wüste, die 200 bis 400 m tiefer liegen als das umgebende Tafelland aus Sedimentgesteinen (Sandstein, Kalke). Durch die tiefe Lage konnten in den Depressionen mit traditionellen Brunnenformen (u. a. auch Foggaras) Grundwasservorkommen erreicht und zur Anlage von Quelloasen genutzt werden.

Abb. 7: Einwohnerzahl und Erntefläche Ägyptens 1955–1980

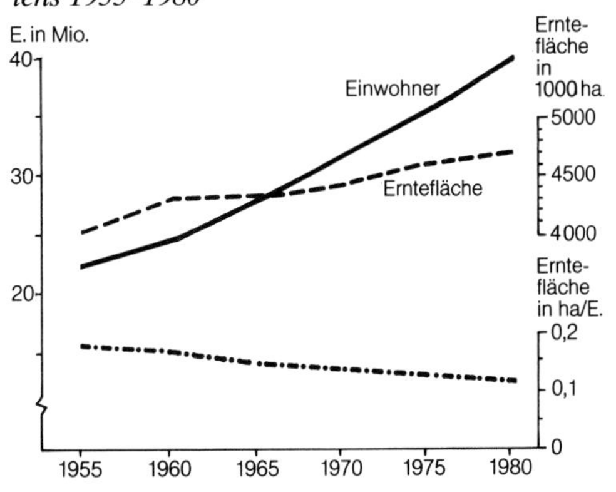

Nach Geographische Rundschau 1984, H. 5, S. 219

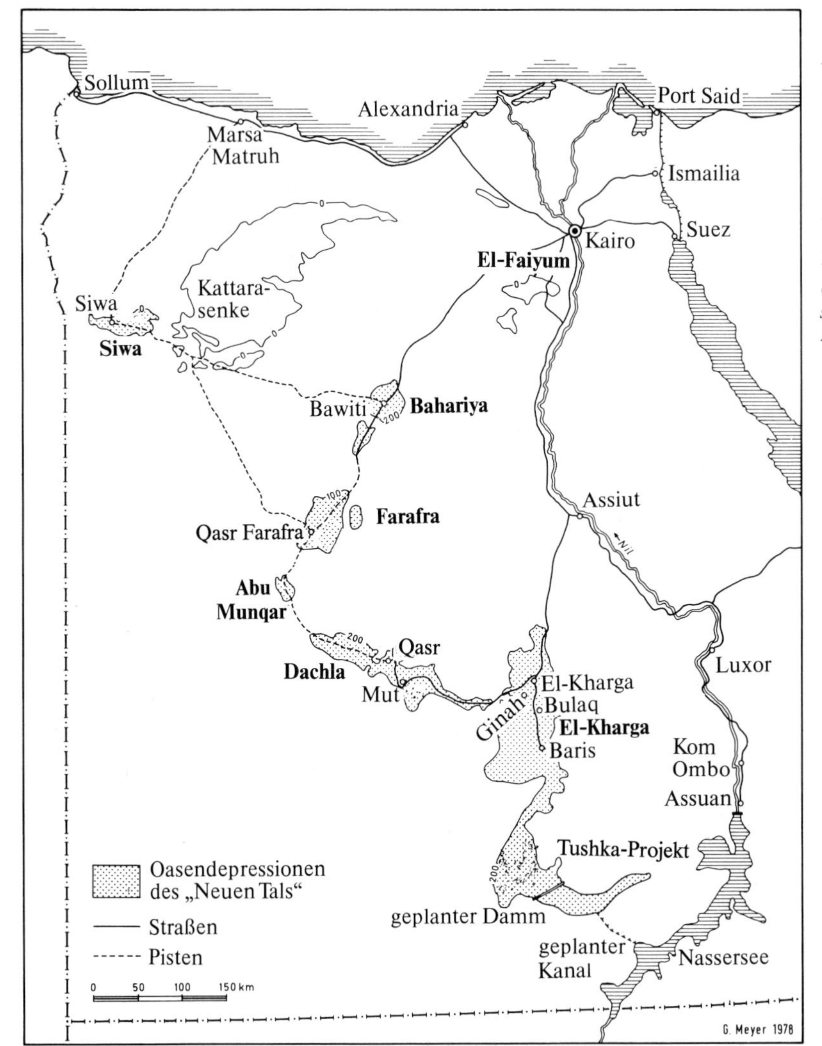

Abb. 8: Die Oasendepressionen des „Neuen Tals“ in der westlichen Wüste

Günter Meyer: Auswirkungen des Projektes „Neues Tal“ auf die Entwicklung der ägyptischen Oasen. In: Geographische Zeitschrift 1979, H. 3, S. 241

Der längliche, talartige Charakter der Depressionen und ihre Erstreckung entlang einer geschwungenen Linie, die parallel zum Niltal verläuft, ließ früher die Vermutung aufkommen, es handele sich hier um ein ehemaliges Niltal. Das stellte sich zwar als Irrtum heraus, die Idee aber schlug sich im Namen des Projekts nieder: Eine erhebliche Ausweitung der Anbauflächen sollte die Oasendepressionen zu einem „Neuen Tal“ Ägyptens machen.

1960 begann man mit dem Bau von Tiefbrunnen, die fossile Grundwasservorkommen in Tiefen bis zu 800 m erschlossen. Das Alter des Grundwassers wurde mit 20000 bis 40000 Jahren ermittelt. Gleichzeitig wurden Bewässerungskanäle angelegt und die zukünftigen Anbauflächen planiert. Bis 1977 wurden 150 Tiefbrunnen erbohrt, die mehr als 500000 m^3 Wasser pro Tag lieferten und das Wasserangebot im „Neuen Tal“ fast vervierfachten.

Die Brunnen wurden in Abständen von ca. 3 km angelegt, später dann auch in 1 km Abstand. Hinsichtlich der Fördermengen erfüllten sie aber nicht die Erwartungen, und statt der erhofften 200 ha konnten jeweils nur 40–120 ha mit dem Wasser eines Tiefbrunnens bewässert werden.

Insgesamt blieben die neugewonnenen Bewässerungsflächen in ihrem Umfang weit hinter dem langfristig erhofften Zugewinn (100000 ha) und auch hinter den kurzfristigen Planziffern zurück.

Abb. 9: Verteilung des alten und neuerschlossenen Bewässerungslandes in der Kharga-depression (Ausschnitt)

altes Bewässerungsland (vor 1960 erschlossen mit relativ seichten artesischen Brunnen und Quellen) überwiegend Palmengärten

neuerschlossenes Bewässerungsland (1960-66 zur Kultivierung vorbereitet; mit Tiefbrunnen) zu mehr als 50% nicht kultiviert

o alte Oasensiedlung

□ nach 1960 errichtete Siedlung

asphaltierte Straße

Schichtstufe

Sandfelder, Dünen

Quelle: Ministry of Land Reclamation; General Desert Development Authority New Valley: Bodenkarte der Harga Depression, 1:200 000 (1968)

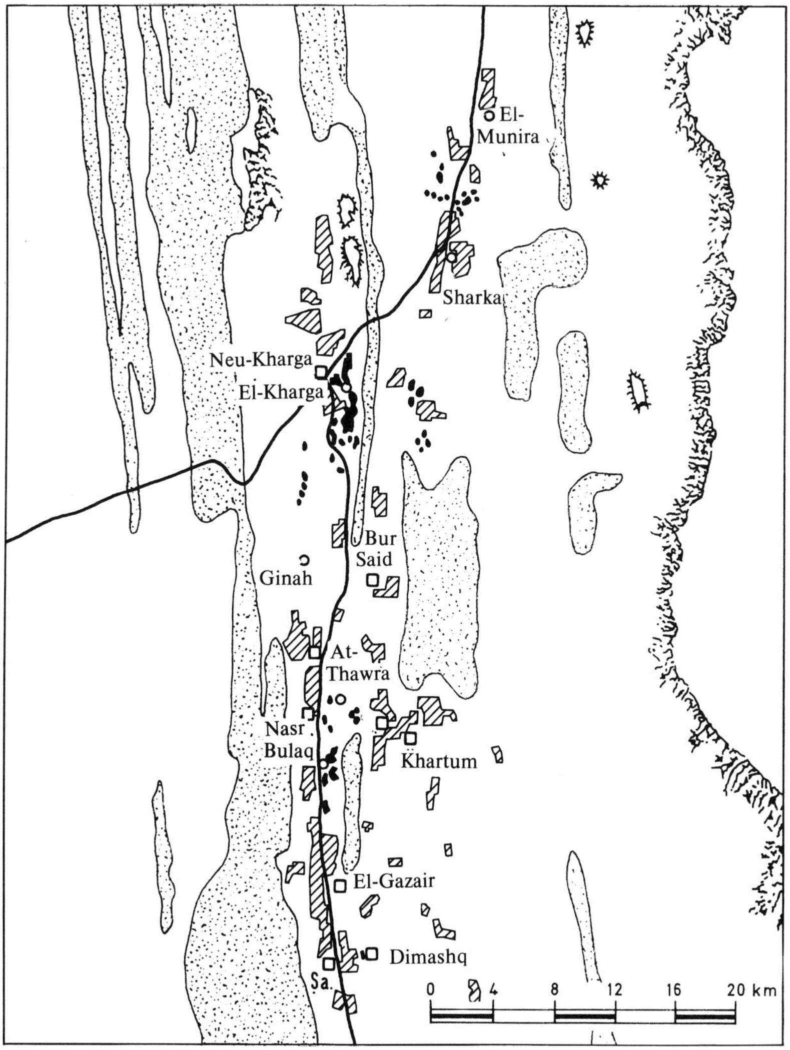

Tab. 2: Erschlossene und im Jahre 1978 kultivierte Flächen in El-Kharga, Dachla, Farafra und Bahariya (in ha)

	El-Kharga	Dachla (mit Abu Munqar)	Farafra	Bahariya	Gesamtfläche
seit 1960					
erschlossene Bewässerungsflächen	8400	9200	900	250	18750
1978 noch kultiviertes Neuland	2650	4950	50	250	7900
1978 kultiviertes Altland	1450	4150	100	1700	7400
Gesamtfläche des kultivierten Landes	4100	9100	150	1950	15300

Quelle: Unterlagen der Erschließungsbehörden in El-Kharga und Bahariya
Günter Meyer: Auswirkungen des Projektes „Neues Tal" auf die Entwicklung der ägyptischen Oasen. In: Geographische Zeitschrift 1979, H. 3, S. 243

Tab. 3: Klimadaten von Dachla (Höhe über NN: 110 m, 25°29′N/29°00′E)

	Jan.	Febr.	März	April	Mai	Juni	Juli	Aug.	Sept.	Okt.	Nov.	Dez.
mittl. Temperatur °C	11,9	13,9	18,1	23,2	28,4	30,4	30,8	30,5	27,7	24,6	18,9	13,6
mittl. relat. Feuchte %	47	44	37	33	30	28	28	30	34	39	42	48
mittl. Niederschlag mm	0	0,3	0	0	0,1	0	0	0	0	0	0	0,1
potent. Verdunstung mm	16	23	53	106	174	190	194	188	155	124	56	22

Manfred J. Müller: Handbuch ausgewählter Klimastationen der Erde. Trier: Forschungsstelle Bodenerosion Mertesdorf der Universität Trier 3. Auflage 1983, S. 275

Versalzungsprobleme waren in erster Linie dafür verantwortlich, daß ein Teil der neu geschaffenen Kulturflächen inzwischen wieder aufgegeben werden mußten.

Abb. 10: Schema des Entstehens und der Verhinderung der Versalzung von Bewässerungsflächen in ariden Regionen

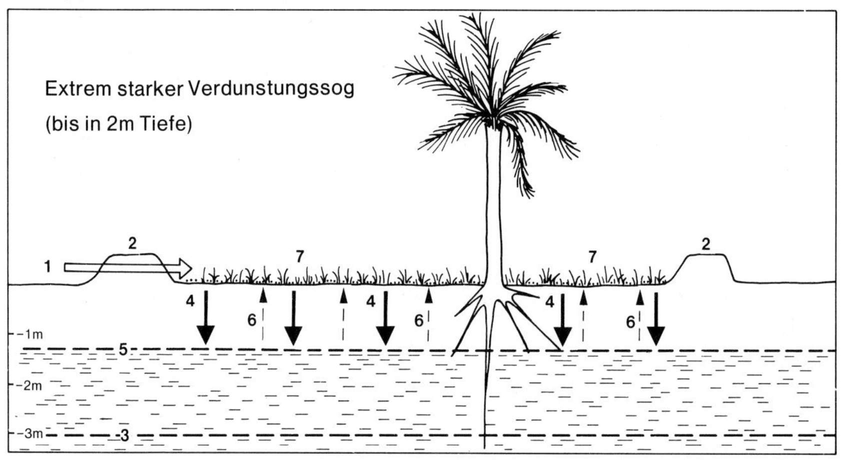

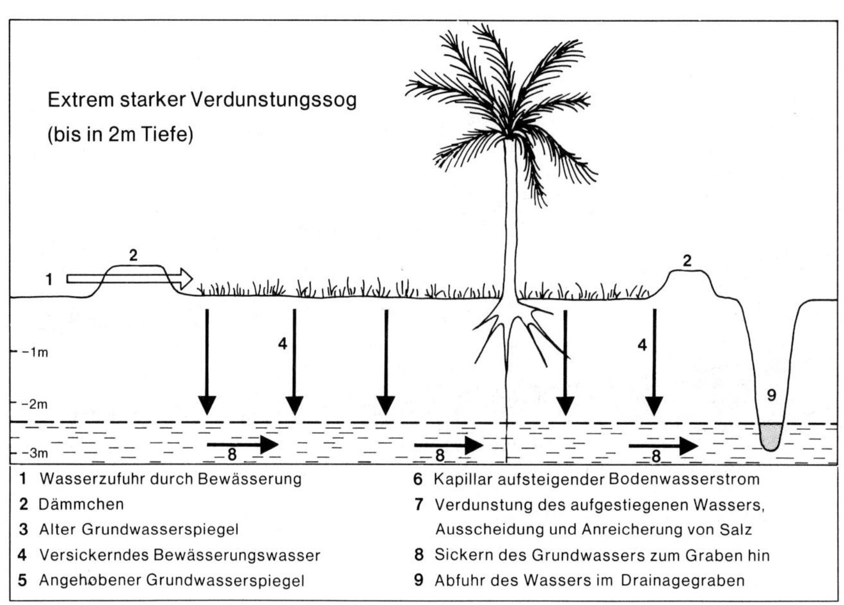

„Bei der hohen Oberflächenverdunstung versalzt in wenigen Jahren jede bewässerte Fläche, wenn nicht eine ständige Durchspülung des Bodens, verbunden mit einer Ableitung des Wassers, gewährleistet ist. Da aber die Kulturflächen wegen der günstigen hydrologischen Verhältnisse oft an den tiefsten Stellen der Depressionen liegen, fehlen Ableitungsmöglichkeiten für überschüssiges Wasser."

Frank Bliss: Wüstenkultivierung und Bewässerung im „Neuen Tal" Ägyptens. In: Geographische Rundschau 1984, H. 5, S. 262

Das Anlegen von Tiefbrunnen blieb nicht ohne Auswirkungen auf die traditionellen Brunnensysteme. Ihre Förderung sank in der Depression Dachla um ca. 50%, in El-Kharga sogar um etwa 70% im Zeitraum von 1960 bis 1978. Die Zahl der noch schüttenden artesischen Brunnen reduzierte sich in diesem Zeitraum auf etwa 60%.

„Kernstück der neuen Nutzfläche ist für jeweils ein bestimmtes Areal ein Tiefbrunnen. Angesichts der hohen Bohrkosten ist nur eine beschränkte Anzahl von Brunnen finanzierbar, die andererseits einen oft bedeutenden Einzugsbereich haben.
Wurden z. B. früher für die Bewässerung der Landfläche einer Izbah (kleiner Weiler) zwei Dutzend ‚shallow wells' unterhalten, genügt heute ein einziger Tiefbrunnen. Der Nachteil dieser Tiefbrunnen besteht allerdings darin, daß bei der nun großen Anzahl der angeschlossenen Bewässerungssysteme der Wasserverlust durch Versickerung sehr hoch ist, obwohl eine vollständige Flächenabdeckung nicht erreicht wird. Während auf der einen Seite also Wasser nutzlos versikkert, fehlt es auf bisher bebauten Gemarkungen. Frühere Standortvorteile bei der Nutzung auch kleinster Flächen werden aufgegeben, da die besondere Errichtung von Tiefbrunnen für diese Gegenden nicht zu finanzieren ist.

Abb. 11: Schematisches Profil durch eine Oasendepression in der westlichen Wüste Ägyptens

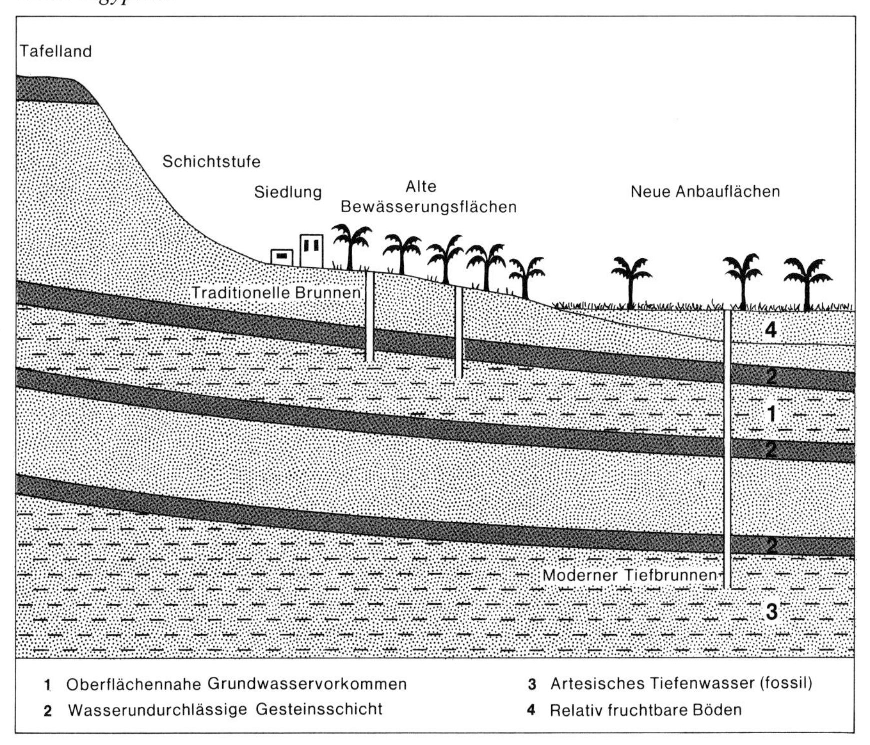

Es ist eine seit Anfang dieses Jahrhunderts bekannte Tatsache, daß Tiefbrunnen bzw. Brunnen, die nicht unter besonderer Berücksichtigung älterer Anlagen abgesenkt werden, den Wasserfluß der letzteren senken, wenn nicht ganz versiegen lassen können. Im Extremfall bedeutet dies, daß dort, wo ein neuer Tiefbrunnen abgesenkt wurde, ältere Brunnen nicht mehr genutzt werden können. Gleichwohl stehen wir heute vor vollendeten Tatsachen: Bis auf Siwa kann heute keine Oase mehr auf Tiefbrunnen verzichten, wenn auch nicht unbedingt die heute geförderte Wassermenge notwendig ist – kommt die extensive Wassernutzung doch einem Raubbau an den fossilen Vorräten gleich.
Schließlich führen die Tiefbrunnen auch nur in den seltensten Fällen zu einer Verbesserung der Kanalsysteme, da bis auf Einzelmaßnahmen in El-Kharga und Dachla kaum zementierte Wasserführungen erstellt wurden, die Verluste folglich weiterhin durch Versickerung und Verdunstung unverantwortlich hoch bleiben, während auf der anderen Seite der artesische Druck der Brunnen beängstigend sinkt."

Frank Bliss: a. a. O., S. 262

Versandung ist ein weiteres Problem in den Depressionen der westlichen Wüste. Die ganzjährig aus Norden wehenden Winde lassen viele Kilometer lange Dünenzüge entstehen, die sich von Nord nach Süd erstrecken und auf denen Barchane nach Süden wandern. Ihr „Tempo" ist mit rund 15 m pro Jahr beachtlich. Die Zugbahnen der Barchane sind bei der Neuanlage von Bewässerungsflächen nicht immer beachtet worden. So mußten schon mehrere hundert Hektar Kulturland wegen Versandung wieder aufgegeben werden. Auch Teile von Siedlungen, Bewässerungssysteme und vor allem Verkehrswege sind von Versandung betroffen.

„850 ha bei Abu Munqar (vgl. Abb. 8) wurden indirekt ebenfalls ein Opfer der Wanderdünen; denn nach der Erschließung dieses Areals zeigte es sich, daß die Piste nach Dachla, die zahlreiche Dünenfelder querte und eigentlich als Straße ausgebaut werden sollte, nur unter erheblichem Aufwand offenzuhalten sein würde. Wie groß dieses Problem ist, zeigt sich auch an der Hauptstraße nördlich von El-Kharga und östlich von Dachla, wo trotz des Einsatzes von Räumfahrzeugen immer wieder Pkws im Sand steckenbleiben. Queren mächtigere Barchane die Straße, so führt man dort den Verkehr im Bogen über eine seitliche Piste oder eine neue Asphaltstraße an dem Hindernis vorbei. Ein derartiger Aufwand ließ sich jedoch angesichts der geringen Verkehrsspannung zwischen Farafra und Dachla nicht rechtfertigen, so daß man wegen der schlechten Erreichbarkeit die Kultivierung der neu erschlossenen Felder bei Abu Munqar einstellte und die Brunnen verschloß."

Günter Meyer: Auswirkungen des Projektes „Neues Tal" auf die Entwicklung der ägyptischen Oasen. In: Geographische Zeitschrift 1979, H. 3, S. 247–249

Bemerkenswert ist, wie relativ machtlos der Mensch gegenüber dem Naturphänomen der Versandung ist – trotz moderner Technologie. Die Festigung von Wanderdünen durch Bepflanzung ist sehr aufwendig und langfristig ebenso unsicher in den Erfolgsaussichten wie das Besprühen der Dünen mit Teer. Oft bleibt da nur eine fatalistische Grundhaltung.

Abb. 12: Bevölkerungszunahme in den Oasen 1897–1977 im Vergleich zur Bevölkerungsentwicklung Ägyptens

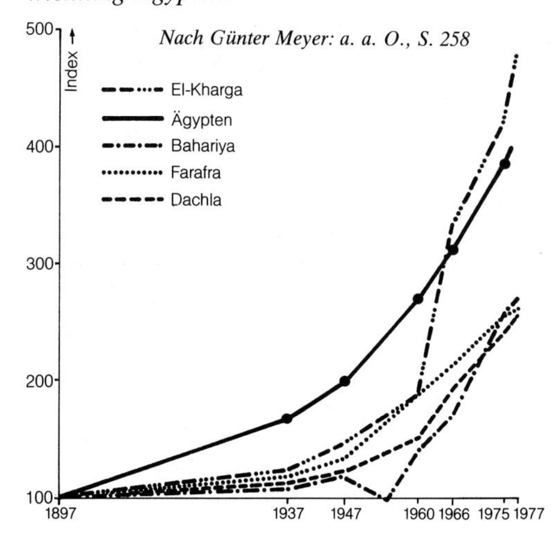

Wüste nordwestlich von El-Kharga

8. *Formulieren Sie die wichtigste Aussage des Diagramms (Abb. 7, S. 67) und die sich daraus ergebenden Konsequenzen für Ägypten.*
9. *Erklären Sie die Entstehung des Versalzungsproblems anhand der Abbildung 10.*
10. *Stellen Sie die Vorzüge und Nachteile der Lage der alten und neuen Bewässerungsflächen einander gegenüber (Abb. 11).*
11. *Erläutern Sie, warum es gerade auf den neuen Kulturflächen schwierig ist, mit Dränage das Versalzungsproblem zu bekämpfen. Ziehen Sie dazu auch den Text auf Seite 71 und Abb. 6 heran.*
12. *Stellen Sie in Stichworten die problematischen Auswirkungen der modernen Brunnentechnologie zusammen. Werten Sie dazu Abb. 10 und 11 sowie den Text auf Seite 71/72 aus.*
13. *Erklären Sie das Problem der Versandung aus den natürlichen Gegebenheiten der Wüste, und erörtern Sie Möglichkeiten, diesem Problem zu begegnen. Ziehen Sie hierzu die Fotos S. 66 und 73 sowie Abb. 11 und den Text auf Seite 72 heran.*
14. *Das Foto auf Seite 32 zeigt die Oasendepression Dachla. Suchen Sie in der Aufnahme nach Hinweisen auf die ökologische Problematik im „Neuen Tal".*
15. *Stellen Sie fest, woran sich in der Abbildung 9 die vorherrschende Windrichtung in der El-Kharga-Depression ablesen läßt.*
16. *Untersuchen Sie, wo vermutlich Verkehrswege und Anbauflächen von Versandung bedroht sind (Abb. 9).*
17. *Ermitteln Sie die durchschnittliche Größe der neuen Bewässerungsflächen (Abb. 9).*
18. *Versuchen Sie, die Streulage der Bewässerungsflächen zu erklären (Abb. 9).*
19. *Formulieren Sie eine zusammenfassende Bewertung des Projekts „Neues Tal" unter Berücksichtigung der Abb. 12.*

San Joaquin Tal, Kalifornien

Die subtropischen Winterregengebiete

Die subtropischen Winterregengebiete, auch mediterrane Gebiete genannt, liegen auf der Westseite der Kontinente zwischen den subtropischen Trockengebieten einerseits und den Waldländern der gemäßigten Zone andererseits. Zu den Winterregengebieten zählen neben dem europäisch-nordafrikanischen Mittelmeerbereich die relativ kleinen Räume in Kalifornien, in Mittelchile, im Kapland sowie im südwestlichen und südlichen Australien.

Die mediterranen Gebiete zeigen trotz ihrer großen räumlichen Distanzen vielfache Übereinstimmungen hinsichtlich Klima, Vegetations- und Landnutzungsformen. In all diesen Gebieten ist es aber durch vielfältige menschliche Einflüsse zu gravierenden Störungen der natürlichen Vegetation und der Böden gekommen. Den Ursachen und Auswirkungen dieser Eingriffe soll im folgenden nachgegangen werden, zumal sich dabei die Wechselwirkungen zwischen Klima, Vegetation, Böden und Mensch sehr deutlich darstellen lassen. Das Schwergewicht unserer Betrachtung liegt beim europäisch-nordafrikanischen Mittelmeergebiet, das die bei weitem größte Flächenausdehnung unter den mediterranen Gebieten hat und dem als Wiege der abendländischen Kultur ein besonderer Stellenwert zukommt.

Klima

Tab. 1: Mittlere Temperaturen und Niederschlagswerte ausgewählter mediterraner Stationen

		J	F	M	A	M	J	J	A	S	O	N	D	Jahr
Rom	°C	6,9	7,7	10,8	13,9	18,1	22,1	24,7	24,5	21,1	16,4	11,7	8,5	15,6
(Italien)	*mm*	*76*	*88*	*77*	*72*	*63*	*48*	*14*	*22*	*70*	*128*	*116*	*106*	*880*
Tunis		10,2	10,9	12,6	15,1	18,4	22,8	25,6	26,2	23,9	19,6	15,2	11,6	17,7
(Tunesien)		*70*	*47*	*43*	*42*	*23*	*10*	*1*	*11*	*37*	*52*	*57*	*68*	*461*
Nikosia		10,0	10,3	12,5	16,7	22,0	25,6	28,4	28,4	25,6	20,8	16,4	12,0	16,9
(Zypern)		*97*	*66*	*33*	*20*	*15*	*5*	*0*	*0*	*5*	*33*	*56*	*109*	*439*
Los Angeles		13,2	13,9	15,2	16,6	18,2	20,0	22,8	22,8	22,2	19,7	17,1	14,6	18,0
(USA)		*78*	*85*	*57*	*30*	*4*	*2*	*tr*[1]	*1*	*6*	*10*	*27*	*73*	*373*
Valparaíso		18,0	17,9	16,7	14,9	13,5	12,2	11,8	12,0	12,9	14,1	15,7	17,2	14,7
(Chile)		*2*	*2*	*4*	*18*	*97*	*128*	*88*	*67*	*30*	*16*	*7*	*3*	*462*
Kapstadt		21,2	21,5	20,3	17,5	15,1	13,4	12,6	13,2	14,5	16,3	18,3	20,1	17,0
(Südafrika)		*12*	*8*	*17*	*47*	*84*	*82*	*85*	*71*	*43*	*29*	*17*	*11*	*506*
Perth		23,4	23,9	22,2	19,2	16,1	13,7	13,1	13,5	14,7	16,3	19,2	21,5	18,1
(Australien)		*7*	*12*	*22*	*52*	*125*	*192*	*183*	*135*	*69*	*54*	*23*	*15*	*889*

[1] tr = traces (nur Spuren vorhanden)

Manfred J. Müller: Handbuch ausgewählter Klimastationen der Erde. Trier: Forschungsstelle Bodenerosion Mertesdorf der Universität Trier 3. Aufl. 1983, S. 90, 103, 221, 251, 268, 300, 314

„Nur die winterliche Jahreshälfte ist unter dem Einfluß wandernder Zyklonen feucht und der niedrigen Breite entsprechend mild. Der Sommer fällt in einen Gürtel hohen Luftdrucks und äquatorwärts gerichteter Winde; er ist heiß und trocken, immer heißer und trockener, je mehr kontinent- und äquatorwärts man vordringt ... Nicht umsonst stehen einige der berühmtesten Sternwarten in dieser Zone geringer Bewölkung, hat sich auch das südliche Kalifornien zum Zentrum der Filmindustrie entwickeln können. Schnee und Frost sind selten, immergrüne Gewächse in geringer Seehöhe vorherrschend. Der Winter ist die Zeit des Anbaus, er begünstigt die Kulturen, die mit seinen Temperaturen ihr Genüge finden und abgeerntet werden können, ehe die Sommerdürre einsetzt. Die Trockenruhe wird wichtiger als die Kälteruhe, die nur in den Gebirgen länger anhält."

Norbert Krebs: Vergleichende Länderkunde. Stuttgart: Koehler 1952, S. 345

„Der Winter bietet hinreichende Feuchtigkeit, ist aber für anspruchsvolle Gewächse zu kühl, der Sommer ist durch hohe Wärme ausgezeichnet, aber durch Dürre behindert. Entscheidende Veränderungen spielen sich auch von Norden nach Süden ab. Die absolute Frostgrenze wird auf dem europäischen Festland nur an der Südküste Spaniens erreicht, und auf der afrikanischen Gegenküste ist nur der unmittelbare Küstenbereich von Libyen und Ägypten frostfrei. Die frostempfindlichen Kulturen der immergrünen Zitrusarten, des Ölbaumes und die immergrünen Macchien treffen wir erst in der eigentlichen Mediterranregion Mittelitaliens und der dalmatinischen Küste (mit einer mittleren Januartemperatur von über 4°C) an, nicht in der winterkalten Poebene. Auch die Sommertrockenheit stellt sich südwärts erst schrittweise ein. Die Zahl der Trockenmonate mit Niederschlägen von unter 20 mm beträgt in Tripolis 6–7, auf Malta 4–5, auf Sizilien 3–4, in Rom nur 1. Oberitalien hat Niederschläge zu allen Jahreszeiten und dementsprechend noch laubwerfende Wälder von ‚submediterranen' Holzarten (Edelkastanien, Flaumeiche, Blumenesche, Hopfenbuche, franz. Ahorn etc.) und auch Kulturen von laubwerfenden Holzarten (Maulbeerbaum, Pfirsich, Mandel, Feige)."

Carl Troll, Karlheinz Paffen: Karte der Jahreszeiten-Klimate der Erde. In: Erdkunde, Bd. 18, H. 1, 1964, S. 17

Böden. Wegen der relativ hohen Niederschläge und Temperaturen herrscht in den subtropischen Winterregengebieten die chemische Verwitterung vor. Nur während der trockenen Sommermonate wird der Bodenbildungsprozeß eingeschränkt bzw. unterbrochen. Die wichtigsten Bodentypen sind die roten mediterranen Böden auf Kalkgestein (Terra rossa) und die braunen mediterranen Böden auf silikatreichen Ausgangsgesteinen. Beide Böden haben einen wenig entwickelten A-Horizont und sind nicht sehr humusreich.

1. *Auf den ersten Blick scheinen die mediterranen Gebiete recht wahllos verstreut. Ermitteln Sie gemeinsame Lagekriterien.*
2. *Vergleichen Sie das Klima der subtropischen Winterregengebiete mit demjenigen der subtropischen Sommerregengebiete besonders im Hinblick auf die Vegetationsbedingungen.*
3. *Erklären Sie anhand der Tabelle 1, S. 75 und der beiden Textauszüge (S. 75) das subtropische Winterregenklima.*
4. *Versuchen Sie, die Unterschiede der Klimastationen (Tab. 1, S. 75) zu erklären.*

Natürliche Vegetation. Die Pflanzen in den mediterranen Gebieten sind gezwungen, sich der sommerlichen Trockenheit anzupassen. Das gelingt ihnen durch lederartige, die Verdunstung hemmende Blattoberflächen (Hartlaubgewächse), durch Reduzierung der Blattflächen sowie durch die Ausbildung tiefer Wurzeln und schützender Baumrinden (z. B. bei der Korkeiche). Typische Gehölzpflanzen sind Eichen (z. B. Steineiche, Korkeiche, Flaumeiche), Pinien (z. B. Seestrandkiefer und Aleppokiefer) sowie Erdbeer- und Lorbeerbäume.

Die natürliche Vegetationsformation des europäisch-nordafrikanischen Mittelmeergebiets ist der Wald. Wer aber offenen Auges in diesem Gebiet reist, erhält ein anderes Bild: Statt Eichenhainen und Lorbeerwäldern sieht er einen kümmerlichen, oft undurchdringlichen, dornigen Buschwald aus Sträuchern und Zwergsträuchern, die Macchie. „Intakte", größere Bestände von Mittel- oder Hochwald sind selten; überhaupt zählen die Länder rund um das Mittelmeer zu den waldärmsten Europas, und das, obwohl sie alle hohe Anteile an Berg- und Hügelländern haben und relativ niederschlagsreich sind. Wie läßt sich das erklären?

Waldraubbau und Entwaldung im Mittelmeerraum

Der Waldrückgang ist keineswegs klimatisch zu begründen, etwa durch zunehmende Trockenheit des Klimas, sondern wurde durch menschliche Eingriffe bewirkt. Schon mit dem Anlegen von Bränden für die Jagd und die Weidewirtschaft durch frühe Jäger, Sammler und Viehhalter begann die Entwaldung. Solange die Bevölkerungszahl klein blieb, war der Waldbestand dadurch nicht gefährdet. Mit wachsender Bevölkerung und zunehmendem Bedarf an Kulturfläche wurde der Wald jedoch ständig zurückgedrängt. Um Weideflächen für die Ziegen- und Schafherden zu schaffen, mußten Wälder gerodet werden. Es entwickelte sich im Mittelmeergebiet eine besondere Form der Weidewirtschaft, die Transhumanz. Die Hirten unternehmen dabei mit ihren Ziegen- und Schafherden jahreszeitlich bedingte große Wanderungen. Die Winter verbringen sie in den Niederungen, im Sommer werden die Weiden im Gebirge genutzt. Vor allem die Ziegen sind ein Feind des mediterranen Waldes, weil sie die Schößlinge und auch das Laub der Sträucher und Bäume abfressen.
Aber nicht nur landwirtschaftliche Nutzung und Übernutzung verursachten die Entwaldung. In den im Mittelmeergebiet zum Teil schon in vorchristlicher Zeit gegründeten und oft rasch gewachsenen Städten entstand ein großer Bedarf an Holz zum Kochen, zum Heizen, zum

Karst im Mittelmeerraum bei Lorca (Südostspanien)

Abb. 1: Karstformen *Oberflächenformen der Erde – Folienbuch. Stuttgart: Klett 1984, S. 42*

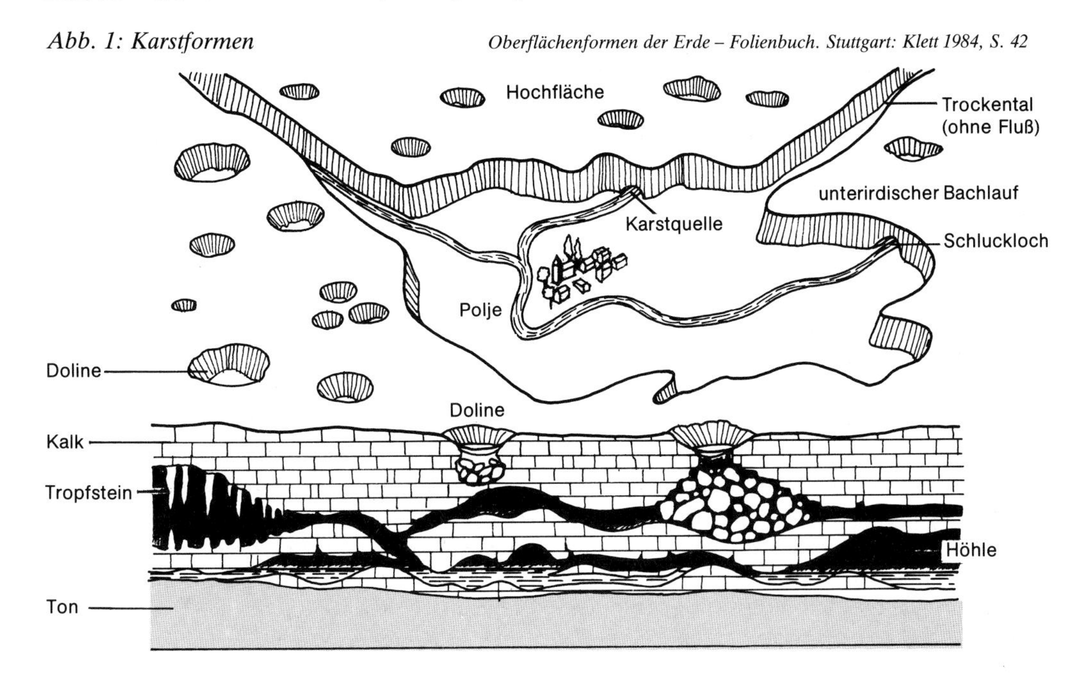

Brennen von Tonwaren und Ziegeln, zum Schmelzen von Erzen und zum Bearbeiten von Metallen. Auch dem Bau von Handels- und Kriegsschiffen sowie von Städten, Palästen und Kirchen fielen große Wälder zum Opfer. So lieferten die Berge des Libanon das Zedernholz ebenso zum Bau der phönizischen Schiffsflotten wie zum Bau des salomonischen Tempels und des großen Perserpalastes in Persepolis. Für den Bau Venedigs plünderte man die Eichen- und Buchenwälder Dalmatiens. Allein für den Bau des Campanile (Glockenturm) auf dem Markusplatz benötigte man mehr als 100000 Stämme als Pfahlfundamente.
Insgesamt sind aus all den genannten Gründen im Laufe der Jahrtausende etwa zwei Drittel der gesamten Waldfläche im Mittelmeerraum verlorengegangen.

Folgen der Entwaldung. Schon vor 2500 Jahren beschrieb Plato in seinem „Kritias“ die Auswirkungen der Entwaldung in Griechenland:
„... die von den Höhen herabgeschwemmte Erde ... verschwand, immer ringsherum fortgeschwemmt, in die Tiefe. Es sind nun aber, wie bei kleinen Inseln gleichsam, mit dem damaligen Zustand verglichen, die Knochen des erkrankten Körpers noch vorhanden, indem nach dem Herabschwemmen des fetten und lockeren Bodens nur der hagere Leib des Sandes zurückblieb. In dem damaligen noch unversehrten Lande aber erschienen die Berge wie Erdhügel, die Talgründe ... waren mit fetter Erde bedeckt, und die Berge bekränzten dichte Waldungen, von denen noch jetzt augenfällige Spuren sich zeigen. Denn jetzt bieten einige der Berge nur den Bienen Nahrung – Berge, die vor nicht gar zu langer Zeit noch ... unversehrte Bäume trugen.“

Plato, zitiert in François Bourlière: Eurasien – Flora und Fauna. Hamburg: Rowohlt 1975, S. 48–49

Eine treffende Beschreibung, die auch heute noch Gültigkeit hat. Die Erosion in den entwaldeten Gebieten ist wegen der meist heftig fallenden Niederschläge im Herbst, Winter und Frühjahr außerordentlich groß. Dabei werden die Böden ganz oder teilweise abgetragen, die Hänge zerschnitten und zerrachelt. Tiefe Regenrinnen erweitern sich bei den alljährlichen Starkregen und zerstören viel Kulturland. Wo undurchlässiges, weiches Material ansteht, können sich (ausgelöst oft durch Erdbeben) Schlammströme talwärts schieben; in den vom Wald entblößten hydrologisch besonders problematischen Kalkgebieten wurde die Verkarstung verstärkt. Das Endstadium können boden- und vegetationsarme, kahle Kalklandschaften sein, wie man sie häufig auf der Balkanhalbinsel findet (z. B. Karstgebirge in Istrien).
Das abgetragene Material wird in Binnensenken, Tälern, Deltas und schließlich auch im Meer abgelagert (akkumuliert). Dort finden sich dann mächtige Bodenschichten, die z. B. günstige Standorte für Zitruspflanzungen bieten. Andererseits führte die Akkumulation vielfach zur Versandung von Häfen und zur Versumpfung der Ebenen und in deren Gefolge auch zur Ausbreitung der Malaria. Diese Vorgänge verstärkten sich mit dem Untergang des Römischen Reiches, als immer mehr der von den Römern angelegten Bewässerungs- und Entwässerungssysteme verfielen. Wegen der Malaria, aber auch wegen der Bedrohung durch Piraten wurden die Niederungen an der Küste vielfach verlassen. In Bergdörfern fand man Sicherheit, allerdings wuchs dort der Druck auf die Landschaft mit all den genannten negativen Folgen. Erst im 19. und 20. Jahrhundert wurden viele der Sümpfe entwässert und damit die Malaria wirksam bekämpft.

Aufforstungen. Die schwerwiegenden Folgen der Entwaldung sind seit dem Altertum bekannt. Erste Aufforstungen reichen ins 18. Jahrhundert zurück, aber erst in den letzten vier Jahrzehnten hat man die Bemühungen verstärkt. Dies geschah, weil das Bewußtsein um die Schutzfunktion der Wälder für Böden und Wasserhaushalt gewachsen ist und der Holzbedarf ständig steigt. Die Aufforstungen – oft als Kampagnen zur Bekämpfung der Arbeitslosigkeit vorangetrieben – sind teuer, denn häufig sind Terrassen notwendig, und die jungen Bäume müssen bewässert und durch Zäune vor Viehverbiß geschützt werden. Schnellwüchsige

Landschaft in Süditalien (Vallo di Diano, Provinz Salerno)

Arten, meist Kiefern, werden bevorzugt. Auch verschiedene Eukalyptusarten, übernommen aus den australischen Mediterrangebieten, finden Verwendung. Die Nadelwälder, die an die Stelle der einstigen Laubwälder getreten sind, haben den Nachteil, daß sie leichter entflammbar sind als die Laubwälder. In trockenen Sommern kommt es oft zu großen Waldbränden, die die ernsthaften Aufforstungsbemühungen immer wieder gefährden.

Daß die Maßnahmen noch nicht genügend gegriffen haben, zeigt sich daran, daß der Mittelmeerraum auch heute noch immer wieder von großen Überschwemmungen heimgesucht wird. Alljährlich im Herbst berichten die Medien darüber.

„Italien kämpft bereits seit Jahrhunderten gegen die Überschwemmungen, doch konnten bis heute erst die regelmäßig auftretenden Hochwasser eingedämmt werden. ... Es kommt aber auch vor, daß ein Wolkenbruch in einem Gebiet, das sich eben erst zu konsolidieren beginnt, in wenigen Stunden die Arbeit und die Hoffnung zahlreicher Jahre vernichtet. Nicht besser steht es um die Dämme, die immer wieder zerstört und höher aufgebaut werden, um die riesige Menge an festem Geschiebe, das die Hochwasser mit sich führen und das weder von natürlichen noch von künstlichen Seen aufgehalten wird, einigermaßen unter Kontrolle zu bringen. Manchmal füllt dieses Geschiebe das Flußbett so auf, daß es niveaumäßig über den anstoßenden Feldern liegt."

Dino Tonini: Wie kam es zu dieser Katastrophe? Unesco-Kurier, 8. Jg., 1967, Nr. 1, S. 33–34

Landnutzung. Eine traditionelle Form der Landnutzung ist die bereits angesprochene Weidewirtschaft. Die Form der Weidewechselwirtschaft (Transhumanz), die durch das Relief und den typischen Jahresgang des Mittelmeerklimas begünstigt wird, hat allerdings in den letzten Jahrzehnten immer mehr an Bedeutung verloren.

Abb. 2: Modell der Kulturlandschaftsentwicklung an der jugoslawischen Adriaküste

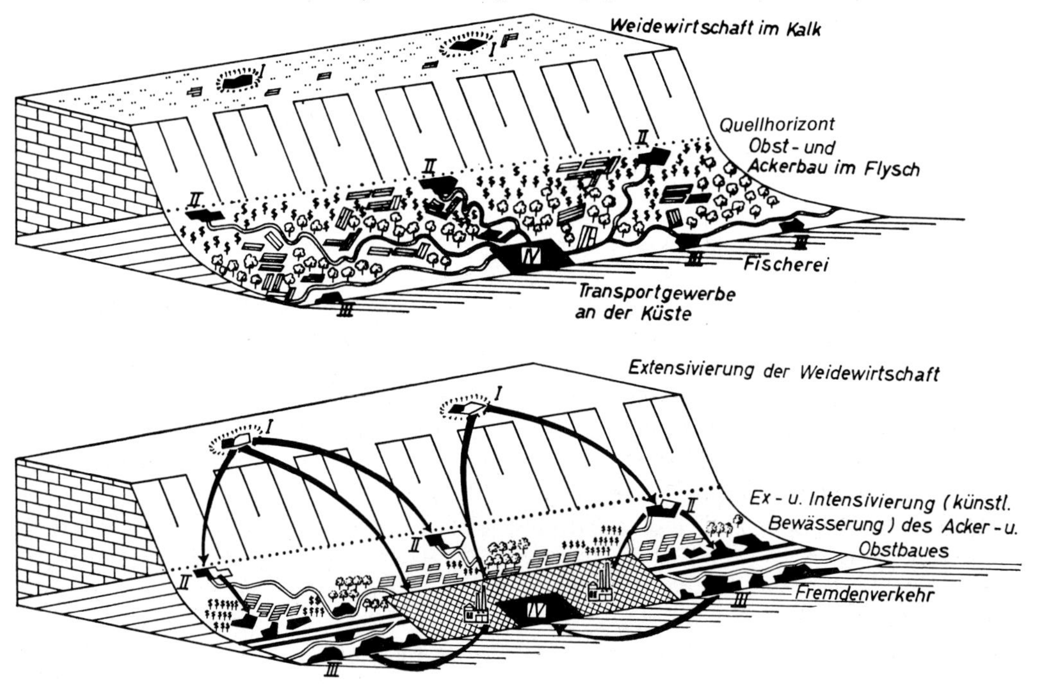

Adolf Karger: Kulturlandschaftswandel im adriatischen Jugoslawien. In: Geographische Rundschau 1973, H. 7, S. 259, leicht ergänzt

Obige Abbildung zeigt modellhaft den in den letzten Jahrzehnten eingetretenen Kulturlandschaftswandel vieler Küstenbereiche im europäischen Mittelmeergebiet. Er wird verursacht durch das Zusammenwirken von Neuerungen in der Landwirtschaft, durch die wachsende Bedeutung des Fremdenverkehrs, durch die Industrialisierung und durch Einflüsse der Gastarbeiterwanderung.

„Das Relief spielt aber neben den anderen physisch-geographischen Rahmenbedingungen für die übrigen Formen der agrarischen Landnutzung eine ebenso große Rolle. In nicht unerheblichem Maße steuert es die drei großen Landnutzungsformen, die in grober Zusammenfassung für das europäische Mittelmeergebiet genannt werden müssen:

1. der ausgedehnte Getreidebau in den Ebenen, z. B. auf den spanischen Meseten,
2. der intensive landwirtschaftliche Anbau mit Hilfe von Bewässerung in den Küstenhöfen, z. B. die spanischen ‚huertas',
3. die Baumkulturen der niedrigeren Hügelländer mit einem meist kleinräumig verschachtelten Muster diverser Arten, z. B. im mittelitalienischen Hügelland.

Gerade unter den Fruchtbäumen finden sich vor allem die Kulturpflanzen, welche für den Mittelmeerraum bzw. die Hartlaubgebiete kennzeichnend sind. Hierzu gehört an erster Stelle der Ölbaum, der in Südeuropa und Nordafrika unter den Kulturpflanzen am besten geeignet ist, das Mittelmeer nach außen hin abzugrenzen, da er empfindlich gegenüber zu großer Kälte bzw. zu hoher

Feuchtigkeit einerseits wie auch gegenüber zu hohen Temperaturen bzw. zu großer Trockenheit andererseits reagiert.
Weitere wichtige Fruchtbäume sind Mandelbaum, Feigenbaum und Weinstock. Die heute mit Hilfe von Bewässerung verbreitet kultivierten Agrumen gehören nicht ursprünglich hierher ... Ausdruck der bunten Palette mediterraner Anbaufrüchte ist auch die traditionelle Form der Landnutzung in der ‚cultura mista'. Dieser Begriff sagt schon, daß mehrere Kulturpflanzen, mitunter in einer Art Stockwerkbau, auf einer Parzelle miteinander vergesellschaftet sind. Heute weichen auch im europäischen Mittelmeerraum die Mischkulturen aus marktwirtschaftlichen Gründen in wachsendem Maße stärker mechanisierten Monokulturen, wie sie für die jünger erschlossenen mediterranen Räume Kaliforniens oder Australiens kennzeichnend sind."

Klaus Müller-Hohenstein: Die Landschaftsgürtel der Erde. Stuttgart: Teubner 1981, S. 135–136

5. *Versuchen Sie zu erklären, warum manche Böden im Mittelmeerraum als „geköpfte Böden" bezeichnet werden.*
6. *Maurische Bewässerungsanlagen am Guadalquivir liegen etwa 8 m unter der heutigen Oberfläche. Erklären Sie diese Tatsache.*
7. *Nennen Sie Verursacher von Waldbränden in der heutigen Zeit.*
8. *In den Sahel ist die Wüste, in das Mittelmeergebiet die Steppe vorgedrungen. Erläutern Sie diese Aussage, und versuchen Sie, Gemeinsamkeiten und Unterschiede zwischen beiden Vorgängen aufzuzeigen.*
9. *Beschreiben und erklären Sie die Veränderungen der Kulturlandschaft in Abbildung 2, S. 80.*
10. *Zeigen Sie anhand von Atlaskarten und Statistiken die unterschiedliche Bedeutung des Fremdenverkehrs in den Ländern des Mittelmeergebiets auf.*

Die gemäßigte Zone

Das Klima. „Gemäßigt" scheint nicht gerade eine treffende Bezeichnung für weite Bereiche der mittleren Breiten zu sein, denn ihre Temperaturen sind nicht „gemäßigt". Wir finden dort kontinentale Gebiete mit jahreszeitlichen Temperaturschwankungen von bis zu 40° C; auch die Tagesamplituden können mehr als 15° C betragen. In Extremfällen erreichen die Tageshöchstwerte mehr als 45° C, und dies auch an Orten, die im Winter Minimalwerte von −30° C aufweisen!
Das Jahreszeitenklima (Abb. 1, S. 82/83) ist eines der klimatischen Hauptmerkmale der gemäßigten Zone. (Man spricht hier auch von der „kühlgemäßigten" Zone, während die „warmgemäßigte" Zone zu den Subtropen gezählt wird.) Es gibt relativ geringe Abweichungen in den Mitteln für den wärmsten Monat; diese Mittel liegen bei 15–20° C, nur vereinzelt bei 25° C. Dagegen schwanken die Mittel des kältesten Monats beträchtlich, nämlich zwischen +10° und −30° C. Die Jahresmittel der Temperatur liegen im allgemeinen zwischen 8° und 12° C; also hat der Ausdruck „gemäßigt" im Hinblick auf das Jahresmittel seine Berechtigung. Die Jahresmitteltemperatur ist auch ein geeignetes Kriterium zur Abgrenzung der in sich klimatisch differenzierten gemäßigten Zone gegenüber anderen Landschaftszonen. (In den warmgemäßigten Subtropen erreichen die Temperaturen im Jahresmittel 15–20° C.)
Innerhalb der gemäßigten Zone bestehen erhebliche Unterschiede. Wissenschaftler teilen sie deshalb in bis zu 14 Subzonen ein. Auch die vereinfachte Klimakarte auf S. 12–13 (Subzonen 4–6) zeigt schon die Vielfalt.
Aus den Klimadiagrammen wird die West-Ost-Abfolge der Subzonen auf dem eurasischen Kontinent deutlich. In Nordamerika ist die Abfolge wegen der Nord-Süd-Anordnung der großen Gebirge anders.
Die gemäßigte Zone der Nordhalbkugel entspricht in etwa der Westwindzone. Auf der Südhalbkugel ist sie wegen der anderen Land-Meer-Verteilung kaum ausgeprägt.

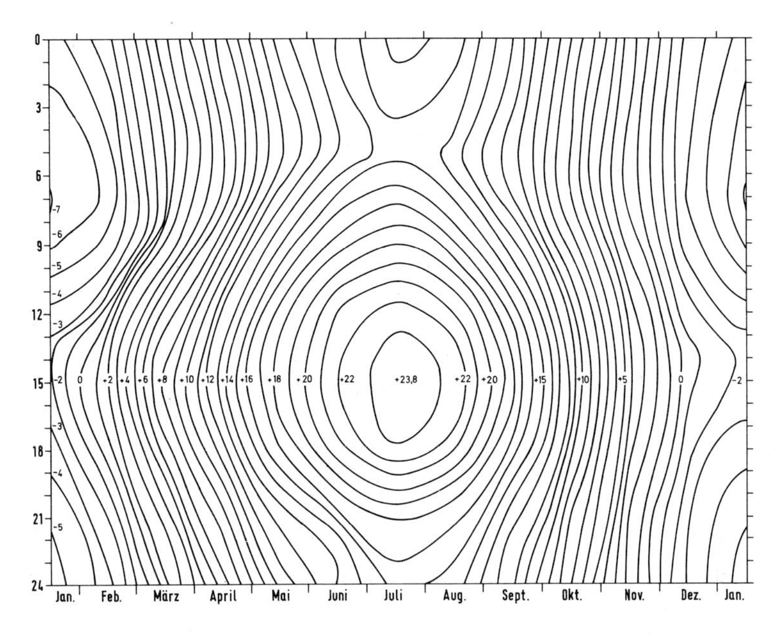

Abb. 1: Thermoisoplethendiagramm
Klagenfurt, 446 m, 46° 37′ N/14° 18′ O

Klaus Müller-Hohenstein: Die Landschaftsgürtel der Erde. Stuttgart: Teubner 1981, S. 149

Die Lage in der Westwindzone ist auch die Ursache für die erheblichen Unterschiede zwischen den maritim geprägten Westseiten der Kontinente und den eher kontinentalen Ostseiten.

„Die klimatischen Verschiedenheiten werden verstärkt und mitbedingt durch die Meeresströmungen. An den Westseiten der Kontinente ziehen der Golfstrom und der nordwärts gerichtete Ast des nordpazifischen Stromes vorbei, die Ostseiten kennzeichnet der Oya-Schio und der Labradorstrom ... Unter dem Einfluß des Meeres verlaufen die Isothermen nicht in Richtung der Breitenkreise, sondern schräg dazu, im Winter fast meridional, jeweils die ausgeglichenere Meerseite von der extremeren sommerwarmen und winterkühlen Landseite scheidend ... In Peking gibt es unter 40° N Eis und Schnee, in New York oft recht harte Winter,

Abb. 2: Klimadiagramme ausgewählter Stationen

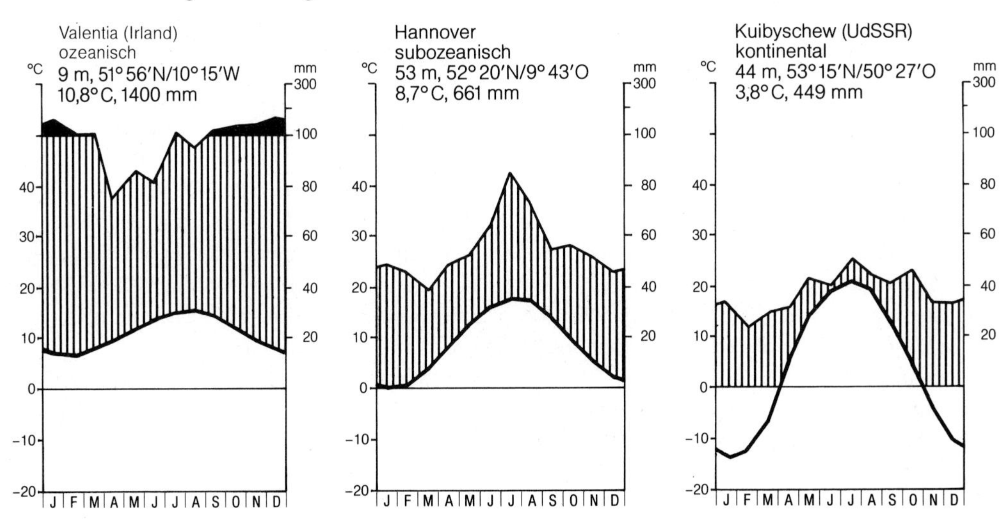

während in der gleichen Breite in Portugal, in Nordkalifornien und Südchile Südfrüchte gedeihen."

Norbert Krebs: Vergleichende Länderkunde. Stuttgart: Köhler 1951, S. 332–333

„Dichtbesiedelte Vorzugslandschaft wie Westeuropa ist auch Ostasien. Aber die Zentren des Lebens und der Zivilisation liegen hier südlicher, schon außerhalb der Zone der strengen Winter, in den eigentlichen Monsunländern China, Südjapan und Südkorea ... Die kulturelle Durchdringung des Ostsaums zwischen 40 und 50°N ist nicht so weit gediehen wie in Westeuropa; die Gebirge tragen noch viel mehr Wald, wenn auch die Ebenen zum Teil gut besiedelt sind ... Wie im Klima berühren sich auch im Pflanzenkleid und in der Wirtschaft der Norden und Süden auf engstem Raum. Subarktisches liegt neben Subtropischem, und beide erdrücken die Mittelzone, die Westeuropa begünstigt."

Norbert Krebs: a.a.O., S. 337

Steppen und Waldgebiete

Versucht man, kennzeichnende Daten der Temperaturverhältnisse wie Jahresamplitude, Mitteltemperaturen der wärmsten und kältesten Monate gemeinsam mit den hygrischen Verhältnissen zu betrachten, so ergeben sich zwei bestimmende Zonen: die der Waldklimate der gemäßigten Zone und die der Steppenklimate der gemäßigten Zone.

„Insgesamt kann die klimatische Vielfalt der kühlgemäßigten Zonen in folgende Tendenzen zusammengefaßt werden:

1. Eine West-Ost-Abstufung einer Reihe von Waldklimaten, die sich durch wachsende Temperaturamplitude, d.h. zunehmende Kontinentalität, auszeichnen.
2. Eine Ost-West-Abstufung von Waldklimaten auf den Ostseiten der Kontinente mit immerfeuchten bis sommerfeuchten Verhältnissen.
3. Eine Nord-Süd-Abstufung von Steppen- und Wüstenklimaten in den kontinentalen Bereichen."

Klaus Müller-Hohenstein: Die Landschaftsgürtel der Erde. Stuttgart: Teubner 1981, S. 147

1. *Nennen Sie die gemäßigten Zonen der verschiedenen Kontinente und beschreiben Sie sie nach Ausdehnung und Lage (vgl. Karte S. 12–13).*

2. *Vergleichen Sie die Klimadiagramme S. 82–83 untereinander und mit den Klimadaten der Subtropen (Tab. 1, S. 75).*

3. *Vergleichen Sie das Thermoisoplethendiagramm S. 82 mit dem der Tropen (S. 39) und der kalten Zone (S. 100).*

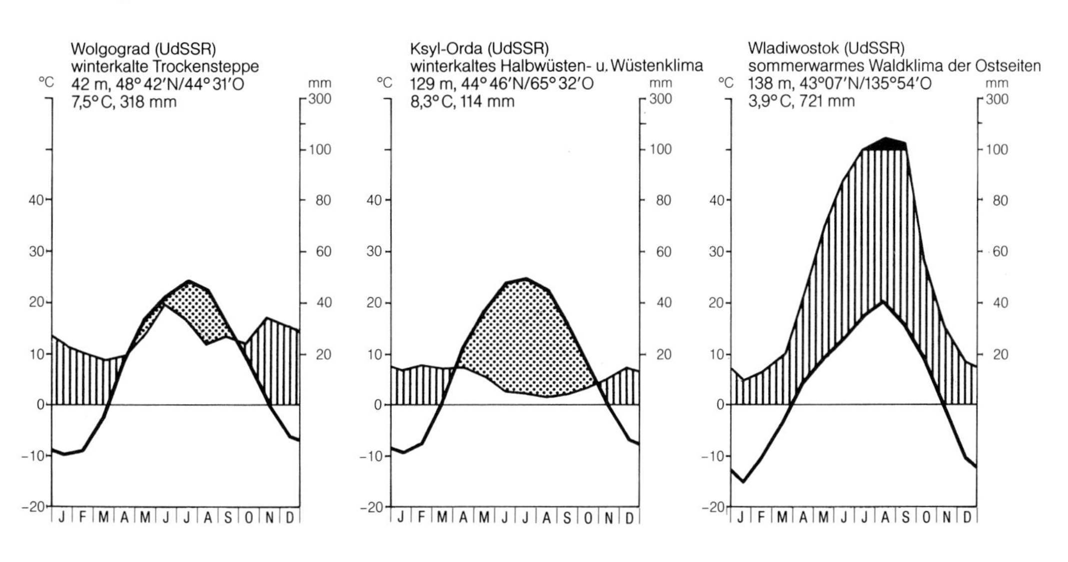

Die Böden. So, wie die vielfältigen Klimastufen der gemäßigten Zone vereinfachend in Wald- und Steppenklimate zusammengefaßt werden können, so können ihnen, bei aller Bodenvielfalt, auch kennzeichnende Bodentypen zugeordnet werden.
Die Böden der Waldklimate in der gemäßigten Zone weisen im allgemeinen ein ausgewogenes Verhältnis von physikalischer und chemischer Verwitterung auf. Ihr A-Horizont ist wegen der dichten Vegetation mächtig und humusreich, ihr Nährstoffgehalt ist auch vom Ausgangsgestein abhängig. Wo der ozeanische Einfluß stark ist, herrschen Braunerden und Parabraunerden vor, in den kontinentaleren Bereichen graue Waldböden. Während sich Parabraunerden auf karbonathaltigem Ausgangsgestein entwickeln, bilden sich Braunerden vor allem auf Silikatgesteinen. Ihre Verbraunung ist auf das Freisetzen von Eisen und die Bildung von Fe-Oxiden zurückzuführen. Wegen ihrer günstigen physikalischen Eigenschaften (gute Durchlüftung, gute Durchfeuchtung) sind sie nach Düngerzufuhr sehr gute Ackerböden. Sie sind weniger durchfeuchtet als die für die gemäßigten Waldklimate besonders wichtigen Parabraunerden (vgl. S. 22).
Im Bereich der gemäßigten Steppenklimate herrschen je nach der Höhe der Niederschläge Schwarzerdeböden (Tschernoseme), kastanienfarbene Böden oder Halbwüstenböden vor. Wichtig ist vor allem die Schwarzerde, deren humusreicher und über 50 cm mächtiger A-Horizont die Voraussetzung für die hohe Bodenfruchtbarkeit bietet (vgl. S. 23).
Wo, wie im Süden der Schwarzerdesteppen in der UdSSR, die Niederschläge sehr gering sind und kaum 200 mm erreichen, ist die Vegetationsdichte gering und die Humusschicht dünn. Hier herrschen kastanienfarbene Steppenböden vor, deren Farbe auf den höheren Eisenoxidgehalt zurückzuführen ist. Auf ihnen gedeihen nur Gräser, die sowohl die lange Sommertrockenzeit als auch die harten Winterfröste überstehen können. Die Oberflächen der gemäßigten Zone sind vor allem von fluvialer Abtragung geprägt, also von Talbildung durch Flüsse.

Die Vegetation. Ursprünglich bedeckten dichte Wälder die Westränder der Kontinente in der gemäßigten Zone, so im Westen Irlands und Großbritanniens, Norwegens und Westspaniens, in Kalifornien und Chile. Sie waren Folge der niederschlagsreichen Westwinde und der milden Winter. Heute sind diese Gebiete in Europa gerodet, die Landwirtschaft nutzt sie vor allem als Weidegebiete.
Dem Inneren der Kontinente zu schließen sich Laubwaldgebiete an mit Bäumen, die in der kalten Jahreszeit die Blätter verlieren – Buchen, Eichen, Ahorn, Eschen und Birken. Dabei sind die Sommer lang genug, um ein kräftiges Pflanzenwachstum zu erlauben. Wo über 120 Tage im Jahr ein Temperaturmittel von mehr als 10°C haben, ist die Produktion an Biomasse sehr hoch – nur noch in den inneren Tropen ist sie höher. Diese klimatisch begünstigten Gebiete wurden vom Menschen besonders stark überformt. Auf den gerodeten Flächen entwickelte sich eine vielseitige und ertragsstarke Landwirtschaft.
Weiter im Innern der großen Landmassen, mit abnehmenden Niederschlägen und zunehmenden Temperaturgegensätzen zwischen Sommer und Winter, verschlechtern sich die Bedingungen für die Wälder. Es beginnt die Waldsteppe mit einzelnen Grasinseln. Nach und nach tritt der Wald noch mehr zurück, Grassteppe bedeckt die weiten Flächen. Nur noch einzelne Waldinseln unterbrechen nun die Grasländer der Steppen (das russische Wort „stepj“ bedeutet „ebenes Grasland“).
Auch hier gibt es erhebliche Unterschiede: In den sommerfeuchten Steppen mit dem Niederschlagsmaximum im späten Frühjahr oder im Frühsommer ist die Produktion an Biomasse recht hoch (6–11 t/ha). Hier ist die Vegetationsdecke dicht, die Verdunstung durch Gräser so groß, daß trotz relativ hoher Niederschläge (bis ca. 1000 mm) für Bäume keine Feuchtigkeit übrigbleibt.

„Beseitigt man das Gras, können Bäume relativ gut wachsen, wie Anpflanzungen in Waldschutzstreifen, kleine Haine bei Farmen oder sogar Aufforstungen, z.B. in Nebraska, beweisen. Bereits im Randgebiet des Waldes östlich von Winnipeg kann man sehen, daß bei Neuanpflanzung von Büschen und Bäumen, z. B. auf den Mittelstreifen der Highways, der Boden noch meterweit um die Pflanzen herum sorgfältig frei von Gras gehalten wird, ein Pflanzloch wie in unserem Klima genügt nicht."

Ralph Jätzold: Steppengebiete der Erde. In: Praxis Geographie 1984, H. 11, S. 11

In der sommertrockenen Steppe dagegen, wo die potentielle Jahresverdunstung 800–1500 mm beträgt, haben die Gräser tiefe Wurzeln. In der Trockenzeit verwelken die Blätter, schützen jedoch die jungen Triebe (Horstgräser). Die Biomasseproduktion erreicht nur 2,5–4 t/ha. Gebiete mit großer Sommertrockenheit weisen häufig sehr kalte Winter auf mit nur wenig Schnee. Die Vegetationsperiode nach den Frühjahrsregen ist nur kurz.

Bei Niederschlägen unter 250 mm wuchsen ursprünglich nur noch einzelne Sträucher, vor allem Wermut (sagebrush). Man bezeichnet diese Wüstensteppe deshalb auch als Zwergstrauchsteppe.

Die Steppengebiete sind nur dünn besiedelt, aber sie weisen hervorragende Gunstfaktoren für die Landwirtschaft auf: Dort, wo die Niederschläge ausreichen, sind die fruchtbaren Böden Grundlage für bedeutenden Ackerbau. Zudem eignen sich die ebenen Flächen für den Einsatz moderner Maschinen. In der Waldsteppe und den feuchteren Gebieten der Grassteppe liegen die wichtigsten Maisanbaugebiete. Vor allem im corn-belt der USA sind die Naturbedingungen optimal. Heute kann Mais durch neue Züchtungen auch in der trockeneren Grassteppe angebaut werden, also in den traditionellen Weizengebieten der nordamerikanischen Prärien und der Ukraine. Die Weizengebiete konnten durch neue Sorten weit in die noch trockeneren und kälteren Steppengebiete hinein ausgeweitet werden. Mehr als die Hälfte der Weltweizenernte kommt aus den Kornkammern der Steppen!

Ohne Zweifel wurden die kühlgemäßigten Zonen durch den Menschen nicht erst seit jüngster Zeit – wie in den Steppengebieten – großflächig verändert, vielmehr wurden die Waldgebiete seit Jahrhunderten bereits dezimiert. Es ist überdies zu fragen, ob es daneben nicht auch eine „natürliche" Ausweitung der Steppen gibt, gab es doch eine Beweidung durch Antilopen, Büffel und andere Großtiere, und haben doch Flächenbrände immer wieder das Aufkommen von Büschen und Wäldern verhindert.

4. *Nennen Sie wichtige Gunstfaktoren für die Landwirtschaft in der gemäßigten Zone.*

5. *Vergleichen Sie die agrarische Nutzung in den Subzonen der gemäßigten Zone mit den klimatischen Voraussetzungen (Abb. S. 82–83 und Atlaskarten).*

Die Steppen: Great Plains – ein agrarisches Überschußgebiet in Gefahr

Im Frühjahr 1985 rechneten mehr als 200000 Farmer in den USA damit, noch im selben Jahr ihre Betriebe aufgeben zu müssen. Die Nettoeinkünfte (nach Steuern) der US-Landwirtschaft betrugen 1984 nur noch ca. 17 Mrd. Dollar nach 24 Mrd. im Jahr 1978. Und gerade die Weizengebiete der Great Plains waren vom Einkommensrückgang besonders betroffen; Gebiete, deren natürliche Grundlagen erneut gefährdet erscheinen wie damals in den 30er Jahren, als in der „Dust Bowl" 1 Mio. ha der Great Plains durch Winderosion verwüstet worden waren.

Abb. 3: Das Gebiet der „Dust Bowl" der 30er Jahre und die Dürregebiete der 50er Jahre

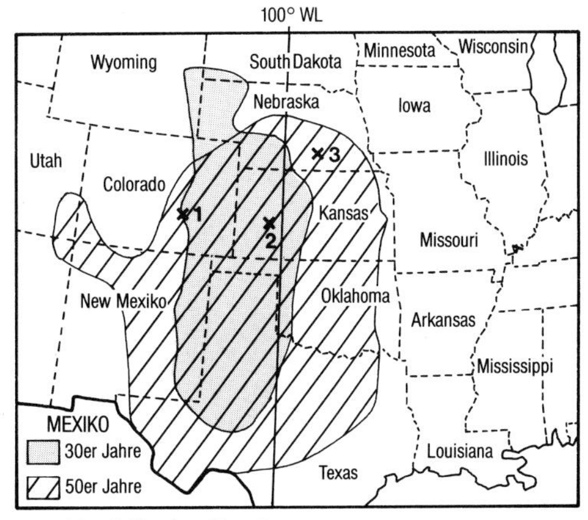

1 Pueblo, 2 Garden City, 3 Kearney

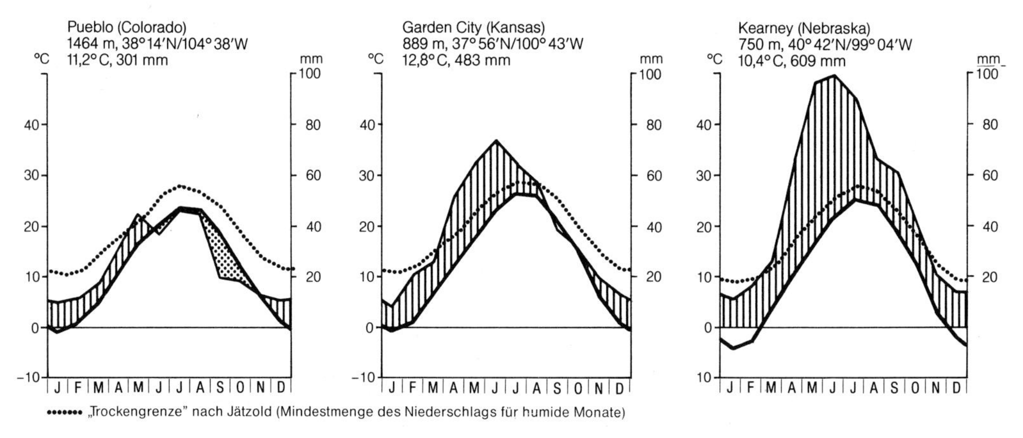

Abb. 4: Klimadiagramme

Der Naturraum

Abb. 5: Niederschlag in NW-Kansas

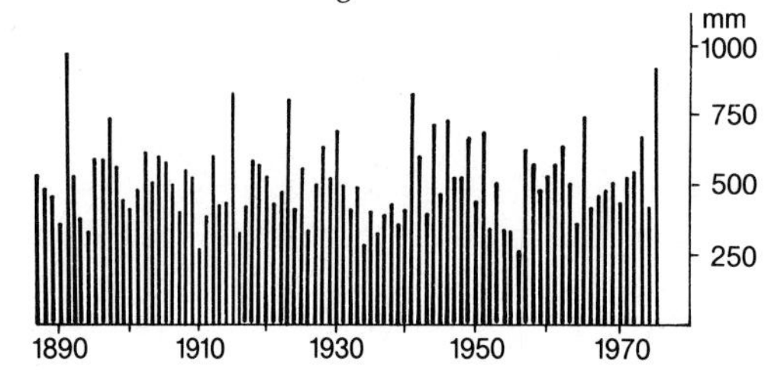

Das Gebiet der inneren Ebenen zwischen Mississippi und Rocky Mountains ist eine überwiegend ebene oder leicht gewellte Plateaulandschaft, die teilweise von Cañons der Zuflüsse des Mississippi durchschnitten ist und einzelne Schichttreppen aufweist. Es ist eine weitgehend eintönige Übergangslandschaft zum gebirgigen und vielgestaltigen Westen. Ihr Charakter wird vornehmlich von klimatischen Faktoren bestimmt.

Über den weiten, ebenen Flächen ist die Windgeschwindigkeit sehr hoch und wirkt sich entsprechend auf die potentielle Verdunstung aus. Das Fehlen einer O-W-Barriere und die N-S-Richtung der Gebirge ermöglichen das ungehinderte Eindringen kalter Luftmassen aus dem Norden und die Ausbildung kalter Starkwinde (Blizzards) sowie das Entstehen kleinräumiger Wirbelstürme (Tornados). Das Eindringen feuchtwarmer Luftmassen aus dem Süden führt zu einzelnen Starkregen, die die Flüsse plötzlich anschwellen lassen und die Bodendecke flächenmäßig abtragen (Denudation).

Dagegen bringen die ursprünglich feuchten Westwinde kaum Niederschläge, da sie abgeregnet sind und zudem in der Nähe des Felsengebirges föhnartig austrocknen (Chinook).

Abb. 6: Die Trockengrenze in den Great Plains

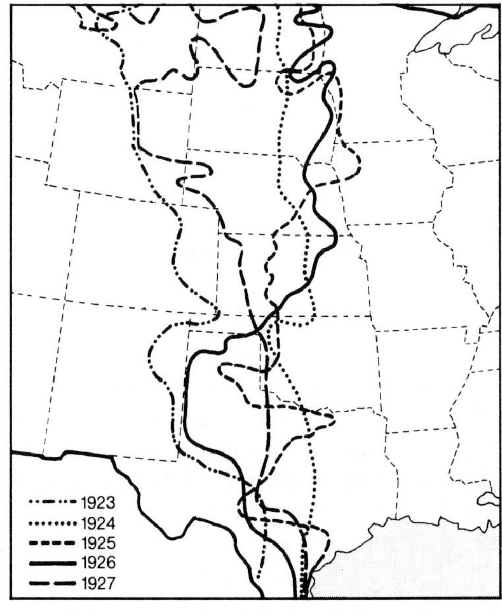

Nach Burkhard Hofmeister: Nordamerika. Fischer Länderkunde, Bd. 6. Frankfurt: Fischer Taschenbuch Verlag 1980, S. 22

Abb. 7: Ökologisches und geologisches Profil durch die Great Plains und die Prärien

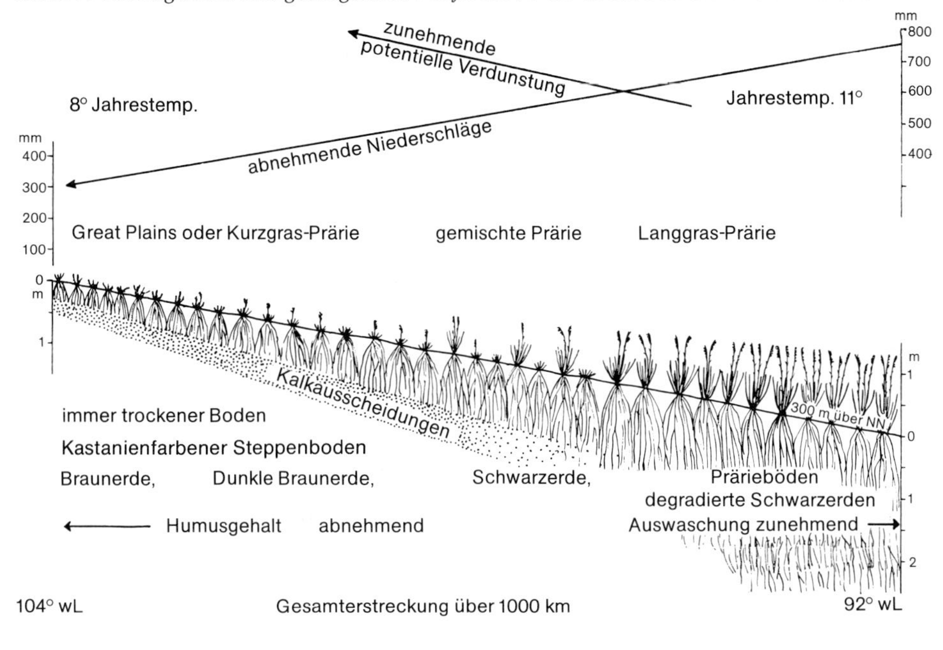

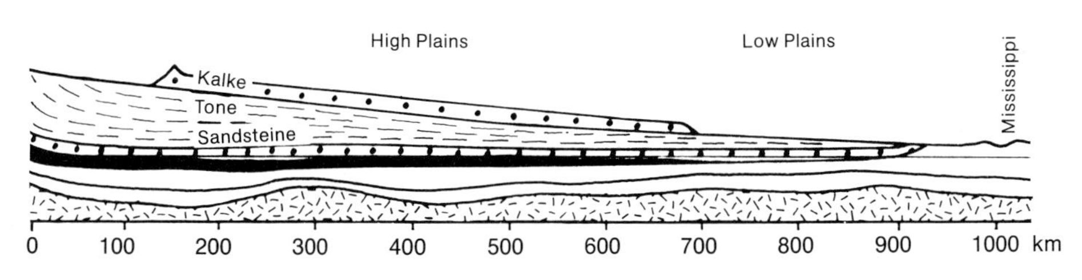

Nach Heinrich Walter: Die Vegetation der Erde. Bd. II. Jena: VEB Fischer 1968, S. 636 und Roland Hahn: USA. Stuttgart: Klett 1981, S. 198

Die für die Vegetation wichtige 500-mm-Grenze der Jahresniederschläge verläuft etwa zwischen 98° und 100°w. L. und trennt das Gebiet in zwei Teile: in einen östlichen, die Prärie, und in einen westlichen, die Great Plains, die im allgemeinen ganzjährig trocken sind mit einzelnen Niederschlägen aus Zyklonen und mit klimatischen Extremen (Hitze, Kälte, Stürme) sowie ständigem Wind. Ihre Westgrenze bildet der Übergang zu den Rocky Mountains mit durchschnittlichen Niederschlägen von 250–300 mm. Der östliche Teil der inneren Ebenen mit Niederschlägen von 500–800 mm, also die Prärien, weisen relativ stabile Klimaabläufe auf.

Die Great Plains sind durch periodische Schwankungen mit Trockenjahren, in denen nur 50–70% des langjährigen Niederschlagsmittels fallen, gekennzeichnet. In diesen Jahren verschiebt sich die Trockengrenze zwischen Great Plains und Prärien nach Osten.

Generell gelten für die einzelnen Gebiete der Prärien und Great Plains in etwa die gleichen klimatischen Bedingungen entlang der Längengrade, so daß im östlichen Wyoming auch ungefähr die gleichen Verhältnisse wie in Pueblo, in Oklahoma in etwa die gleichen Verhältnisse wie in Nebraska angetroffen werden, natürlich mit nach Süden zunehmender Temperatur.

Vegetation. Die 500-mm-Niederschlagsgrenze ist auch ungefähr eine Grenze der natürlichen Vegetation. Die Great Plains sind mit 30–50 cm hohem Kurzgras (short grass) bewachsen, während für die Prärien das bis zu 200 cm hohe kraut- und staudenreiche Hochgras (tall grass) charakteristisch ist. Auch in den Great Plains finden sich Gebiete mit höherem Graswuchs. Es sind dies Flächen mit Sandböden, auf denen die Niederschläge schneller einsickern können und die deshalb der Verdunstung weniger stark ausgesetzt sind, die Bodenfeuchtigkeit ist entsprechend höher. Auf den Lößböden sind die Verdunstungswerte um über 30%, auf den Lehmböden sogar um 80% höher als auf den Sandböden. In den Prärien mit ihrem dichteren und höheren Bewuchs ist die Humusschicht viel mächtiger als in den Great Plains. Hier liegt auch der Karbonathorizont (Anreicherungshorizont löslicher Salze) wesentlich tiefer. Nach Westen zu steigt er wegen des aufsteigenden Wasserstroms an und liegt bei 100°w.L. nur noch in 40 cm Tiefe.

Die agronomische Trockengrenze ist die Grenze, bis zu welcher Regenfeldbau (auch Trokkenfeldbau genannt. Die Nutzpflanzen decken ihren Wasserbedarf unmittelbar aus den Niederschlägen.) möglich ist. Vereinfacht kann man sie auf die Formel $N = 15 \cdot t$ bringen, was bei einer Jahrestemperatur von 20°C (t) etwa eine Mindestmenge der Niederschläge von 300 mm (N) bedeutet. Allerdings sind für die agronomische Trockengrenze nicht nur die Höhe der Niederschläge im Verhältnis zur Temperatur, sondern auch die Niederschlagsverteilung, die relative Luftfeuchtigkeit, die Windstärke und Verdunstungsgeschwindigkeit und die Oberflächenform und -struktur von Bedeutung. Regenfeldbau ist in den USA und Kanada nur in Gebieten mit mindestens vier humiden oder höchstens acht ariden Monaten möglich.

Abb. 8: Die Anzahl der vollariden Monate des Jahres in den USA

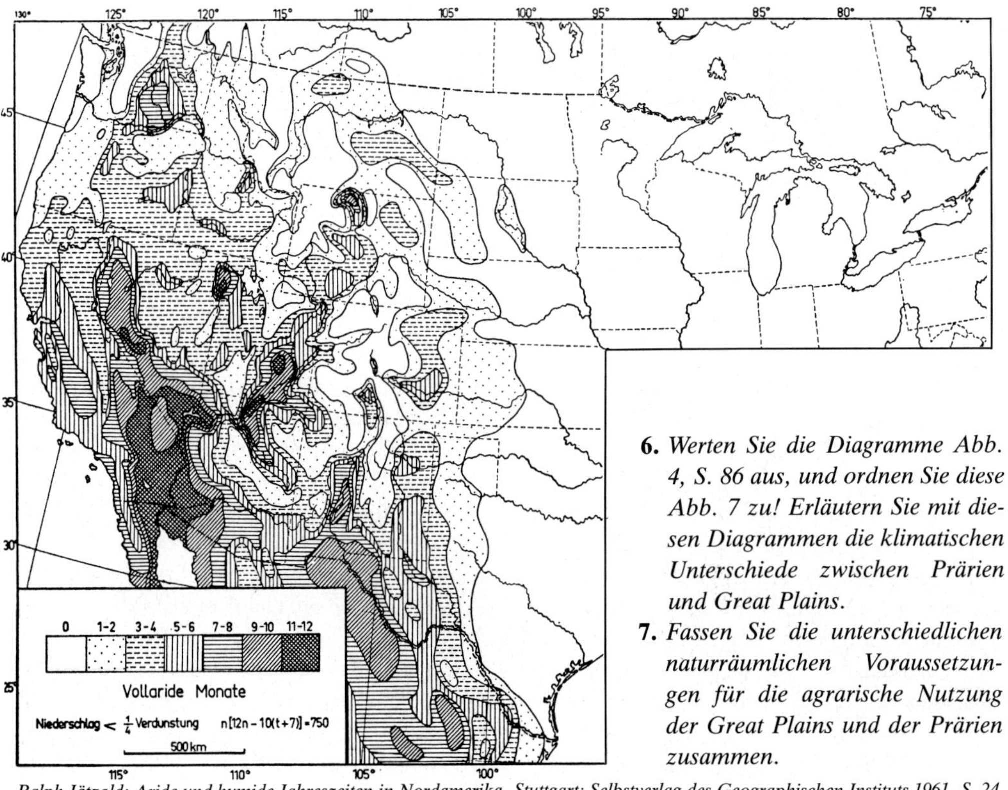

Ralph Jätzold: Aride und humide Jahreszeiten in Nordamerika. Stuttgart: Selbstverlag des Geographischen Instituts 1961, S. 24

6. *Werten Sie die Diagramme Abb. 4, S. 86 aus, und ordnen Sie diese Abb. 7 zu! Erläutern Sie mit diesen Diagrammen die klimatischen Unterschiede zwischen Prärien und Great Plains.*
7. *Fassen Sie die unterschiedlichen naturräumlichen Voraussetzungen für die agrarische Nutzung der Great Plains und der Prärien zusammen.*

Landnutzung in den Great Plains

Bis zur Mitte des 19. Jahrhunderts blieb der Mississippi die Grenze für die Besiedlung vom Osten her, da man die Prärien und vor allem die Great Plains nur als „Great American Desert“, als Hindernis auf dem Weg nach Kalifornien verstand.

Mehrere Faktoren mußten in der zweiten Hälfte des 19. Jahrhunderts zusammentreffen, ehe der Raum genutzt werden konnte: Neue Pflüge mußten erfunden und widerstandsfähige Weizensorten gezüchtet werden, Eisenbahnlinien mußten die Absatzmöglichkeiten verbessern und rechtliche Regelungen größere Farmflächen ermöglichen. Dann bot der bisher ungenutzte Raum die Chancen für die erste landwirtschaftliche Revolution: Maschinen sollten die teure menschliche Arbeitskraft wenigstens teilweise ersetzen. Weil diese Maschinen aber hohe Investitionen verlangten, konnten sie nur auf sehr großen Flächen rentabel eingesetzt werden.

Seit der Jahrhundertwende wurden deshalb auch die Great Plains zunehmend als Getreideflächen genutzt. Nach einigen guten Weizenjahren kam es nach 1931 zur Katastrophe: Während mehrerer überdurchschnittlich trokkener Jahre (vgl. Abb. 5, S. 86) verwüsteten Nordwinde ca. 1 Mio. ha, und 600000 Farmer verloren ihre wirtschaftlichen Grundlagen. Die verheerenden Schäden führten zu der Erkenntnis, daß nur bodenschützende Anbaumethoden die langfristige Nutzung der Ebenen erlaubten:

- „dry farming“ (z.T. schon vor 1930), das Aufteilen der Felder in Streifen (strip farming), von denen einer im Wechsel bebaut wird, der andere brach bleibt, wobei er meist nach größeren Niederschlägen gepflügt (und vor 1930 auch geeggt) wird; so werden die

Bodenbearbeitung

Kapillaren zerstört, um die Verdunstung zu verringern; bei dieser Methode der Schwarzbrache (mehrmaliges Pflügen) sollen also die Niederschläge von zwei Jahren für eine Kulturperiode genutzt werden;
- „contour ploughing“, das Pflügen entlang der Höhenlinien auf geneigten Flächen, wodurch die Abspülung und das Abfließen des Wassers reduziert werden sollen, besonders wenn es mit dem „strip cropping“ verbunden ist, bei dem das Feld in parallele Streifen von Anbau und Brache bzw. dichterem und weniger dichtem Anbau aufgeteilt ist;
- die Ausrichtung der Felder quer zur Hauptwindrichtung, um die Deflation einzudämmen;
- die Anlage von Windschutzstreifen (windbreaks) quer zur Hauptwindrichtung und das Aufforsten besonders erosionsgefährdeter Hänge;
- „stubble mulching“, bei dem Stoppeln nur teilweise untergepflügt werden, damit die herausragenden Reste als Windbremse wirken;
- das Bepflanzen (mit Büschen oder Gras) von gefährdeten Flächen, die auf Dauer ungenutzt gelassen werden.

Im Zweiten Weltkrieg stieg die Nachfrage nach Agrarprodukten stark an, gleichzeitig verringerte sich das Arbeitskräfteangebot. Dadurch verstärkte sich die Tendenz zur Mechanisierung: Die zweite landwirtschaftliche Revolution mit dem Ziel der Vollmechanisierung begann. Und wiederum verlangten die teuren Maschinen noch größere Flächen, um rentabel eingesetzt werden zu können. Und wiederum kam es zu katastrophalen Trockenschäden, weil man die Lehren aus der „Dust Bowl“ von 1931 vergessen zu haben schien.

Tab. 1: Entwicklung der Produktivität beim Weizenanbau

	1935–39	1945–49	1955–59	1965–69	1975–79	1975–79 in % 1935–39
Arbeitszeit in Stunden je ha	22,0	14,3	9,5	7,3	7,0	31,8
Ertrag in dt je ha	9,0	11,5	15,3	18,8	21,5	239
Arbeitszeit in Stunden je geerntete t	24,6	12,5	6,3	4,0	3,2	13,0

Hans-Wilhelm Windhorst: Die Agrarwirtschaft der USA im Wandel. Paderborn: Schöningh 1982, S. 11, gekürzt und leicht geändert

Abb. 9: Entwicklung der Produktionskosten 1967–1980

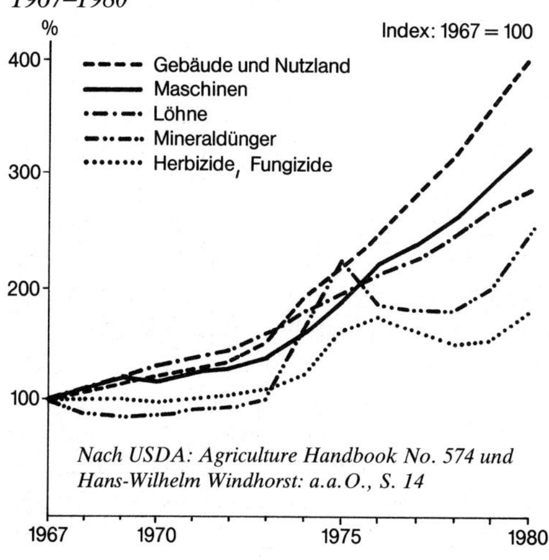

Abb. 10: Die Entwicklung der pflanzlichen und tierischen Produktion der US-Landwirtschaft (1967 = 100%)

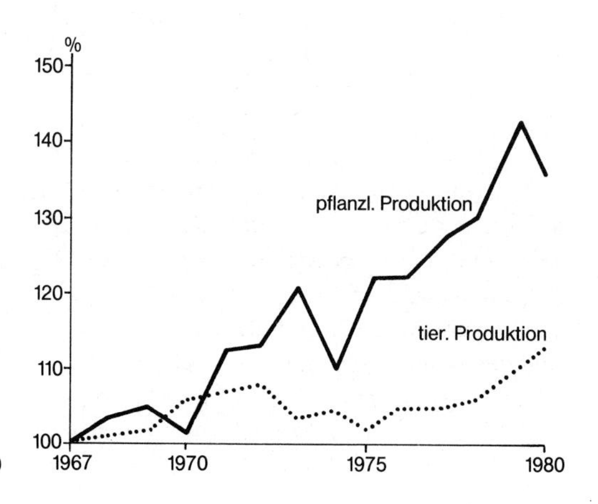

Einen Ausweg sah man in den riesigen Bewässerungsanlagen (center pivot irrigation, vgl. Luftbild S. 89 rechts oben). Diese nutzen das tiefliegende Grundwasser so stark, daß sein Spiegel erheblich absinkt.
Auch in den 80er Jahren bleiben schwere Schäden nicht aus: Exportverträge (vor allem mit der UdSSR und den Ölstaaten) führten zu einer Ausweitung der Anbauflächen gerade in den dürregefährdeten Gebieten, ökologische Schäden häuften sich.
Langjährige Forschungen hatten ergeben, daß die übliche Sommerbrache (Schwarzbrache mit mehrmaligem Pflügen) nur teilweise oder kurzfristig die Bodenfeuchte verbessern kann, dafür aber die Erosion verstärkt. Neue Methoden des dry-farming wurden nötig. Deshalb wird nun der Boden gar nicht mehr bearbeitet und gepflügt (no till), die Saat auf die durch Pflanzen und Stoppeln gegen Windeinwirkung besser geschützten und nur teilweise aufgeritzten Oberflächen ausgebracht. Während der Wachstumsphase wird das Unkraut durch große Mengen von Herbiziden bekämpft. Auf diese Weise gehen die Erosionsschäden bis zu 80% zurück, der Arbeits- und Energieaufwand ist geringer. Aber die Herbizide belasten Grundwasser und Gewässer, und die Erträge sinken – wiederum sind größere Flächen notwendig. Außerdem ist nicht sicher, ob langfristig die Bodenfeuchte damit verbessert werden kann. Andere Methoden sehen deshalb nur eine drastische Verringerung der Bodenbearbeitung (minimum tillage) vor. So soll dann in größeren Gebieten jährlicher Weizenanbau möglich sein bei besserer Erhaltung der Bodenfeuchte als bei der herkömmlichen Sommerbrache, und die Erosionsschäden sollen dadurch verringert werden. Allerdings verlangt die neue Methode einige Voraussetzungen: Die Feldoberfläche muß mit Rillen und kleinen Furchen versehen werden, Strohmulch muß eingebracht (am besten senkrecht stehend) und Windschutzstreifen aus Dauergras müssen angelegt werden, denn so wird die Winterfeuchtigkeit durch Schneezuwachs und Verringerung der Windgeschwindigkeit besser genutzt.
Aber die neuen Methoden haben sich erst vereinzelt durchgesetzt und noch nicht langfristig bewährt, insbesondere was die Kosten angeht.

Tab. 2: Historische Entwicklung der maximal möglichen Feuchtespeicherung während der Brachezeit und Entwicklung der Weizenerträge in Abhängigkeit von Brachetechnik und Feuchtespeicherung (Akron, Colorado), u. a. nach H. J. Späth

	Brachetechnik	Feuchtespeicherung während der Brache (Speichereffekt in % der Niederschläge)	Weizenertrag ca. dz/ha
1911–30	Flachgründig wirksame Pflüge und Eggen	20	10,7
1931–46	Einführung kleiner Einwegscheibenpflüge	24	11,64
1947–58	Einführung der mechanischen Unkrautbekämpfung	27	17,5
1959–66	Modernes Stoppelmulchen	31	19,0
1967–76	Herbstliche Unkrautkontrolle kombiniert mit Stoppelmulchen	35	21,5
Langfristiges Mittel der Niederschläge während 14monatiger Brache		510 mm	

8. *Begründen Sie die Schwierigkeiten bei der Nutzung der Neulandgebiete in den Great Plains Anfang dieses Jahrhunderts aufgrund der naturräumlichen Voraussetzungen.*

9. *Nennen Sie die traditionellen Methoden der Bodenbearbeitung in den Trockengebieten und die damit angestrebten Wirkungen. Werten Sie dazu die Luftbilder S. 34 und S. 89 aus. (Vermutliche Hauptwindrichtung und Oberflächenform beachten!)*

10. *Beschreiben Sie den Zusammenhang zwischen Vollmechanisierung und Betriebsgröße in der US-Landwirtschaft.*

11. *Vergleichen Sie die neuen Methoden des dry-farming mit den herkömmlichen Verfahrensweisen.*

Waldschäden und Bodengefährdung in der kühlgemäßigten Zone

Die ozeanischen und kühlgemäßigten Klimate der gemäßigten Breiten stellen in mehrfacher Hinsicht einen natürlichen Gunstraum dar:

- Ausreichende Niederschläge, über das ganze Jahr verteilt, ermöglichen einen ertragreichen Regenfeldbau ohne nennenswerte Dürrerisiken.
- Die Länge der Vegetationsperiode und die sommerlichen Temperaturen erlauben eine vielseitige Landnutzung.
- Die Böden zählen zu den fruchtbarsten im weltweiten Vergleich.

Im Gunstraum der gemäßigten Zone findet man heute besonders hohe Bevölkerungsdichten, hier liegen auch die großen Industriegebiete der Welt (Atlas). Neben klimatischen Gründen und den Rohstoffvorkommen (besonders Kohle) sind für diese hohe Bevölkerungsdichte eine Reihe kulturhistorischer Faktoren verantwortlich, wie etwa die Wirtschaftsgeschichte und der technologische Entwicklungsstand zeigen.

Für die Geofaktoren dieser Zone ergeben sich aus dieser Bevölkerungsdichte erhebliche Rückwirkungen. Die natürliche Vegetation, die in Mitteleuropa einmal 95% der Fläche bedeckte, ist gerodet worden, um land- und forstwirtschaftliche Nutzflächen zu schaffen. Aber auch diese vom Menschen geschaffenen „sekundären Ökosysteme" verändern sich weiter unter dem Einfluß intensiver wirtschaftlicher Nutzung. Das Waldsterben und die zunehmende Belastung der landwirtschaftlich genutzten Böden sind zwei aktuelle Beispiele, auf die im folgenden näher eingegangen werden soll.

„Seit Beginn der Industrialisierung sind Schädigungen der Waldbäume durch Industrieabgase immer wieder bekannt geworden. Diese ‚Rauchschäden' traten überwiegend in der näheren Umgebung von einzelnen Fabriken oder am Rande industrieller Ballungsgebiete auf. Die Schäden blieben lokal bzw. auf die industrienahen Landschaftsräume begrenzt.

Ab Mitte der 70er Jahre wurden auch in industriefernen Landesteilen Schäden an Waldbäumen beobachtet, die zunächst nur bei einem kleinen Kreis von Wissenschaftlern den Verdacht erregten, daß sie durch Immissionen verursacht sein könnten. Vor allem Forscher der Universität Göttingen erkannten bei ihren Arbeiten am sogenannten ‚Sollingprojekt' schon frühzeitig die Veränderungen von Waldbiozönosen durch den Eintrag von Luftschadstoffen und sagten Waldschäden großen Ausmaßes voraus.

Zusammenhänge mit der in den 60er Jahren eingeleiteten Entlastung der Industrieballungsräume von Abgasen aus Kraftwerken und Großindustrieanlagen wurden erkennbar. Die zu diesem Zweck betriebene ‚Hochschornsteinpolitik' erwies sich, gemessen an ihrer eigentlichen Zielsetzung, als erfolgreich. Aber die gleichmäßige, weiträumige Verteilung der Luftschadstoffe und der Abbau ihrer Konzentration war nicht in dem erwarteten Maße eingetreten. Nach heutigen Erkenntnissen werden die Emissionen dieser Art in höheren Luftschichten mit den Luftmassenströmen verhältnismäßig schnell und weit transportiert."

Raumordnungsbericht Niedersachsen 1984. Hrsg. vom Niedersächsischen Minister des Inneren, Bezirksregierung Hannover, Am Waterlooplatz 11, Hannover, S. 46

*Tab. 1: Das Ausmaß der Waldschäden**

Land	Schadfläche (Schadstufe 1+2+3+4) in % der Waldfläche 1983	1984
Schleswig-Holstein	12	27
Niedersachsen	17	36
Nordrhein-Westfalen	35	42
Hessen	14	42
Rheinland-Pfalz	23	42
Baden-Württemberg	49	66
Bayern	46	57
Saarland	11	31
Bundesrepublik	34	50

* Statistische Veränderungen ergeben sich auch aus veränderten Verfahren der Schadensaufnahme.

Waldschadensbericht der Bundesregierung, Oktober 1984

Abb. 1: Das Ausmaß der Waldschäden in der Bundesrepublik Deutschland

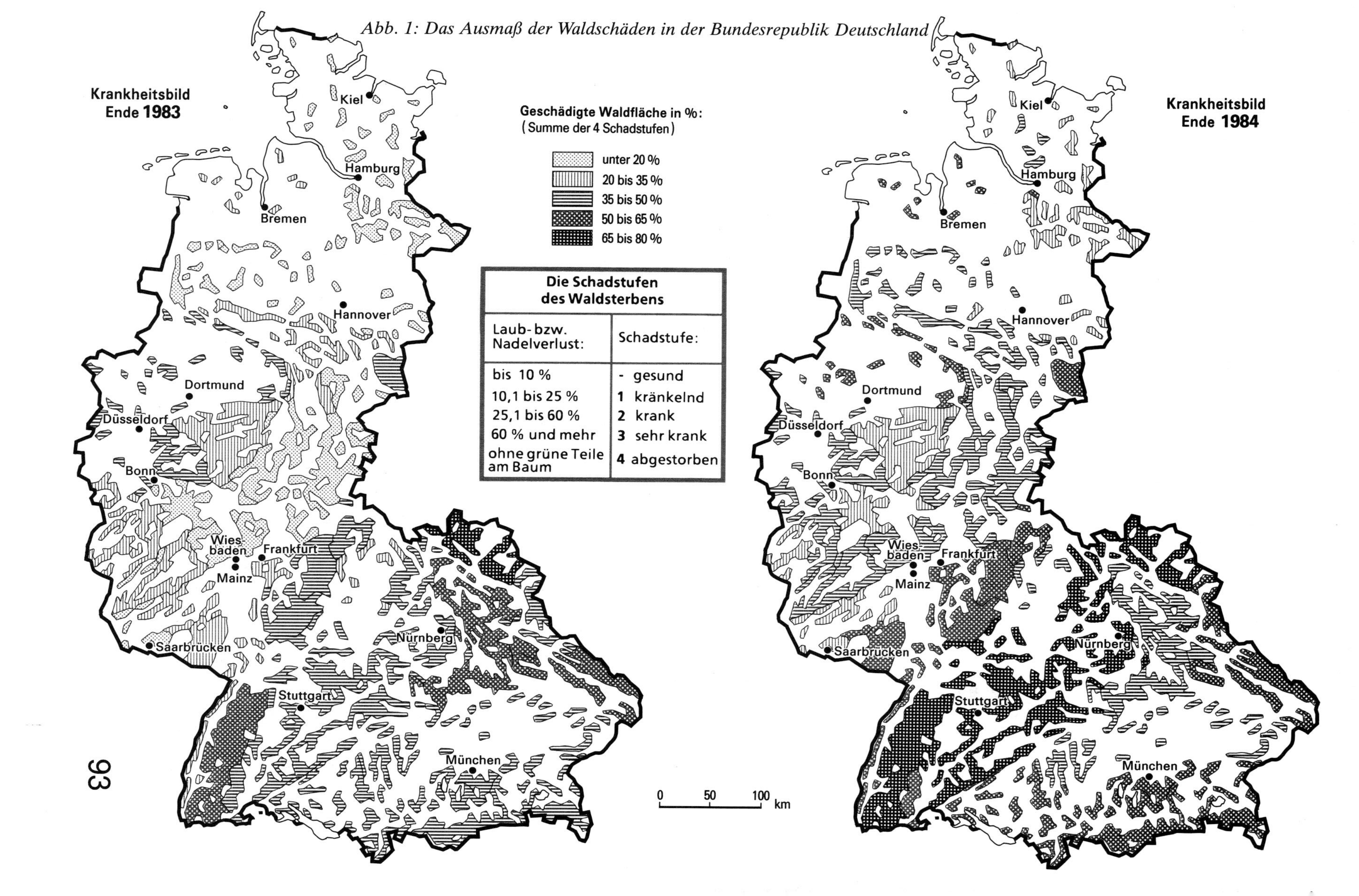

Die Schadstufen des Waldsterbens	
Laub- bzw. Nadelverlust:	Schadstufe:
bis 10 %	- gesund
10,1 bis 25 %	**1** kränkelnd
25,1 bis 60 %	**2** krank
60 % und mehr	**3** sehr krank
ohne grüne Teile am Baum	**4** abgestorben

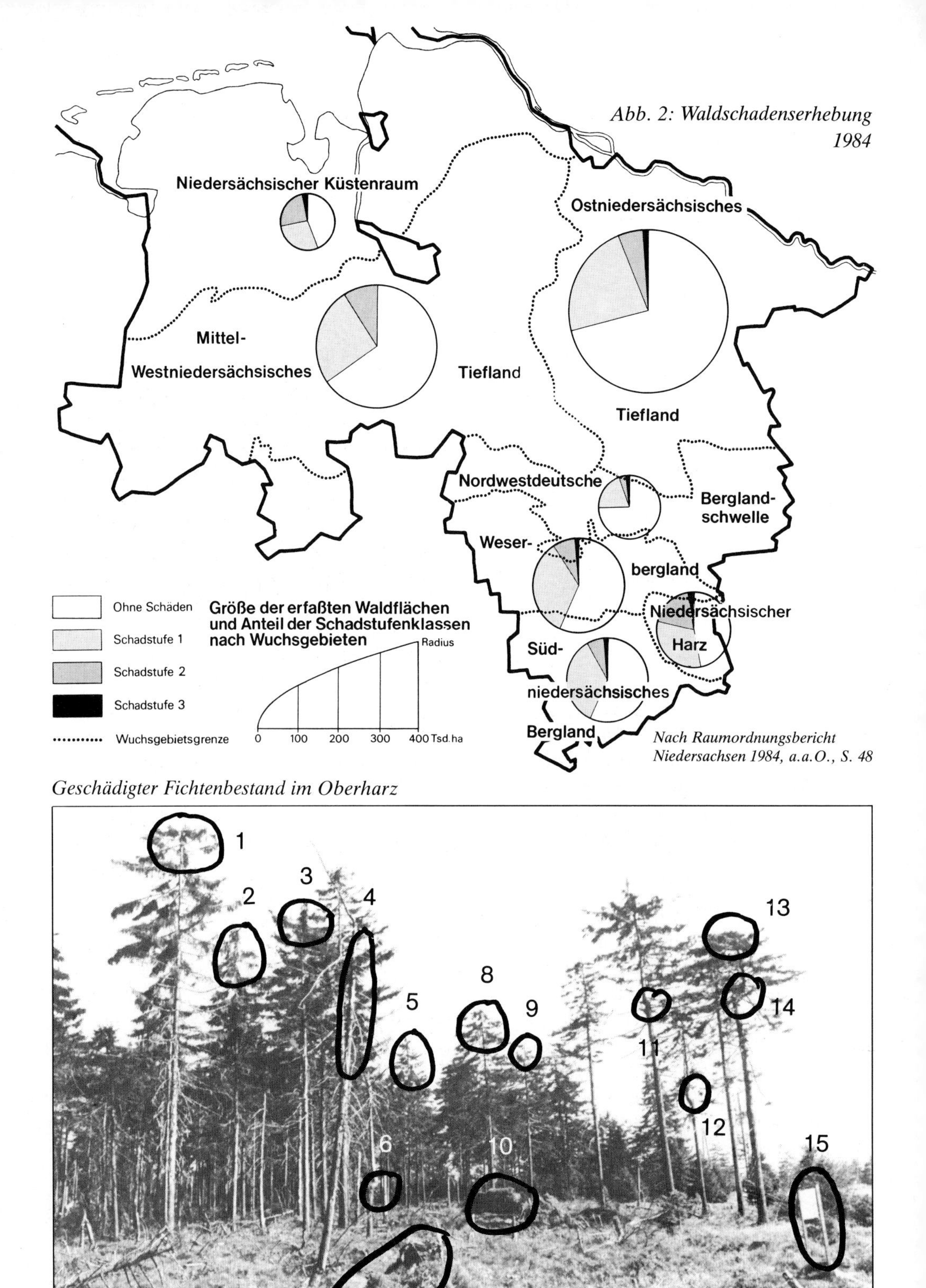

Abb. 2: Waldschadenserhebung 1984

Nach Raumordnungsbericht Niedersachsen 1984, a.a.O., S. 48

Geschädigter Fichtenbestand im Oberharz

1. *Erklären Sie, warum besonders Westhänge und Kammlagen der Mittelgebirge vom Waldsterben betroffen sind.*
2. *Suchen Sie nach Ursachen für das unterschiedliche Ausmaß der Waldschäden in der Bundesrepublik und in Niedersachsen. Benutzen Sie dazu die Abbildungen 1 und 2.*
3. *Ordnen Sie den Markierungen im Foto auf Seite 94 folgende Schadensmerkmale zu:*
   a) „Lametta-Symptom" (schlaff herabhängende Zweige; Schadstufe 1)
   b) abgebrochene Wipfel (durch Schäden im Holz)
   c) Verlichtung der Krone (Schadstufe 2 und 3)
   d) abgestorbener Baum (Schadstufe 4)
   e) Krüppelwuchs
   f) vermehrter Windbruch (durch abgestorbene Wurzeln)
   Auch eine Maßnahme gegen das Waldsterben (Borkenkäferfalle) ist im Foto markiert. Wo befindet sich diese?
4. *Schwer geschädigte und abgestorbene Bäume (Schadstufe 3 und 4) werden von den Förstern möglichst schnell beseitigt, da sich in ihnen Schädlinge wie der Borkenkäfer einnisten und auf die übrigen Bestände übergehen. Erläutern Sie, welche Auswirkungen diese Maßnahme auf Waldschadensstatistiken hat und was sich daraus für das Schadensbild in der Natur ergibt.*

Die Ursachen des Waldsterbens und die ihnen zugrunde liegenden Wirkungszusammenhänge sind noch nicht in allen Einzelheiten bekannt. Fest steht jedoch, daß Schwefeldioxid, Stickoxide, Photooxidantien (z.B. Ozon) und die Schwermetalle zu den wichtigsten Schadstoffen zählen.
Geschädigte Bäume haben eine geringere Widerstandskraft gegen natürliche Schadeinwirkungen wie Trockenheit, Windbruch und Schädlinge (Borkenkäfer). Deshalb werden scheinbar natürliche Schäden oft auch durch Schadstoffeinwirkungen mitverursacht.
Schließlich ist auch die Art der Forstwirtschaft nicht ohne Auswirkungen auf das Ausmaß der Schäden. Die schnellwüchsige Fichte, der „Brotbaum" der Waldbesitzer, ist besonders anfällig. Ihr jahrzehntelanger Anbau in großflächigen Monokulturen vergrößerte den wirtschaftlichen Schaden.

„Die Wirkung der Luftverunreinigung und ihre Folgestoffe beeinträchtigen das gesamte Ökosystem Wald, zu dem die Bäume, die Bodenpflanzen und der Boden selbst mit seinen Lebewesen gehören. Auch wenn noch weitere Forschungen notwendig erscheinen, sind sich die Wissenschaftler doch einig, daß die Schadstoffe in der Luft im wesentlichen in zweierlei Weise wirken:
- Schädigung der Blattorgane,
- Einwirkung auf den Boden mit Schädigung der Wurzeln.

Die Beeinträchtigungen der Blätter und Nadeln werden überwiegend für das rapide Fortschreiten der Waldschäden verantwortlich gemacht. Eine besondere Bedeutung kommt dabei den Photooxidantien zu.
Sie beeinträchtigen die schützende Außenhaut der Nadeln und Blätter und hemmen den Mechanismus der Spaltöffnungen (Atmungsorgane). Hier können nun weitere Schadstoffe eindringen, z.B. Schwefelsäure oder Salpetersäure aus nasser sowie trockener Ablagerung, und die Pflanzenzellen schwer schädigen. Es kommt zu Nährstoffauswaschungen, starker Wasserverdunstung und Störung der Assimilationsvorgänge. Die Nadeln vergilben und sterben ab.
Der zweite Wirkungskreis betrifft den Boden. Diese Schadprozesse verlaufen langsamer. Die ständige Zufuhr von Säuren bewirkt jedoch eine allmählich fortschreitende Versauerung im Boden. Dadurch werden wichtige Ton-Humus-Komplexe zerstört (Podsolierung), giftige Metalle (z.B. Aluminium) freigesetzt und Bodennährstoffe verstärkt ausgewaschen.
Besonders Nadelbäume – allen voran die Fichte – filtern viele Schadstoffe aus der Luft aus, so daß unter diesen Bäumen der Schadstoffeintrag in den Boden ein Vielfaches der normalen Schadstoffbelastung im Freiland beträgt. Langfristige Meßreihen im Solling haben ergeben, daß die Versauerung des Bodens in immer stärkerer Beschleunigung fortgeschritten ist.

Das zunehmend wurzelfeindliche Bodensubstrat führt zu Funktionsstörungen bei der Wasser- und Nährstoffaufnahme, so daß die starken Schäden im Assimilationsbereich (Nadeln, Blätter) durch Beeinträchtigungen an der Wurzel ergänzt werden. Es setzt eine rapide Verschlechterung der Baumvitalität ein, die bis zum Absterben führen kann."

Waldschäden durch Luftschadstoffe. Hrsg. vom Niedersächsischen Minister für Ernährung, Landwirtschaft und Forsten. Hannover o. J.

Luftverschmutzung - wer? womit?

Jährliche Emission in 1000 Tonnen (Bundesrepublik Deutschland – jeweils letztverfügbarer Stand)

	Schwefeldioxid	Stickoxide	Kohlenmonoxid
Kraftwerke, Heizwerke	2060	940	30
Industrie	1024	580	1360
Haushalte, Kleingewerbe	310	140	1700
Verkehr	75	1340	6200

4613

Abb. 3: Luftverschmutzung

Globus Kartendienst Nr. 4613

Abb. 4: Bleideposition aus der Luft (in g Blei pro ha und Jahr)

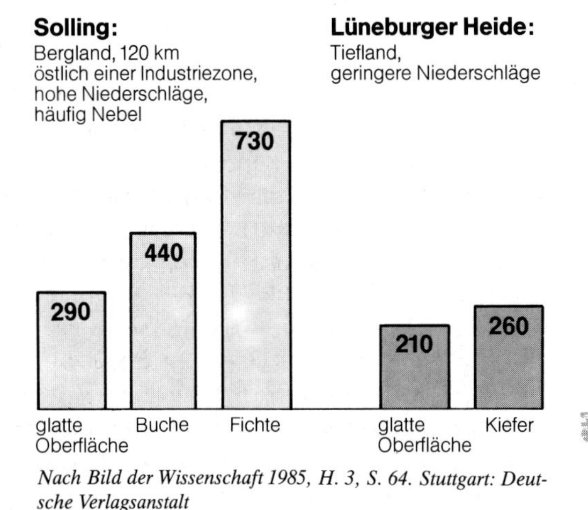

Nach Bild der Wissenschaft 1985, H. 3, S. 64. Stuttgart: Deutsche Verlagsanstalt

Abb. 5: Bleiflußrate (Jahresmittel) im Buchenwald des Solling (in g Blei pro ha und Jahr)

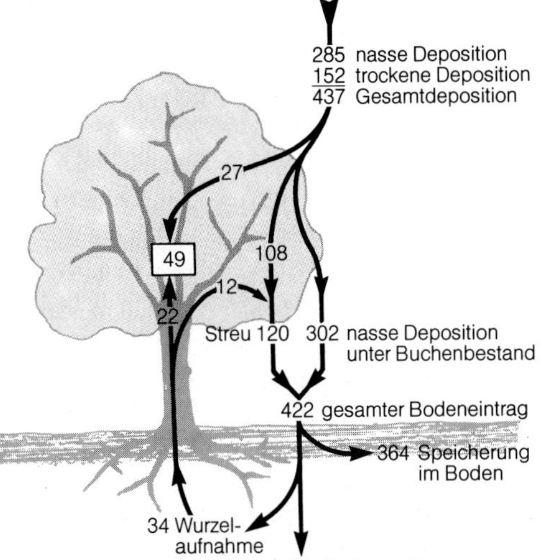

5. *Stellen Sie Bezüge her zwischen der Abb. 3 und Ihnen bekannten Maßnahmen zur Schadstoffverringerung in der Luft.*

6. *Erläutern Sie anhand der Abb. 4, warum Forstflächen durch Schadstoffeinträge erheblich stärker belastet werden als Ackerflächen und Grünland.*

7. *Erklären Sie, warum mit dem Einschlag geschädigter Waldbestände und der Neubepflanzung das Problem Waldsterben nicht gelöst ist. Nehmen Sie dabei Bezug auf Abb. 5 und den Text auf S. 95–96.*

Die Gefährdung der landwirtschaftlichen Böden durch Schadstoffimmissionen ist geringer als bei vergleichbaren Waldböden. Jedoch kommen auf den Äckern andere Belastungen hinzu, die sich aus der intensiven Wirtschaftsweise und der in Industrieländern verfügbaren Agrartechnologie ergeben, in Verbindung mit gesamtwirtschaftlichen Zusammenhängen.
In den Landkreisen Cloppenburg und Vechta (Südoldenburg) sind Formen hochintensiver Landwirtschaft entstanden, die als Modell für Entwicklungstrends in der deutschen Landwirtschaft angesehen werden. Hier entstanden hochspezialisierte, agrarindustrielle Veredelungsbetriebe, die in Großställen häufig mehr als 1000 Schweine und mehr als 100000 Hühner halten.

„Die günstige Lage zwischen den Häfen und dem Ruhrgebiet machte das Gebiet zwischen Weser und Ems zum Mastviehzentrum der Republik. Von Norden floß der Zustrom der Futtermittelimporte ins Land, nach Süden verließen die quiekenden und gackernden Mastprodukte das Land. Dazwischen schossen Hühnersilos, Bullenställe und vor allem Eisbeinfabriken mit zehn- bis fünfzehntausend Schweinen aus dem Boden. Körner und Kraftfutter kamen nur noch zu 20 Prozent von eigenen Feldern, die Bauern lernten das Zauberwort von der ‚bodenunabhängigen Veredelung'. Nebenher fiel bei dieser Verwandlung von pflanzlichen in tierische Kalorien auch noch ein ertragssteigernder Zaubertrank für die mageren Sandböden der Region ab: Gülle.
Doch der Flüssigmist, den Oldenburgs Mastviecher unter sich lassen, floß bald in so gewaltigen Strömen, daß aus Düngen Deponieren wurde. Die Äcker verkamen zur Latrine, und das Wort von der ‚Bodenunabhängigkeit' erwies sich als folgenschwerer Selbstbetrug. Denn der Boden, der die Fäkal-Springflut verdauen sollte, wurde von ihr vergiftet.
Auf dreierlei Weise schädigt die Dünger-Dusche die Bodenstruktur. Direkt, indem sie das feine Gefüge der Bodenpartikel verschlämmt und verklebt. Dadurch läßt die Speicherfähigkeit des Bodens nach. Entlang der Wurzelkanäle bilden sich regelrechte ‚Drain-Rohre', die das Bodengefüge zerstören und die Gülle ableiten – Richtung Grundwasser.
Eine weitere verhängnisvolle Wirkung übt Gülle auf Regenwürmer aus, die wichtigsten Humusproduzenten. Der Braunschweiger Bodenbiologe Professor Otto Graff stellte fest: ‚Die jauchehaltige Flüssigkeit hat einen hohen Salzgehalt, der die Haut der Regenwürmer reizt und ihre Fluchtreaktion auslöst. Die Tiere kommen nach oben und verenden, weil der Ultraviolett-Anteil des Tageslichtes ihren Blutfarbstoff zerstört'. Ohne Regenwürmer kein Humus; ohne Humus aber fehlt dem Boden die Fähigkeit, die in der Gülle enthaltenen Nährsalze festzuhalten. Sie werden ausgewaschen und düngen das Grundwasser.
Die gefährlichste Folge der Fäkal-Güsse ist die Monotonisierung des Ackerbaus. Nicht nur alle Wildpflanzen, die auf mageren Böden wachsen, sterben scharenweise den Gülle-Tod – allein im Kreis Vechta 145 Pflanzenarten während der letzten 28 Jahre –, sondern auch die meisten Nutzpflanzen reagieren auf fortgesetzte Überdüngung mit Siechtum. Mit einer Ausnahme: Mais. Mais ist pflegeleicht, ertragreich, wächst Jahr um Jahr auf dem gleichen Standort und schluckt Gülle klaglos. Er hat deshalb einen Eroberungszug über die deutschen Äcker angetreten.
Professor Günter Kahnt vom Institut für Pflanzenbau der Universität Hohenheim sieht darin allerdings eher den Sieg einer Seuche: ‚Mais ist die Syphilis der Landwirtschaft'. Denn das wärmebedürftige Futtergetreide wird spät gepflanzt und bedeckt den Boden erst im Juni. Nach der Ernte, spätestens im November, liegen die Äcker wieder wurzellos, nackt, dem Schlagregen und Sturm preisgegeben. Leicht kann jetzt der Humus ausgewaschen oder weggeweht werden. Besonders stark ist die Erosion, wenn die Flurbereinigung auch noch alle schützenden Hecken und Gehölze beseitigt hat.

Humus aber ist notwendig, damit der Boden den Stickstoff in der Gülle binden kann. Schon im Dezember 1983 mußte die Oldenburger Landwirtschaftskammer die Bauern vor der Verfütterung von nitratbelasteten Pflanzen warnen: ‚Als Symptome wurden beobachtet: Atemnot, Taumeln, Niederfallen der Tiere und manchmal auch Todesfälle'.

Im gleichen Jahr wurden im Landkreis Vechta siebentausend private Brunnenanlagen untersucht. Ergebnis: Von 35000 Kreisbewohnern, die sich aus Einzelbrunnen versorgen, lebt fast die Hälfte mit nitratverseuchtem Trinkwasser.

Menschen sind gegen Nitrate nicht widerstandsfähiger als Kühe. In ihrem Magen verwandelt sich Nitrat in Nitrit, das in Verbindung mit Aminen Nitrosamine bildet. Sie können Krebserkrankungen auslösen. Maisanbau erfordert zudem einen intensiven Einsatz von Pflanzenschutzmitteln. Professor Kahnt: ‚Maisflächen mit optimaler chemischer Unkrautbekämpfung sind biologisch halbtote Flächen. Ein Getreideacker wird nach der Ernte durch Ausfallgetreide von selber wieder grün, ein Maisacker bleibt in der Regel frei von grünem Bewuchs."

Peter Sandmeyer: Rettet den Boden. In: Stern 1985, H. 17, S. 58–62

Tab. 2: Durchschnittliche Bestandsgrößen in der Hühner- und Schweinehaltung (1982)

Tierart	Kreis Vechta	Kreis Cloppenburg	Bundesrepublik Deutschland
Hühner	17499	2610	210
Schweine	252	161	48

Hans-Wilhelm Windhorst: Das agrarische Intensivgebiet Südoldenburg. In: Geowissenschaften in unserer Zeit, 1984, H. 6, S. 191, gekürzt. Weinheim: Verlag Chemie

Abb. 6: Verbreitung des Mais in Niedersachsen 1974 und 1983

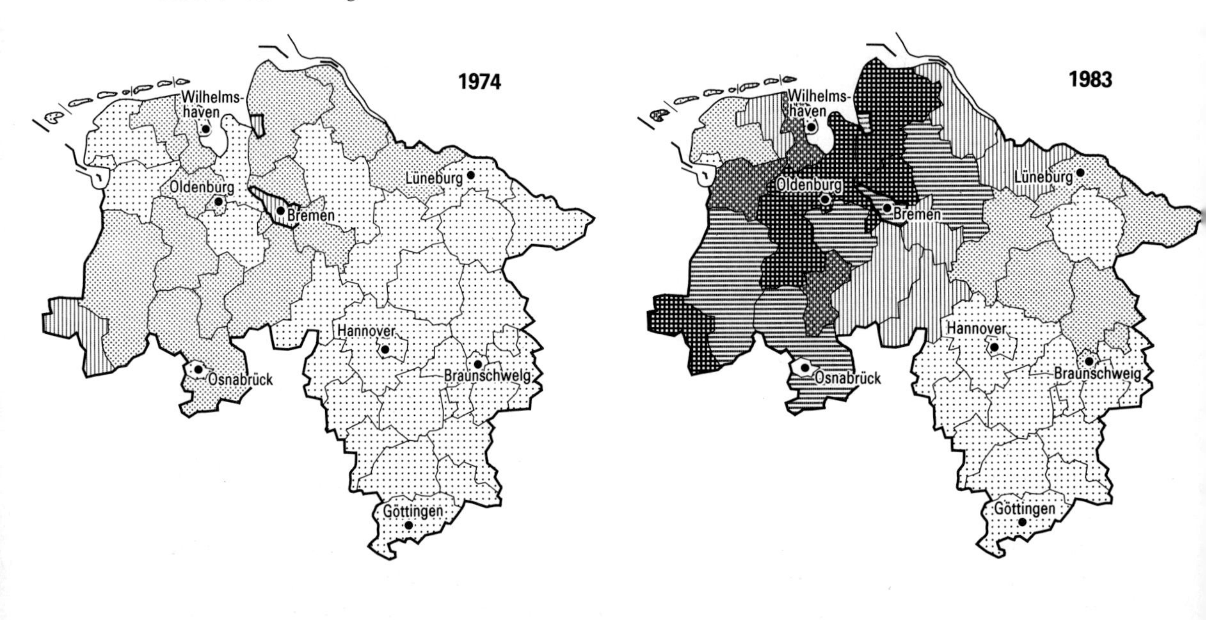

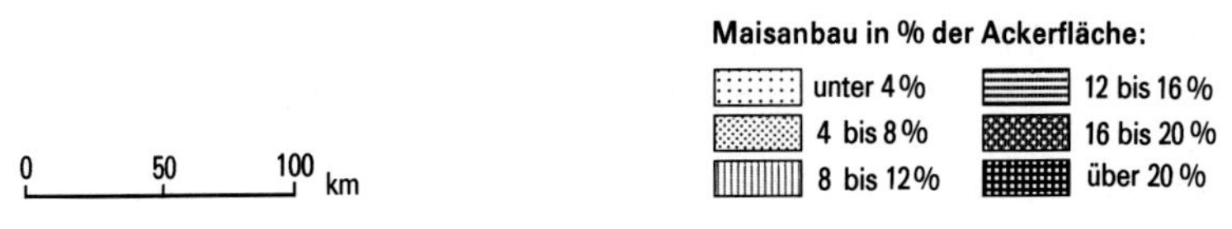

Nach Rolf Winter (Hrsg.): Rettet den Boden. STERN-Buch. Hamburg: Gruner + Jahr 1985, S. 144, 145

Abb. 7: *Folgen der Flurbereinigung und Entwässerung auf verschiedene Tierarten*

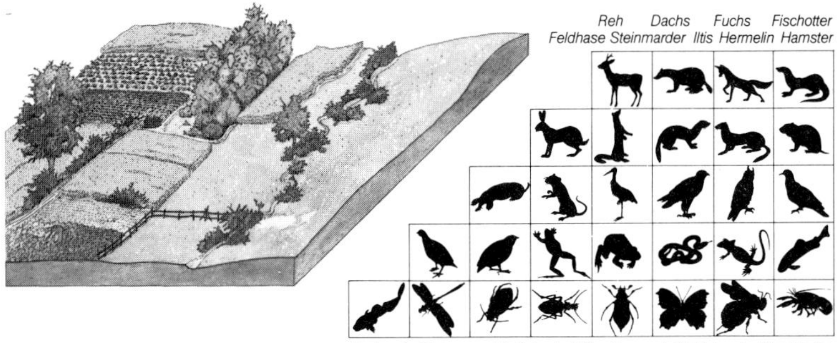

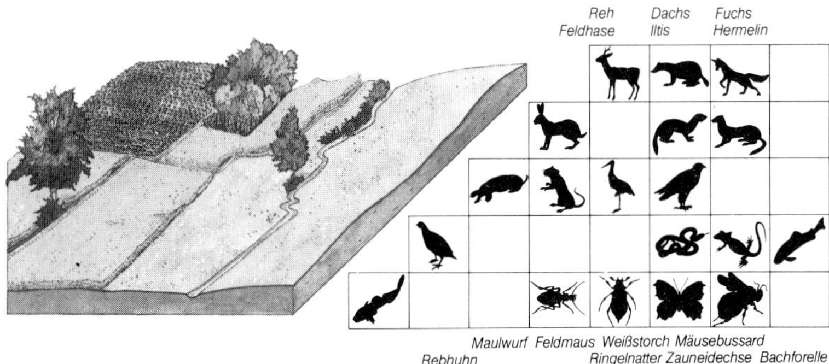

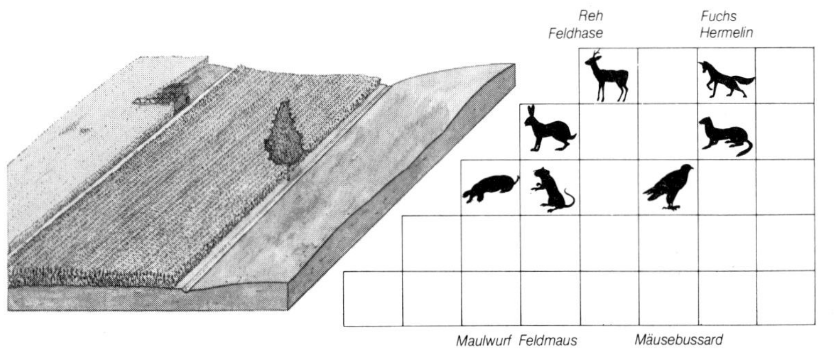

Horst Stern, Wolfgang Schröder, Frederic Vester, Wolfgang Dietzen: Rettet die Wildtiere. Stuttgart: Pro Natur 1980, S. 58, Grafik: Peter Schimmel

8. *Zeichnen Sie nach dem Text auf S. 95–96 ein ähnliches Diagramm wie Abb. 4. Beziehen Sie möglichst viele der im Text angesprochenen Wirkungszusammenhänge mit ein.*

9. *Erläutern Sie, auf welche Weise der Mensch von den Gefahren, die von einer hochintensiven Landwirtschaft ausgehen, betroffen ist. Entwerfen Sie auch hierzu eine zeichnerische Darstellung.*

10. *Erklären Sie, warum sich die Bestandsgrößen in der Viehzucht in den letzten Jahren fortlaufend vergrößert haben. Können Sie sich auch Nachteile solch großer Bestände vorstellen?*

11. *Stellen Sie einen Zusammenhang zwischen der Veränderung der Maisverbreitung in Niedersachsen und der Veredlungswirtschaft her.*

12. *Diskutieren Sie Ursachen und Auswirkungen der in Abbildung 7 dargestellten Landschaftsveränderung. Stellen Sie Bezüge zu den Fotos S. 34, 35 und 89 jeweils unten her.*

13. *Überlegen Sie, wie Flurbereinigung „ökologisch verträglich“ durchgeführt werden kann. Halten Sie in Ihrer Umgebung nach positiven und/oder negativen Beispielen Ausschau. Regen Sie Exkursionen dorthin an.*

Die kalte Zone

Der kontinentale Nadelwald

Der kontinentale Nadelwald, auch borealer Nadelwald oder in der Sowjetunion auch Taiga genannt, ist mit ca. 620 Mio. ha das größte zusammenhängende Waldgebiet der Erde. In Eurasien und Nordamerika zieht sich der 1000 bis nahezu 3000 Kilometer breite Gürtel von den ozeanisch geprägten Westküsten zu den kontinentaler geprägten Ostseiten hin. Seine Südgrenze liegt in Schweden bei 62°, an der Wolga bei 53° und im Amurgebiet bei 43° nördlicher Breite. In Nordamerika verläuft diese Grenze von etwa 60° n. Br. im westlichen Alaska bis ca. 45° n. Br. in Ostkanada.

Abb. 1: Klimadiagramme ausgewählter Stationen

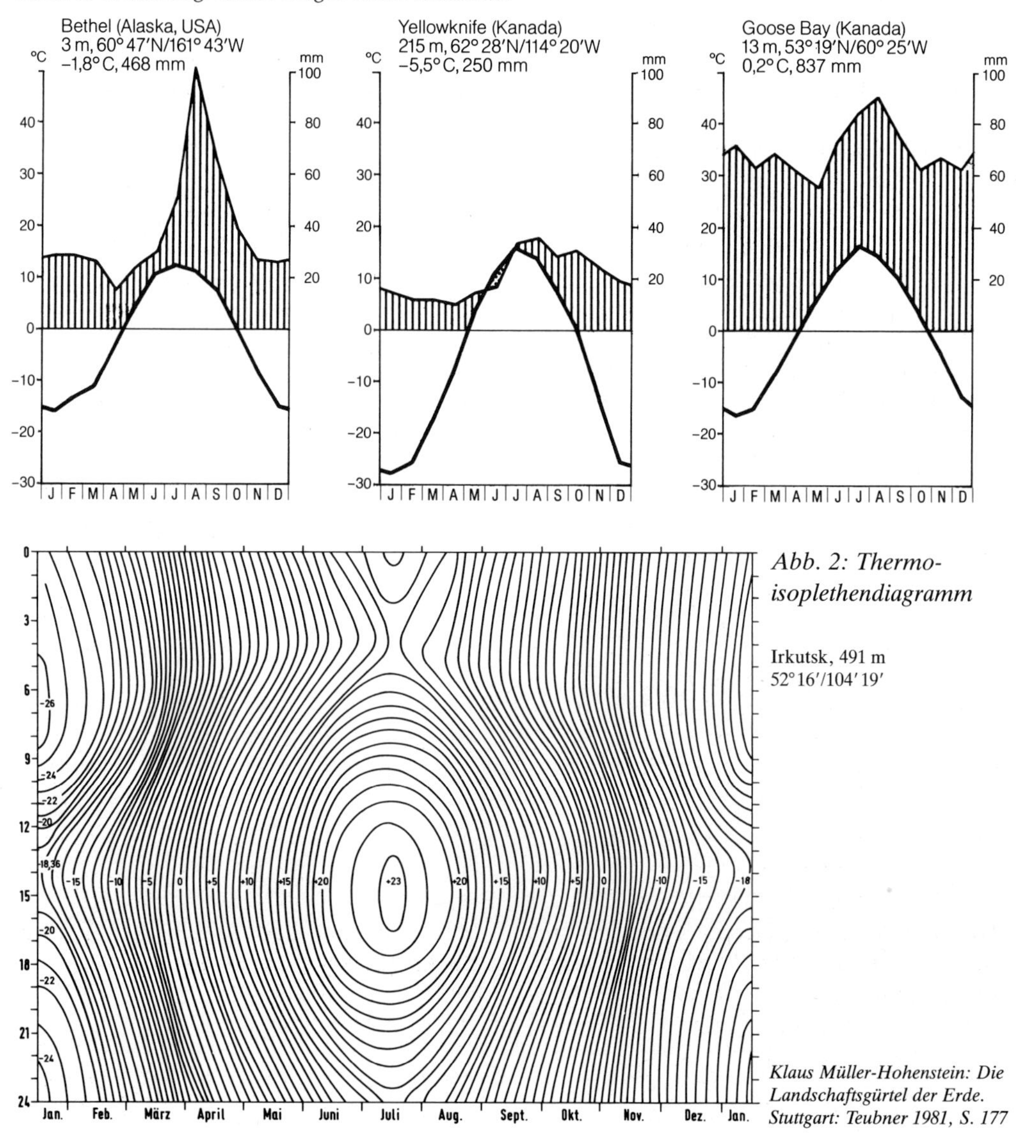

Abb. 2: Thermoisoplethendiagramm

Irkutsk, 491 m
52° 16'/104' 19'

Klaus Müller-Hohenstein: Die Landschaftsgürtel der Erde. Stuttgart: Teubner 1981, S. 177

Die Nordgrenze gegen die Tundra orientiert sich etwa an der 10° C-Juliisotherme. Auf der Südhalbkugel fehlt diese Nadelwaldzone, weil es dort keine vergleichbaren Landmassen gibt. Vorherrschende Westwinde bewirken auf den Westseiten dieser Landschaftszone einen ozeanischen Klimacharakter, der durch den Einfluß warmer Meeresströmungen noch verstärkt wird. Die Ostseiten dagegen sind erheblich kälter, verstärkt durch kalte Meeresströmungen. Der Einfluß des Seeklimas reicht dort nicht weit ins Landesinnere. Zum Innern der Kontinente hin steigt die Jahresamplitude der Temperatur, die Niederschläge verringern sich, und die Vegetationsperiode verkürzt sich bis unter 100 Tage pro Jahr. In Nordostsibirien z. B.

„sinkt die Mitteltemperatur des Januar unter −50°C, die tiefsten Temperaturen kommen nahe an die −70°C heran. Die Temperatur des Juli dagegen steigt auf +15,4°C und entspricht der des westlichen England. Die absoluten Extreme schwanken zwischen −67,8°C und +33,7°C, also um über 100°C. Dabei herrscht in den tieferen Bodenschichten die ewige Gefrornis, über der allerdings im warmen Sommer ein mehrere Meter tiefer Auftauboden entsteht, auf dem noch Lärchenwälder ... und einige kätzchentragende Bäume wie Birken, Pappeln und Weiden gedeihen können. An bestimmten Stellen wächst das Bodeneis durch Nachfuhr von Wasser aus der Tiefe zu mächtigen Aufblähhügeln (Naledj) empor... Der eigentliche Winter dauert neun Monate. Der erste Regen fällt Ende Mai oder Anfang Juni, und erst dann lockert sich das Eis der Flüsse. Der Juni bringt in schnellem Übergang Wärme, die allerdings noch durch gelegentliche Nachtfröste unterbrochen werden kann. Im Juli sind die Wälder von Mückenschwärmen bevölkert, die das Leben für Mensch und Vieh unerträglich machen und die man sich durch Rauchfeuer fernzuhalten sucht. Schon Mitte August kann wieder Schnee fallen. Ende September beginnen die Schneestürme, und die Flüsse frieren wieder zu."

Carl Troll, Karlheinz Paffen: Karte der Jahreszeiten-Klimate der Erde. In: Erdkunde, Bd. 18, 1964, S. 10

Vegetation. Im Gegensatz zum tropischen Regenwald ist der kontinentale Nadelwald artenarm. Im europäischen Bereich dominieren die Fichte und die Waldkiefer, im hochkontinentalen Sibirien kommt vor allem die sibirische Lärche dazu, die sich den extremen Klimabedingungen durch Nadelabwurf anpaßt.
Aufgrund der klimatischen Bedingungen – insbesondere der kurzen Vegetationszeit – weist der kontinentale Nadelwald im Vergleich zu anderen Waldgebieten unserer Erde den geringsten Nettozuwachs an Biomasse pro Jahr auf (vgl. Tab. 1, S. 40).

Böden (vgl. S. 22). Der charakteristische Bodentyp des borealen Nadelwaldes ist der extrem nährstoffarme Podsol, der meist über Sanden und Sandsteinen entsteht.
Im nördlichen Teil wirkt sich das Vorhandensein von Permafrost negativ auf die Bodenbildung aus. Da die Verdunstung gering ist und das Wasser nicht in den Dauerfrostboden eindringen kann, bilden sich in den Senken ausgedehnte Sumpf- und Moorgebiete.
Wie labil dieses ökologische System im hochkontinentalen Bereich Ostsibiriens ist, schildert der nachfolgende Text:

„So führt beispielsweise der Holzeinschlag in den Gebieten der mehrjährigen Gefrornis zur Auslösung von Versumpfungsprozessen an den Oberläufen der Flüsse, zum Entstehen von Muren, zur Verstärkung der Erosions- und Rutschungsprozesse an den Steilhängen. Vorgänge, die besonders in den intramontanen Becken, die eine einmalige Vereinigung kontrastierender Landschaften besitzen, gefährlich sind. Das vorgeschlagene Schema der Nutzungsorganisation der Naturressourcen in Nordbaikalien sieht deshalb bewußt keine Holzgewinnung vor.
Nach Abschluß der Bauarbeiten an der Strecke (Baikal-Amur-Magistrale) wird der Holzeinschlag als Hauptnutzung in Trassennähe vollständig eingestellt."

Lujudmila N. Iljina: Die Nutzung der Waldressourcen im Bereich der Baikal-Amur-Magistrale. In: Geographische Berichte 1979, H. 1, S. 43. Gotha/Leipzig: Hermann Haack

Ökologische, technische und organisatorische Probleme bei der Erschließung Westsibiriens

Die großmaßstäbliche Erschließung des westsibirischen Tieflandes begann Anfang/Mitte der 60er Jahre, als die Förderung in den Erdölprovinzen von Nord- und Transkaukasien (Baku I) rückläufig war und sich im Wolga-Ural-Gebiet (Baku II) aufgrund der erhöhten Fördermengen eine raschere Erschöpfung der Reserven abzeichnete.
Der steigende Inlandsbedarf und die Devisenabhängigkeit von den Erdöl- und Erdgasexporten zwang die Sowjetunion zudem noch, diesen großen Raum mit seinen unwirtlichen Klima- und Bodenverhältnissen zu erschließen.
Die zukünftige Bedeutung und die Stellung dieses Raumes wird über den folgenden Text deutlich:

„Der Erdöl- und Erdgasindustrie kommt die führende Rolle in der Wirtschaftsentwicklung der westsibirischen Senke zu. Doch diese Region besitzt große Vorräte auch an anderen Naturschätzen.
Die Erschließung der Bodenschätze und die Schaffung einer neuen industriellen Basis unseres Landes erfolgen auf einem Territorium von ungefähr zwei Millionen Quadratkilometern. Fast zweitausend Kilometer in nord-südlicher und 1200 Kilometer in west-östlicher Richtung erstreckt sich diese ‚Baustelle' von noch nicht dagewesenem Ausmaß.
Bis zur Gegenwart haben die Geologen schon mehr als hundert Erdöl- und Erdgasvorkommen erkundet ... Die Fläche der Gebiete, die für Erdöl- und Erdgasförderung aussichtsreich sind, umfaßt mehr als eineinhalb Millionen Quadratkilometer. Den Prognosen der Gelehrten zufolge besteht jeder Grund zur Erwartung, daß hier neue Vorkommen entdeckt werden."

D. Belorusov, V. Varlamov: Der westsibirische Komplex. In: Osteuropa, A 685. Stuttgart: Deutsche Verlags-Anstalt 1972

Tab. 1: Regionale Verteilung der sowjetischen Erdölförderung (in %)

	1940	1950	1960	1970	1975	1980	1982	1983
Nord- und Transkaukasien	86,3	55,0	20,2	15,6	8,4	6,0	5,2	4,6
Wolga-Ural-Gebiet	6,1	29,0	70,5	59,0	46,0	32,0	27,4	25,7
Mittelasien, Kasachstan	7,2	11,9	6,0	8,5	8,5	4,6	4,5	4,4
Westsibirien	–	–	–	8,9	30,1	52,0	57,6	59,9
Sonstige	0,4	4,1	3,3	8,0	7,0	5,4	5,3	5,4
Sowjetunion gesamt (in Mio. t)	31,1	37,9	104,3	353,0	491,0	603,0	613,0	616,0

Berechnet nach: Theodore Shabad: New Notes. In: Soviet Geography, verschiedene Jahrgänge. Silver Springs: Winston and Sons

Tab. 2: Regionale Verteilung der sowjetischen Erdgasförderung (in %)

	1940	1950	1960	1970	1975	1980	1982	1983
Nord- und Transkaukasien	83,7	26,8	43,2	26,5	11,4	6,6	5,2	4,7
Wolga-Ural-Gebiet	0,5	23,9	20,7	9,3	11,8	13,8	12,2	11,0
Mittelasien, Kasachstan	0,5	4,6	1,7	24,3	36,0	29,6	25,6	21,1
Westsibirien	–	–	–	4,7	12,4	35,9	45,5	50,3
Sonstige (z. B. Ukraine, Ferner Osten, Weißrußland)	15,3	44,7	34,4	35,2	28,4	14,1	11,5	12,9
Sowjetunion gesamt (in Mrd. m^3)	3,22	5,76	45,3	198,0	289,0	435,0	501,0	536,0

Berechnet nach: Theodore Shabad: a. a. O.

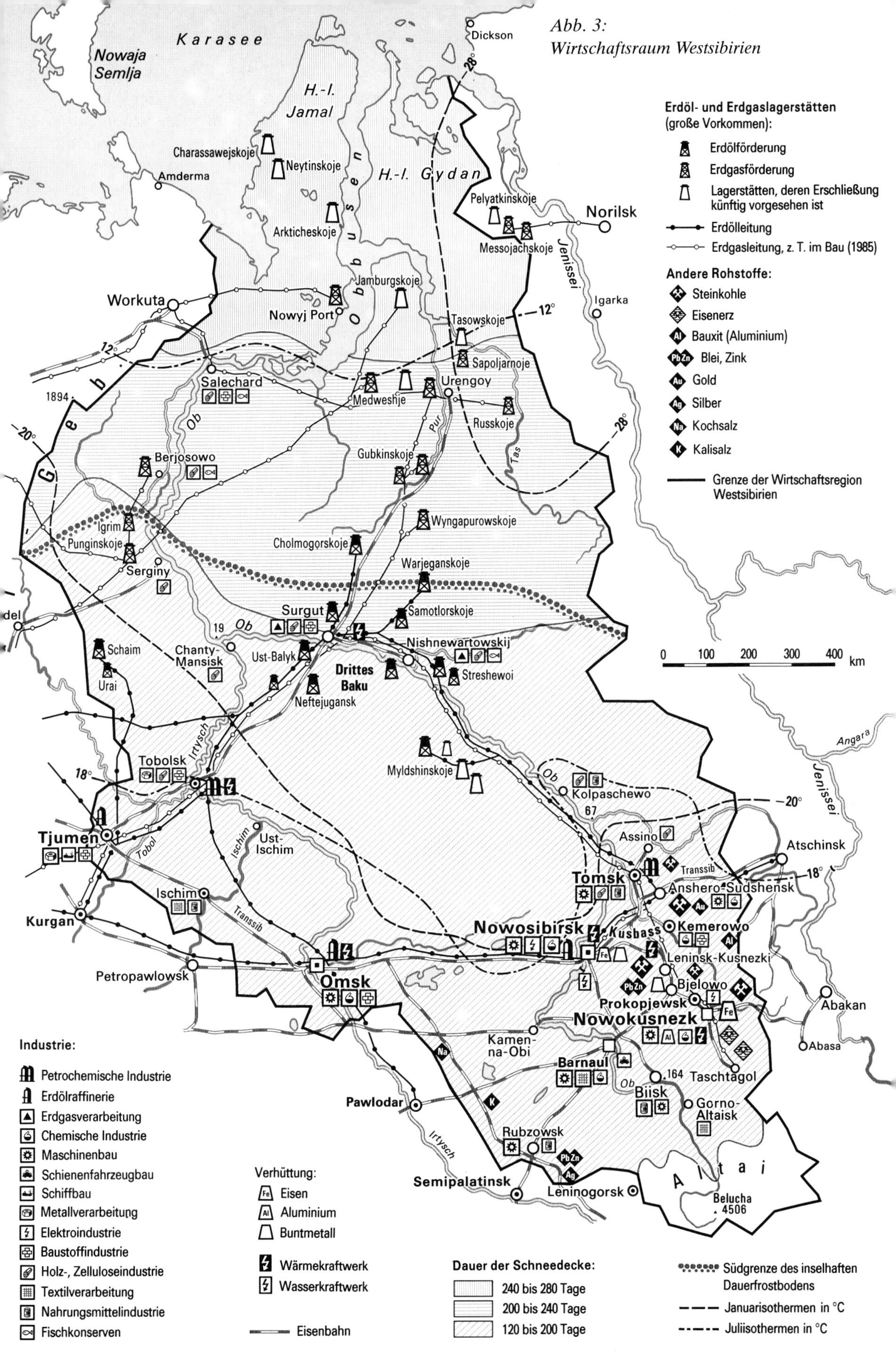
Abb. 3:
Wirtschaftsraum Westsibirien
Karasee
Nowaja Semlja
H.-I. Jamal
H.-I. Gydan
Obbusen
Dickson
Norilsk
Jenissei
Igarka
Amderma
Charassawejskoje
Neytinskoje
Arkticheskoje
Pelyatkinskoje
Messojachskoje
Workuta
Nowyj Port
Jamburgskoje
Tasowskoje
Sapoljarnoje
Salechard
Medweshje
Urengoy
Russkoje
Gubkinskoje
Berjosowo
Wyngapurowskoje
Igrim
Punginskoje
Serginy
Cholmogorskoje
Warjeganskoje
Samotlorskoje
Surgut
Nishnewartowskij
Streshewoi
Schaim
Urai
Chanty-Mansisk
Ust-Balyk
Drittes Baku
Neftejugansk
Myldshinskoje
Tobolsk
Irtysch
Tjumen
Tobol
Ischim
Ust-Ischim
Kurgan
Petropawlowsk
Omsk
Transsib
Kolpaschewo
Assino
Tomsk
Nowosibirsk
Kusbass
Anshero-Sudshensk
Kemerowo
Leninsk-Kusnezki
Bjelowo
Prokopjewsk
Nowokusnezk
Atschinsk
Angara
Abakan
Abasa
Taschtagol
Kamen-na-Obi
Barnaul
Biisk
Gorno-Altaisk
Pawlodar
Rubzowsk
Semipalatinsk
Leninogorsk
Altai
Belucha 4506
Erdöl- und Erdgaslagerstätten (große Vorkommen):
Erdölförderung
Erdgasförderung
Lagerstätten, deren Erschließung künftig vorgesehen ist
Erdölleitung
Erdgasleitung, z. T. im Bau (1985)
Andere Rohstoffe:
Steinkohle
Eisenerz
Bauxit (Aluminium)
Blei, Zink
Gold
Silber
Kochsalz
Kalisalz
Grenze der Wirtschaftsregion Westsibirien
0 100 200 300 400 km
Industrie:
Petrochemische Industrie
Erdölraffinerie
Erdgasverarbeitung
Chemische Industrie
Maschinenbau
Schienenfahrzeugbau
Schiffbau
Metallverarbeitung
Elektroindustrie
Baustoffindustrie
Holz-, Zelluloseindustrie
Textilverarbeitung
Nahrungsmittelindustrie
Fischkonserven
Verhüttung:
Eisen
Aluminium
Buntmetall
Wärmekraftwerk
Wasserkraftwerk
Eisenbahn
Dauer der Schneedecke:
240 bis 280 Tage
200 bis 240 Tage
120 bis 200 Tage
Südgrenze des inselhaften Dauerfrostbodens
Januarisothermen in °C
Juliisothermen in °C

Landesnatur – Technik – Arbeitskräfte

„Im Norden, da werden die normalen Vorstellungen vom Kopf auf die Füße gestellt – biegsames Metall wird spröde, elastisches Gummi bricht wie Glas, Rohrleitungen reißen wie Fäden. Die Ökonomik [des Nordens] überwältigt die Vorstellungskraft. Die Beförderung einer Tonne Last von Salechard [Eisenbahnendpunkt am Nordural] nach dem Gubinsker Erdgasfeld [östlich des unteren Ob] ist vergleichbar mit Transporten auf den Mond: Im ersten Fall kostet die Tonne pro Kilometer 2,5 Rubel, im zweiten 2,5 Dollar..."

T. Alekseeva: Die Leute, die der Norden braucht. In: Osteuropa, A 761. Stuttgart: Deutsche Verlags-Anstalt 1972

Ein zentrales Problem bei der Erschließung Westsibiriens und anderer Gebiete des sogenannten „Hohen Nordens" lautet: Wie bekommt man eine genügend große Zahl an Arbeitskräften in diese Gebiete, nachdem man seit den fünfziger Jahren von der Stalinschen Methode der Zwangsarbeit abgekommen ist?
Eine der wichtigsten Maßnahmen ist die höhere Bezahlung der Arbeitskräfte. So beträgt der Grundlohn am Anfang in diesen Gebieten zunächst das 1,7fache der vergleichbaren Tätigkeit in den südlichen und westlichen Landesteilen. Zudem erhalten die Arbeiter nach jeweils sechs Monaten Arbeit einen zehnprozentigen Lohnzuschlag, der auf maximal 60% ansteigen kann. In Ausnahmefällen werden 80% erreicht.
Weitere Vergünstigungen sind:

- die Bezahlung des Umzugs sowie aller Reise- und Transportkosten und
- der kostenlose Jahresurlaub in jeden gewünschten Landesteil der Sowjetunion.

Diese Vergünstigungen werden dann erst richtig verständlich, wenn man sich die Arbeitsbedingungen dieser Gebiete vor Augen führt. Die nachfolgende Schilderung stammt aus dem Gebiet von Streshewoi im Gebiet des mittleren Ob.

„Ein Bohrturm steht 50 bis 60 Kilometer von der Stadt entfernt in der Taiga. Die Straße dorthin ist natürlich nicht asphaltiert und wird im Winter mit Schnee verweht, denn Schneestürme sind dort häufig. Im Sommer glitschiger Lehmboden, ringsum abgrundtiefer Morast. Da muß man schon einen Hubschrauber nehmen. Auch ein Pendelbus vom Typ Ural kann durchkommen, allerdings nicht immer. Ein weiteres Transportmittel, in diesen Breiten schwer zu ersetzen, ist das Geländefahrzeug vom Typ Uragan. Uragan-Fahrer brauchen nicht einmal den jeweiligen Weg gut zu kennen, haben sie ja einen Kompaß. Da genügt es, die Richtung anzupeilen, und los geht es.
Im Winter fällt das Thermometer nicht selten unter minus 50 Grad Celsius. Wer hier arbeitet, behauptet selbstverständlich, daß der hiesige Frost trocken und leichter zu ertragen sei als im Westen. Unter ‚Westen' versteht man hier nicht nur Minsk oder Kiew, sondern auch den Ural. Das stimmt auch. Und doch bleiben minus 50 eben minus 50. Bei solchen Kältegraden ist die Arbeit ‚an der frischen Luft' mit gewissen Problemen verbunden."

Genrich Gurkow, Waleri Jewsejew: Erdgas kommt aus Urengoi. Moskau: Progress 1984, S. 80–81

Das jährliche Auftauen und Zufrieren der großen sibirischen Flüsse stellt einen weiteren wichtigen und – wie sich zeigen wird – hemmenden Faktor bei der Erschließung und insbesondere beim Rohrleitungsverlegen dar. Nachfolgend wird dabei deutlich, daß zudem auch noch Planungsunzulänglichkeiten die Arbeit in diesen Gebieten verzögern.

„Entsprechend dem kontinentalen Klima der meisten Teile der UdSSR frieren die Flüsse im Winter größtenteils zu. In den nördlichsten Teilen Sibiriens bildet sich die Eisdecke bereits in der ersten Oktoberdekade. In den folgenden Wochen schreitet das Zufrieren etwa breitenparallel nach Süden fort, bleibt jedoch noch auf den asiatischen Teil der UdSSR und das Petschorabecken beschränkt. Im langjährigen Mittel sind zum Beispiel in Westsibirien die Flüsse schon am Ende der ersten Novemberdekade überall nördlich von 50° N zugefroren ...
Die Eisdecke kann in Sibirien 1,5–2 m mächtig werden, in Osteuropa wird maximal ein

Meter erreicht. Fast in allen Teilen der UdSSR ist die Eisdecke beständig. Nur im Westen und Süden des europäischen Teiles und im Tiefland von Turan kommt es bei winterlichen Tauwetterperioden zu kurzfristigen Eisaufbrüchen.
Im Herbst und Frühjahr entstehen an den sibirischen Flüssen oft gefährliche Eisstauungen. Sie entstehen durch Treibeis, das an seichten Stellen hängenbleibt und rasch große Eisbarrieren bildet. Oberhalb dieser Eisbarrieren staut sich das Wasser, und der Fluß kann stündlich um mehrere Zentimeter ansteigen. Solche Eisstauseen sind oft viele Kilometer lang und gefährden die oberhalb und – bei ihrer Zerstörung – die unterhalb liegenden Talabschnitte ...
Der Eisaufbruch im Frühjahr weist ein einfacheres Bild auf. Der Aufbruch des Eises schreitet von Süden nach Norden und im europäischen Teil der UdSSR von Südwesten nach Nordosten fort. Auch das entspricht gut der für die warme Jahreszeit typischen Temperaturverteilung ... In Sibirien schreitet der Eisaufbruch relativ langsam nach Norden fort, so daß die Mündungsgebiete der großen sibirischen Ströme erst in der ersten Junihälfte eisfrei werden."

Hans-Joachim Franz: Physische Geographie der Sowjetunion. Gotha/Leipzig: Hermann Haack 1973, S. 99

Bericht über die Trasse der im Bau befindlichen Pipeline von Alexandrowskoje (südöstlich von Nishnewartowskij) nach Anshero-Sudshensk:
„Auf Hunderte von Kilometern wird die Taiga von einer geraden Schneise durchzogen. Und wohin man vom Hubschrauber aus blikken mag – ringsum Taiga und Wasser. Der Frühling ist in der hiesigen Gegend spät und regnerisch gekommen. Auch jetzt noch steht die ganze Ob-Niederung unter Wasser. Zwar treten die Flüsse jedes Jahr über ihre Ufer, aber die diesjährige Attacke des Elements hat die Bauleute unvorbereitet getroffen. Etwa siebzig Kilometer Rohrleitungen, die sich aus dem Graben losgerissen haben, schwimmen buchstäblich im Wasser.
Das ist das Ergebnis von Verstößen gegen die Technologie der Leitungsverlegung, wie sie im Winter begangen wurden. Die Leitung wurde in den Graben gesenkt, ohne daß man die Betonklötze zum Beschweren hinzufügte, die die Stahllinie am Boden des Grabens festhalten sollen. Fügen wir hinzu, daß man nicht rechtzeitig Wasser in die Leitung gepumpt hat, so daß diese – leer – sich in einen gigantischen Schwimmer verwandelte ...
Ich bin über dem ganzen nördlichen Abschnitt entlanggeflogen – von Tomsk bis Alexandrowskoje. Auf einem Abschnitt ist der Graben ausgehoben, aber es fehlen die Rohre. Auf einem anderen liegen die Rohre, aber der Graben fehlt. Oder aber es gibt weder Rohre noch Graben, sondern nur die Schneise. An einer anderen Stelle liegen die Rohre, sind schon zusammengeschweißt, und auch der Graben ist ausgehoben, aber das Verlegen hat noch nicht begonnen ..."

V. Kadzaja: Die Zeit aber vergeht. In: Osteuropa, A 767. Stuttgart: Deutsche Verlags-Anstalt 1972

Die bis vor wenigen Jahren ausschließlich ökonomisch orientierte Erschließung West- und Ostsibiriens und der dabei betriebene Raubbau an der Natur ließen zunehmend auch die Fragen des Umweltschutzes in den Vordergrund der wissenschaftlichen und teilweise auch öffentlichen Diskussion treten. Kritische Stimmen von Wissenschaftlern und Schriftstellern mehren sich, die fordern, schonender mit dem Naturpotential umzugehen.

A. S. Isajew, Direktor des Wald- und Holzinstituts der Sibirischen Abteilung der Akademie der Wissenschaften der UdSSR: „Aber die Vorstellungen von der Grenzenlosigkeit der Rohstoffvorräte nehmen immer mehr und mehr den Charakter von Mythen an, die man entzaubern muß. Das Beispiel mit dem Wald ist eine gute Bestätigung dafür. Das an Wald reichste Land der Welt – unser Land – hat sich am Ende des zehnten Planjahrfünfts plötzlich gezwungen gesehen, einige stereotype Vorstellungen zu revidieren. Ernsthafte Neuberechnungen der Vorräte und die Analyse der Tendenzen der Waldnutzung haben klargemacht, daß, wenn man die Wiederaufforstung des Waldes

nicht aktiviert, die Waldressourcen dann real für etwa 50 Jahre reichen werden.
... es wächst viel mehr Wald nach, als eingeschlagen wird. Aber man braucht nur zwei wesentliche Umstände zu beachten, dann versteht man die Illusion des Wohlbefindens. Erstens kann man die Hälfte dieses sibirischen Holzes nicht effektiv ausbeuten, weil es sich um Wald auf gefrorenen Böden handelt mit niedriger Produktivität, aber mit einem ungeheuren ökologischen Einfluß und Bedeutung. Oder es ist Wald im Gebirge, der vielen sibirischen Flüssen Leben gibt und von dessen Zustand das Gedeihen vieler Ökosysteme abhängt. Zweitens betreiben wir Wiederaufforstung nur auf einem Drittel jener Fläche, auf der wir Holzeinschlag betreiben."

UdSSR: Ökologische Unruhe. Eine Diskussion über Umweltfragen in Sibirien. In: Osteuropa, A 585. Stuttgart: Deutsche Verlags-Anstalt 1982

1. *Erläutern Sie anhand der Klimadiagramme und Texte den Temperatur- und Niederschlagsverlauf von Westen nach Osten in Eurasien (Atlas) und Nordamerika.*
2. *Erklären Sie auf dem Hintergrund der klimatischen Verhältnisse den geringen Netto-Biomassenzuwachs im Bereich des kontinentalen Nadelwaldes (vgl. Tab. 1, S. 40).*
3. *Beschreiben Sie für den hochkontinentalen Bereich Ostsibiriens (Nordbaikalien) die Veränderungen dieses labilen ökologischen Systems durch die Holznutzung (Text S. 101).*
4. *Erklären Sie die Gründe der Sowjetregierung, die zur Erschließung der Erdöl- und Erdgaslagerstätten des westsibirischen Tieflandes geführt haben.*
5. *Das Zufrieren und Auftauen der Flüsse steht in engem Zusammenhang mit den klimatischen Bedingungen. Fassen Sie mit Hilfe des Textes auf Seite 104 und der Abbildung 3, Seite 103 diese Auswirkungen bei der Erschließung Westsibiriens zusammen.*
6. *Erörtern Sie die spezifischen Probleme, die beim Bau der Pipeline von Alexandrowskoje nach Anshero-Sudshensk aufgetreten sind.*
7. *Erörtern Sie die ökologischen Folgen, die bei einem Bruch der Pipeline entstehen könnten.*

Tundrengürtel und Polarzone

Tundrengürtel

Mit 13 Mio. km^2 nimmt die Tundrenzone rund ein Zehntel der Festlandsoberfläche ein. Sie erstreckt sich nördlich der borealen Nadelwaldzone bis zu den Küsten des Nordpolarmeeres.

Landesnatur

„Obwohl die Tundra mit Seen und Sümpfen übersät ist, hat sie ein Wüstenklima. Ihr durchschnittlicher Jahresniederschlag beträgt nur etwa 200 mm, und doch scheint sie – aus der Luft betrachtet – mehr aus Wasser als aus Land zu bestehen, und das Reisen durch die Tundra im Sommer ist ein feuchtes und beschwerliches Unternehmen.
Im Gegensatz zu anderen Wüsten der Erde behält die Tundra ihre Feuchtigkeit, da die kalte Luft nur wenig Wasserdampf absorbieren kann und durch den Dauerfrostboden einige Zentimeter unter der Oberfläche ein natürliches Abfließen unmöglich ist."

Der kurze, frostfreie Sommer bewirkt ein oberflächliches Auftauen des Dauerfrostbodens.

„Diese Feuchtigkeit ist für die dünne Vegetationsdecke, die sich über dem Land ausbreitet, völlig ausreichend.
Im Sommer dienen die Tümpel und Wasserläufe der Tundra unzähligen Wasservögeln als Brutplatz; die Wiesen sind mit den Nestern von Landvögeln übersät und durch die Höhlen der Lemminge untergraben. Über das Land ziehen Herden grasender Tiere. Die Seen und Flüsse wimmeln von Bisamratten, die an saftigen Wasserpflanzen nagen, und von Fischen, die sich von Insekten und deren Larven ernähren ...
Die kurze Wachstumsperiode zwingt die Pflanzen zur Blüte zu kommen, bevor der Frost eintritt, und in schneller Folge entfalten sie ihre leuchtenden Blüten, lassen ihre Samen reifen, erglühen in herbstlichen Farben, welken und fallen wieder in Knospenruhe.
Im Winter erlischt dieses üppige Leben, das Land ist gefroren und verlassen. Was an Schnee fällt, bleibt bis zum Sommer liegen."

Willy Ley: Die Pole. Amsterdam: Time Life International 1974, S. 110f.

Abb. 1: Klimadiagramme ausgewählter Stationen

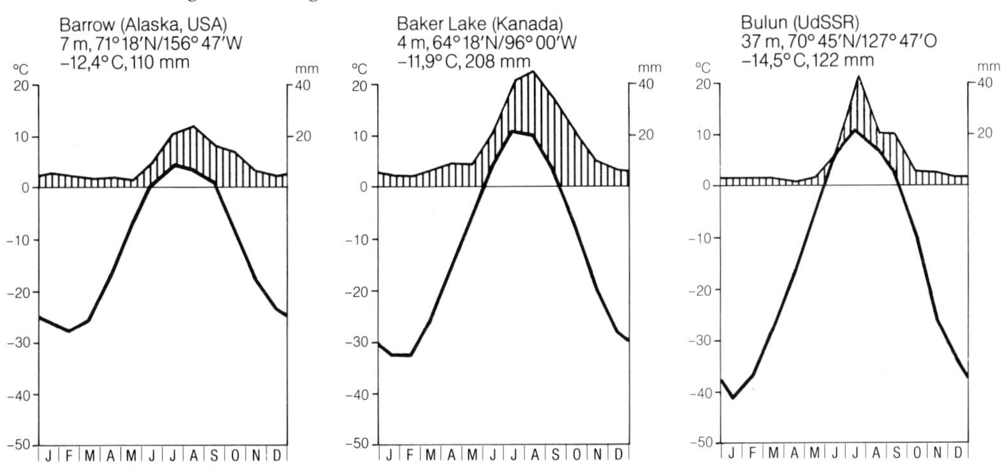

Abb. 2: Mächtigkeit des Dauerfrostbodens und der Auftauschicht in Sibirien entlang 135° ö. L.

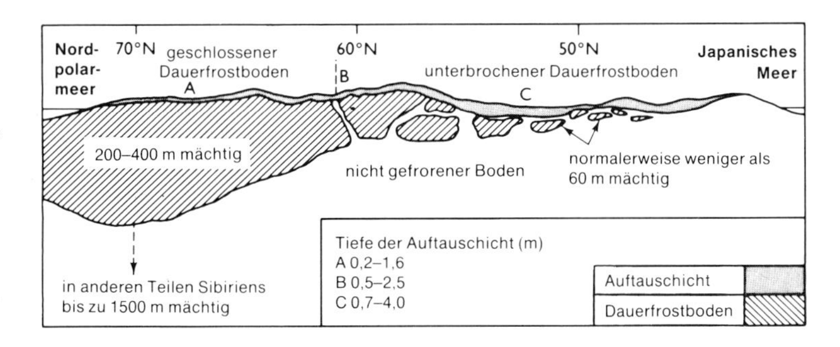

D. C. Money: Kalte Zonen. Landschaftszonen und Ökosysteme. Stuttgart: Klett 1983, S. 13

„Insgesamt betrachtet, stellt die Tundra keinen geschlossenen Vegetationsgürtel dar. Die verschiedenen Formationen der Tundrenvegetation ändern sich vielmehr je nach den örtlichen Gegebenheiten. Da die Böden über weite Strecken hinweg sehr nährstoffarm sind und Stickstoff selten in ausreichendem Maße vorhanden ist, ist die Pflanzendecke dementsprechend spärlich. Im Kontrast dazu stehen manche Bereiche, die von Vögeln oder größeren Tieren häufig aufgesucht werden. Dort tragen die durch Tierexkremente angereicherten Böden eine dichte Decke von Pflanzengesellschaften, die ohne diese natürliche Düngung niemals gedeihen könnten."

D. C. Money: Kalte Zonen. Landschaftszonen und Ökosysteme. Stuttgart: Klett 1983, S. 31

Polarzone

„Die Polargebiete mit ihren Eis- und Schneewüsten, ihren extrem niedrigen Temperaturen, ihrer geringen Sonneneinstrahlung und den oft außerordentlich heftigen Stürmen sind wohl die lebensfeindlichsten Zonen der Erde überhaupt. So ist es verständlich, daß die Pole selbst von Menschen erst vor wenig mehr als einem halben Jahrhundert erreicht wurden – nach wochenlangen, gefahrvollen und anstrengenden Märschen, nachdem zahlreiche frühere Versuche fehlgeschlagen waren und teilweise in Katastrophen geendet hatten. Die Berichte darüber ließen die Polargebiete als für immer fast unzugängliche, für die Menschheit wertlose Einöden erscheinen."

Ulrich Lehmann: Einführung. In: Willy Ley: Die Pole. Amsterdam: Time Life International 1974, S. 6

In den letzten Jahren allerdings ist das Interesse an der Arktis und Antarktis ungemein gewachsen. So unterhalten zahlreiche Nationen, u. a. die Bundesrepublik Deutschland, Stationen im Südpolargebiet, um diesen noch unberührten Kontinent wissenschaftlich zu erforschen. Im Antarktisvertrag (Artikel I) wird ausdrücklich festgeschrieben, daß dieses Gebiet nur „für friedliche Zwecke genutzt werden darf. Militärische Operationen und Waffen sind verboten.“ Zudem ist in diesem Vertrag unter anderem festgelegt:

- das Verbot von Kernwaffentests und die Deponierung von Atommüll,
- der Verzicht von Gebietsansprüchen während der Vertragszeit (1961–1991) und
- die Freiheit der Forschung sowie der Austausch der dabei erzielten Ergebnisse.

Im Zuge dieser Forschungen sind u. a. Energie- und Metallrohstofflagerstätten (vor allem Kohle, Eisenerz, Mangan, Chrom, Nickel etc.) entdeckt worden, deren mögliche wirtschaftliche Erschließung durch die auflagernde Eisdecke jedoch erheblich erschwert wird.

Bei der Erforschung und Erschließung des Nordpolargebietes und der südlich angrenzenden Tundrenzone spielen sowohl energiewirtschaftliche als auch strategische Gründe eine wesentliche Rolle. Das Vordringen des Menschen in diese Gebiete wird jedoch durch die Landesnatur ganz erheblich eingeschränkt.

Landesnatur

„In den höheren polaren Breiten, wo die tageszeitlichen Temperaturunterschiede ganz verschwinden, beherrscht der Gegensatz von Polarnacht und Polartag mit seinen großen jahreszeitlichen Temperaturunterschieden das Naturgeschehen, wobei sich die Zeit der stärksten Abkühlung gegen die Pole auf den Spätwinter verschiebt. Die ganze Antarktis (mit Ausnahme des nördlichen Teiles des Grahamlandes) und das Innere von Grönland sind von Inlandeis eingenommen.“

Carl Troll, Karlheinz Paffen: Karte der Jahreszeiten-Klimate der Erde. In: Erdkunde, Bd. 18, 1964, S. 19

Tab. 1: Mittlere Temperatur ausgewählter Stationen der Arktis und Antarktis

Arktis		J	F	M	A	M	J	J	A	S	O	N	D	Jahr
Drifting Station „Alpha“ (Arktis) 0 m, 81° 37′ – 86° 25′ N / 176° 15′ W – 112° 30′ W	°C	−32,2	−36,1	−32,2	−28,3	−13,3	−1,7	−0,0	−1,4	−11,4	−19,2	−26,4	−36,7	−18,3
Alert (Kanada) 63 m, 82° 30′ N / 62° 20′ W	°C	−31,9	−33,0	−32,9	−23,9	−11,3	−0,1	3,9	0,8	−9,5	−19,8	−25,8	−30,2	−17,8
Nord (Grönland) 35 m, 81° 36′ N / 16° 40′ W	°C	−29,6	−29,7	−32,5	−23,1	−10,9	−0,4	4,2	1,6	−7,8	−18,5	−24,3	−25,6	−16,4

Antarktis		J	F	M	A	M	J	J	A	S	O	N	D	Jahr
Mirnyi 30 m, 66° 33′ S / 93° 01′ O	°C	−1,8	−5,1	−10,0	−13,8	−15,5	−16,4	−16,8	−17,3	−17,1	−13,8	−7,3	−2,7	−11,5
Wostok 3488 m, 78° 28′ S / 106° 48′ O	°C	−33,4	−44,2	−57,4	−65,7	−66,2	−66,0	−66,7	−68,4	−65,6	−57,4	−43,6	−32,7	−55,6
Südpol 2800 m, 90° 00′ S / –	°C	−28,8	−40,1	−54,4	−58,5	−57,4	−56,5	−59,2	−58,9	−59,0	−51,3	−38,9	−28,1	−49,3

Abb. 3: Profilschnitt durch das antarktische Inlandeis

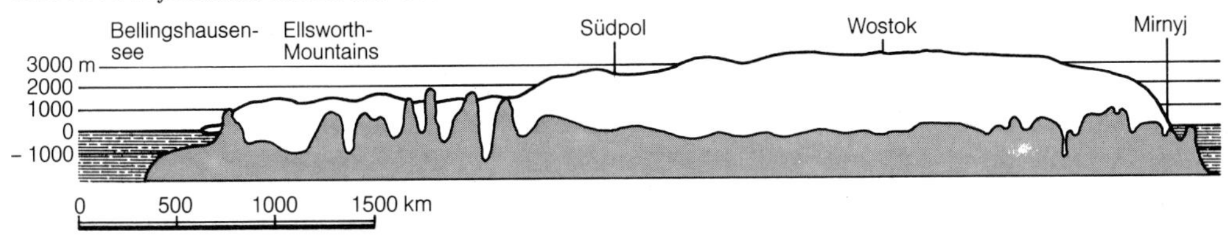

„Wostoks Jahresmitteltemperatur beträgt −56°C. Wärmer als −20°C wird es auch im schönsten Sommer nicht, und im Winter, der hier ganze fünf Monate dauert, fallen die Temperaturen Jahr für Jahr unter −80°C. Das Lokalklima ist ausschließlich von der Strahlung kontrolliert. Sobald die Sonne unter dem Horizont verschwindet, sinken die Temperaturen schnell und drastisch, und den ganzen Winter hindurch ist es fast gleich kalt. Wostok wird in all seiner Unwirtlichkeit nur noch vom ‚Pol der Unzugänglichkeit' überboten. Selbst die Russen haben es dort in 3800 Meter Höhe bei einer Jahresdurchschnittstemperatur von fast −60°C 1958 nur eine Saison ausgehalten ... Der geringe Niederschlag im Landesinnern läßt sich nur an dem der zentralen Sahara oder der Wüste Gobi messen, die manchmal sogar höhere Niederschläge aufweisen. Die Luftfeuchtigkeit ist nahezu Null, denn es gibt fast keine Verdunstung des Schnees mehr bei diesen tiefen Temperaturen. Es klingt paradox, wenn man hört, daß die Menschen in den kalten Trockengebieten täglich bis zu drei Liter Flüssigkeit allein durch Ausatmen verlieren, obwohl sie sich auf einem riesigen Süßwasservorrat bewegen."

Heinz Kohnen: Antarktis Expedition. Bergisch-Gladbach: Lübbe 1981, S. 183

Tab. 2: Jährlicher Schneezutrag in g/cm²/Jahr

Station (Antarktis)	Zutrag
Südpol	7
Byrd	15
McMurdo Sound	18
Wostok	2–3
Durchschnitt Antarktis	14–17

Heinz Kohnen: a. a. O., S. 161, gekürzt

Die tieferen Temperaturen in der Antarktis – im Vergleich zu den Nordpolargebieten – sind durch die unterschiedliche Höhenlage und die Verteilung von Land und Wasser bedingt.

„Der Norden ist ein großes Meeresbecken, gesäumt von Kontinenten. Die Verteilung von Land und Wasser ist im Süden genau umgekehrt. Das Meer aber ist ein großer Wärmespeicher, der unentwegt Wärme durch das Packeis in die Luft entweichen läßt. Deshalb ist das Klima im Nordpolarbecken ausgeglichener und gemäßigter als im Süden, wo eine große Land- und vor allem Eismasse kaum Wärme nach außen dringen läßt."

Heinz Kohnen: a.a.O. S. 177f.

Ein weiterer wesentlicher Unterschied zwischen beiden Polargebieten besteht in der Menge des gespeicherten Eises. Die Antarktis hat das Achtfache der Arktis gespeichert. Sie enthält 80% allen Süßwassers der Erde.

1. *Beschreiben Sie die Beziehungen zwischen Klima, Boden, Vegetation in der Tundrenzone.*
2. *Erklären Sie die klimatischen Unterschiede bzw. Gemeinsamkeiten der Nord- und Südpolargebiete.*

Erdölgewinnung in der Tundrenzone: Ökologische und technische Probleme bei der Förderung und beim Transport

Steigender Inlandsverbrauch bei nur geringfügiger Eigenförderung sowie der Rückgang der Gesamtreservemengen kennzeichneten den US-amerikanischen Ölmarkt Ende der 60er, Anfang der 70er Jahre. Aufgrund dieser Entwicklungstrends bot es sich an, die großen und vor allem hochwertigen Erdölfelder in Alaska an der Prudhoe Bay (North Slope) trotz hoher Produktionskosten zu erschließen.

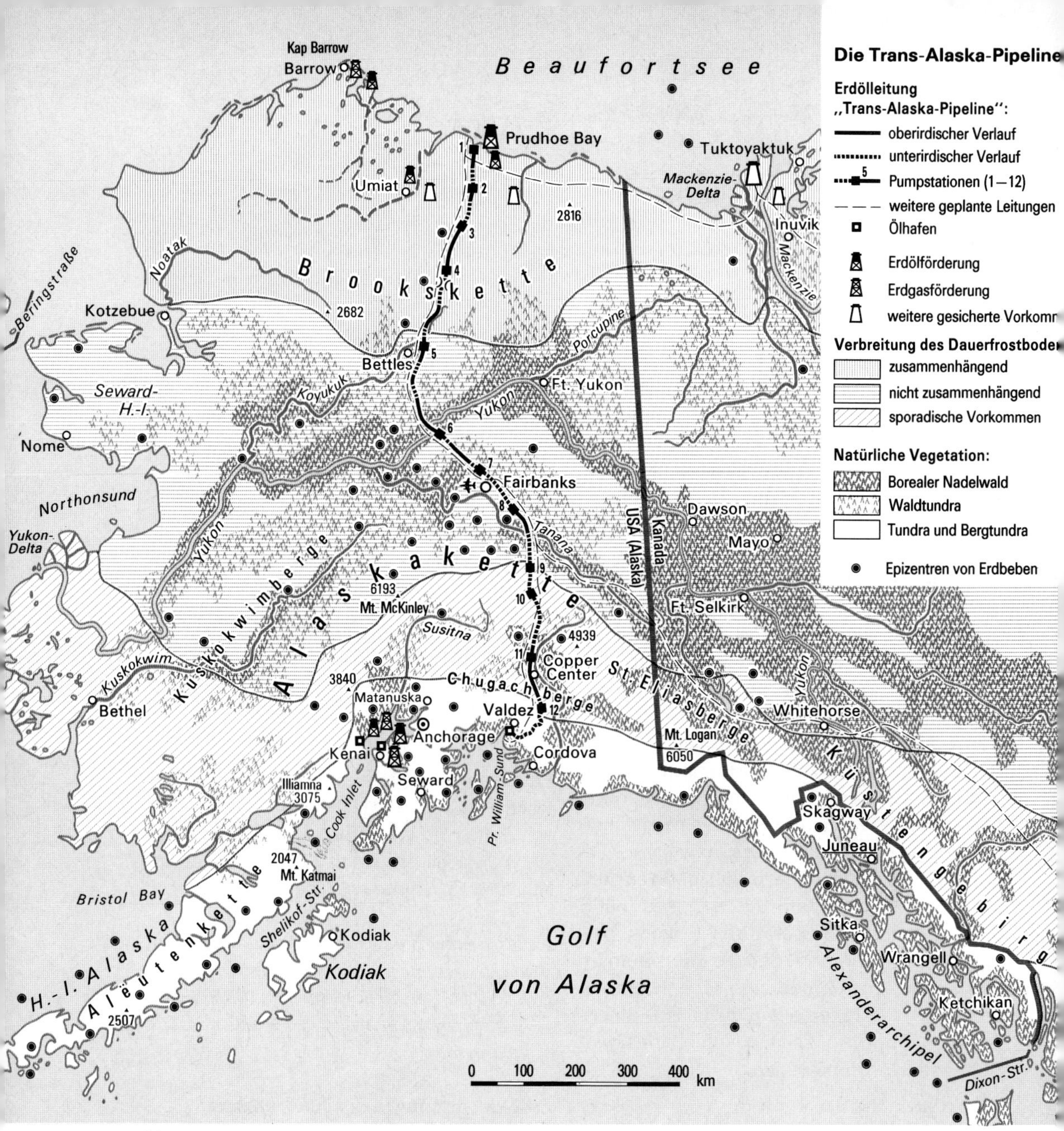

Abb. 4: Alaska

Abb. 5: Profil der Alaska-Pipeline

(nach Angaben der Alyeska Pipeline Company) Walter Lükenga: a.a.O., S. 10

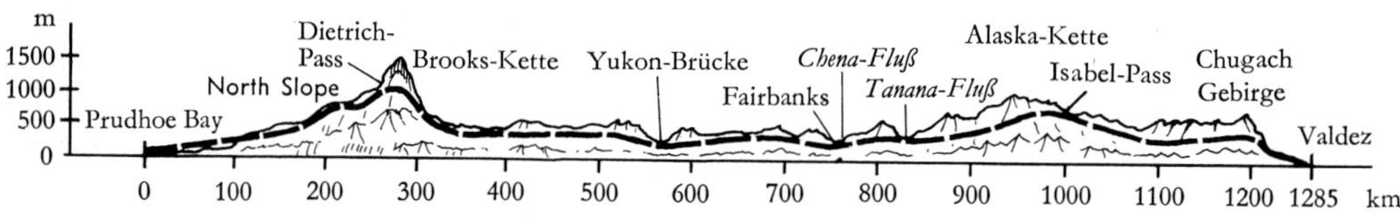

Tab. 3: Entwicklung des US-amerikanischen Ölmarktes (in Mio. t)

Jahr	Förderung	Verbrauch	Import	in %
1968	507	635	128	20,1
1969	515	668	171	25,5
1971	530	719	189	26,3
1973	519	818	299	36,5
1975	474	766	292	38,1
1977	467	865	398	46,0
1979	483	863	380	44,0
1980	482	800	318	39,7
1982	486	712	226	31,7
1983	480	715	235	32,9
1984	487	734	247	33,7

Walter Lükenga: Die Alaska-Pipeline. Paderborn: Schöningh 1981, S. 1, ergänzt

Daten zur Erdölwirtschaft in Alaska:

1963: BP-Bohrtrupp beginnt mit den Bohrungen am North Slope, Kauf des größten Teils der Konzessionsblöcke
BP und andere Ölkonzerne investieren rund 125 Mio. Dollar in die North-Slope-Konzessionsgebiete

1967: Abbruch vieler Ölcamps aufgrund fehlender Erfolge

Feb. 1968: Bohrstation Prudhoe Bay No. 1 stößt auf größtes Erdölfeld der USA

ab 1969: Weitere Erschließung von Erdölfeldern

1969: Entschluß, Rohöl über Pipeline von der Prudhoe Bay zum Hafen Valdez zu transportieren; andere Alternativen (NW-Passage und Bau einer Pipeline durch Kanada) erwiesen sich als nicht realisierbar.
Geschätzte Kosten der Alaska-Pipeline: 900 Mio. Dollar

1974–1977: Bau der Pipeline

ab 1979: Vergabe weiterer Konzessionen im Schelfbereich des Nordpolarmeeres

Ökologische Probleme beim Bau der Pipeline.
Der Bau der Alaska-Pipeline zählt zu den größten technischen und finanziellen Leistungen der heutigen Zeit. Der massive Protest der Umweltschutzverbände gegen die ursprünglichen Baupläne zwang die Erdölgesellschaften und ihre Planer, sich intensiv mit den äußerst komplexen ökologischen Gegebenheiten der Tundrenzone und der sich anschließenden Nadelwaldgebiete auseinanderzusetzen.
Das Erdöl an der Prudhoe Bay kommt mit einer Temperatur von ca. 60°C an die Oberfläche. Diese Temperatur muß beibehalten werden, weil bei Abkühlung die schwereren Kohlenwasserstoffe (Teer, Paraffine etc.) im Erdöl zur Verstopfung der Ventile und Pumpen führen würden.
Die ursprüngliche Planung sah eine traditionelle unterirdisch verlegte Pipeline vor. Dagegen erhob sich bei Umweltschutzorganisationen und der einheimischen Bevölkerung ein Sturm des Protestes, der die Baugenehmigung jahrelang verzögerte.

Abb. 6: Auswirkungen der heißen Pipeline im Dauerfrostboden

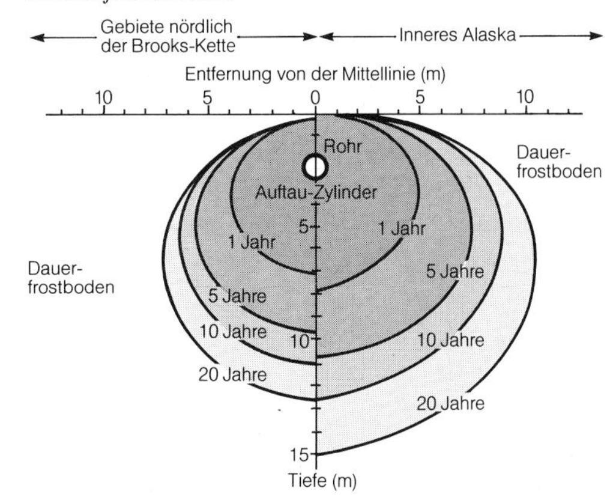

Rohrdurchmesser: 1,22 m
Wandstärke der Rohre: 12 mm
Gewicht der ölgefüllten Pipeline pro laufendem Meter: etwa 1 t

Wachstum des Auftauzylinders um eine 120 cm starke Pipeline, deren Achse 2,40 m unter der Erdoberfläche liegt und deren Temperatur 80°C beträgt. Die linke Seite stellt die Verhältnisse in der Nähe der arktischen Küste dar, während die rechte Seite die Verhältnisse in der Nähe der Südgrenze des Dauerfrostbodens wiedergibt.

Nach Walter Lükenga: a.a.O., S. 14

Alaska-Pipeline

Einen technisch sinnvollen Weg der Pipelineverlegung bot die oben gezeigte „Stelzen-Lösung".

Die Pipeline quert wichtige Wanderwege der Karibus, die im Sommer aus den Nadelwäldern im Süden zu den nordwärts gelegenen Weidegebieten ziehen. Die Umweltschützer konnten es durchsetzen, daß an solchen Kreuzungspunkten die Pipeline bei entsprechenden Sicherheitsvorkehrungen (Isolierung, Kühlung, Kiesfüllungen im Untergrund usw.) unterirdisch verlegt wurde. Versuche hatten nämlich gezeigt, daß Karibus weder Über- noch Unterführungen annehmen.

Weitere negative Auswirkungen: „Als erstes mögen die Zerstörungen von Boden und Vegetation genannt sein, die sich beim Bau der Pipeline ergeben. Raupenfahrzeuge haben in der Tundra Alaskas Spuren hinterlassen, die noch nach 30 Jahren nicht vernarbt sind. Diese Fahrzeugspuren entwickeln sich häufig zu Wasserabflußrinnen und verändern so das natürliche Gewässernetz. An geneigten Hängen wirkt das in den Rinnen ablaufende Wasser erodierend und spült die Feinerde weg. Die feinen Bodenteilchen werden in die Gewässer gespült und trüben deren Wasser. Das hat sich bereits störend auf die dort laichenden Fische ausgewirkt. Solche Beobachtungen wurden in der Vergangenheit im Bereich lokaler Baustellen gemacht. Es läßt sich ausmalen, welche Folgen eine über 1200 km lange Großbaustelle für die Fischwelt der Ströme Alaskas haben wird.

Der Einsatz von schweren Raupenfahrzeugen in der Tundra Alaskas ist aus den angeführten Gründen bereits 1969 gesetzlich verboten worden. Aber selbst beim Einsatz von großen Transporthubschraubern wird es sich nicht vermeiden lassen, daß auf einem breiten Streifen beiderseits der Pipeline die Tundrenoberfläche zerstört wird..."

Manfred Strässer: Die Problematik der Alaska-Pipeline. In: Geographische Rundschau, 1974, H. 7, S. 288

Die bei Baumaßnahmen verursachten Schäden an den Böden und der Vegetationsdecke heilen angesichts der extremen klimatischen Bedingungen äußerst langsam. Das Pflanzenwachstum und die Vermehrungsrate sind denkbar gering, der Humuszuwachs ist minimal.
Trotz der umsichtigen und umfangreichen Vorsorgemaßnahmen sind durch menschliche Unzulänglichkeiten Pannen und vielleicht auch Katastrophen nicht auszuschließen. Die folgende Schilderung über die Bauausführungen stimmt nachdenklich:

„Fest steht: Die Bauherrin Alyeska Pipeline Service Co., ein Konsortium aus acht Ölgesellschaften ... entdeckte 2552 problematische Schweißnähte und klassifizierte 1403 Röntgenaufnahmen als fragwürdig, die alle schon die Qualitätskontrolle unbeanstandet passiert hatten ... Allein 916 der von Alyeska als ‚kritisch' eingestuften Schweißnähte liegen entweder unter Flüssen oder in Gebieten, wo Dauerkälte bis zu minus 60 Grad die Röhren fest in den Grund eingefroren hat. Reparaturen dort sind kostspielig, wenn nicht gar unmöglich."

Der Spiegel, Nr. 27/1976, S. 115/116

3. *Nennen Sie zusammenfassend die Gründe, die die Erdölgesellschaften veranlaßten, das aufwendige Projekt „Alaska-Erdöl" in Angriff zu nehmen.*
4. *Zeigen Sie die negativen ökologischen Auswirkungen der ursprünglich geplanten „heißen" Pipeline im Bereich der Tundra auf.*
5. *Erläutern Sie die ökologischen Folgewirkungen, die im Bereich der Baustellen durch den Einsatz von Schleppern, Lastkraftwagen und Baggern sowie durch die Entnahme von Kies und Sand aus den Flüssen entstanden sind.*
6. *Erörtern Sie die in einzelnen Abschnitten der Alaska-Pipeline getroffenen, dem Naturraum angepaßten Lösungen.*

Abb. 7: Modellhafte Darstellung des ökologischen Wirkungsgefüges der Alaska-Pipeline

Walter Lükenga: Erdöl aus der Arktis. In: Praxis Geographie, 1979 H. 3, S. 138

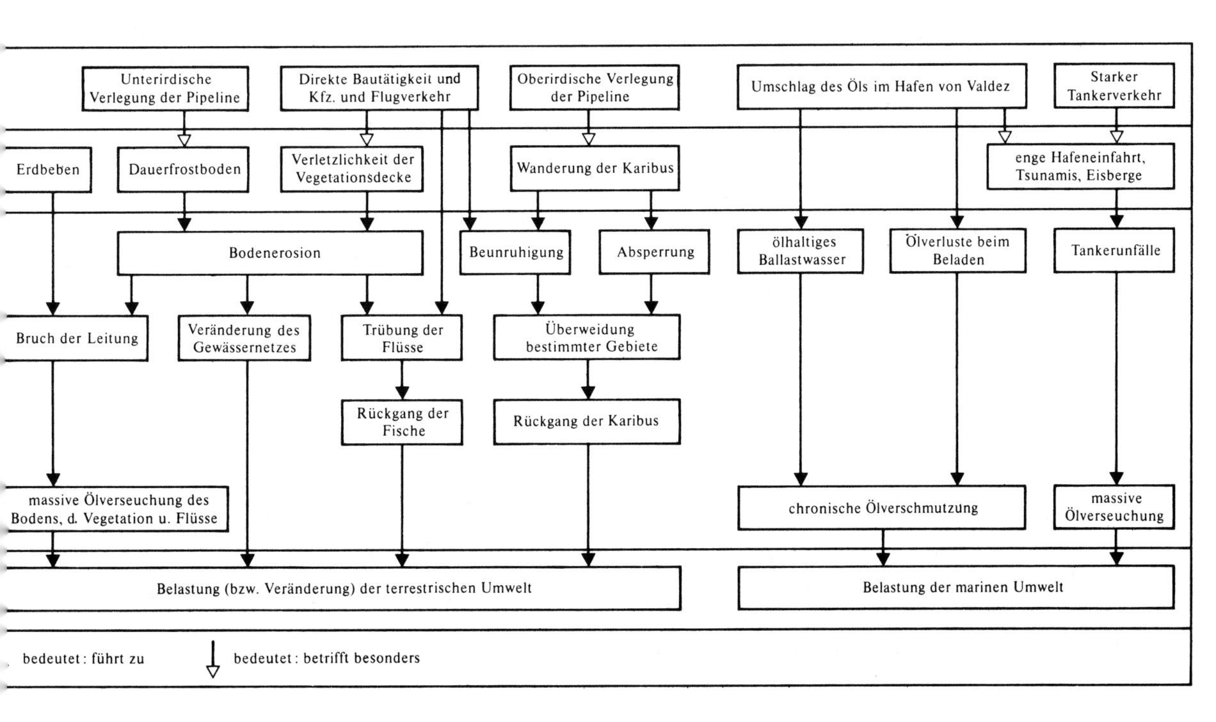

III Regionalanalyse Indien

Indien – ein Entwicklungsland

Für viele Beobachter ist Indien das Entwicklungsland schlechthin: Symbol für Armut, Hunger, Krankheit und Elend. Dieses Bild ist jedoch einseitig. In den letzten Jahren wurde wiederholt von Rekordernten berichtet, von den Erfolgen der „Grünen Revolution“, die landwirtschaftliche Erträge erbracht habe, mit denen es dem Land gelungen sei, den permanenten Kampf gegen den Hunger zu gewinnen. In der Tat: Seit Mitte der 60er Jahre konnte Indien beträchtliche Steigerungen in der Getreideproduktion erzielen, so daß das lange Zeit von Nahrungsmittelimporten abhängige Land sich heute selbst versorgen und darüber hinaus noch Reserven für unvorhergesehene Krisenjahre anlegen kann.
Indien verweist auch gern auf die Leistungen seiner Industrie und stellt sich neuerdings, etwa auf internationalen Industriemessen, als gleichrangiger Partner der Industrieländer dar. Gemessen an der absoluten Produktion, kann Indien tatsächlich zu den führenden zehn Industrienationen der Welt gerechnet werden.
Beachtlich sind, nicht nur im Vergleich zu anderen Entwicklungsländern, eine Reihe wirtschaftlicher Daten, z. B.:
- ein reales Wachstum des Volkseinkommens von ca. 6 % für 1983,
- ein Wachstum der Industrieproduktion von durchschnittlich 4,5 % für die Jahre 1970–1980.

Diese allgemeinen Daten vermitteln zwar einen Überblick über die Lage der Gesamtwirtschaft, sagen aber weniger über die Einkommensverteilung und den tatsächlichen Lebensstandard der Bevölkerung aus. Die gewiß beeindruckenden Zahlen können nicht über die Tatsache hinwegtäuschen, daß
- etwa 40 % der Inder unter der Armutsgrenze leben (weniger als 65 Mark Monatseinkommen) und weitere 20 % nur knapp darüber liegen,
- jährlich etwa eine halbe Million Inder an Unterernährung und ihren Folgen sterben,
- 12 % der Neugeborenen noch im ersten Lebensjahr sterben, weitere 18 % bis zur Vollendung des fünften Lebensjahres,
- 40–50 % der im erwerbstätigen Alter stehenden Inder arbeitslos oder unterbeschäftigt sind,
- 65 % der Bevölkerung Analphabeten sind,
- mehr als dreihundert Millionen Menschen, also fast die Hälfte der Bevölkerung, wegen geringer oder fehlender Einkommen weiter hungern müssen, da sie die in der Landwirtschaft erzeugten Güter nicht kaufen können.

„Das wahre Wohlergehen eines Volkes läßt sich nicht am Wachstum der industriellen Produktion oder an Exporterlösen messen, sondern an der Frage, ob alle Menschen so viel erzeugen oder verdienen, daß sie ein menschenwürdiges Dasein führen können.“
(Mahatma Gandhi)

Tab. 1: Indien im Überblick

Kenndaten	Indien		Zum Vergleich Bundesrepublik Deutschland	
Kenndaten zu Raum und Bevölkerung				
Fläche: 3,288 Mio. km² (7. Stelle in der Welt)			0,249	
Bevölkerung (Mio.):	1971: 548,2	1984: 739,4 (2. Stelle in der Welt)	61,371	(1983)
Bevölkerungsdichte (E./km²):	1971: 167	1984: 225	247	(1983)
durchschnittliches jährliches Bevölkerungswachstum:	1960–1970:	2,3 %		
	1970–1984:	2,1 %	0,1 %	(1970–84)
Bevölkerung nach Altersgruppen (1979):	unter 5 Jahren	13,2 %	4,7 %	(1978)
	5–14 Jahre	25,2 %	14,8 %	
	15–59 Jahre	56,1 %	61,0 %	
	über 59 Jahren	5,5 %	19,5 %	
Religionen: zu über 80 % Hindus, etwa 12 % Moslems, ca. 3 % Christen sowie Sikhs, Jainas und Buddhisten				
Bodennutzung (1982):	57 % Ackerland, davon 27 % bewässert		32,3 %	(1982)
	4 % Weideland		20,7 %	
	22 % Wald		29,0 %	
	17 % sonstige Flächen		18,0 %	
Kenndaten zur sozioökonomischen Struktur				
Geburtenziffer (je 1000 E.):	1960: 48	1982: 34	10	(1982)
Sterbeziffer (je 1000 E.):	24	13	12	
Lebenserwartung bei der Geburt:	43	55	73	
Analphabetenquote (Bev. über 15 Jahren, in %):	1971: 70	1982: 64	1	(1982)
Stadtbevölkerung in % der Gesamtbevölkerung:	1960: 18	1982: 24	85	(1982)
Einwohner je Arzt:	1960: 4850	1980: 3690	450	(1980)
tägliches Kalorienangebot pro Kopf (in % des Bedarfs)		1981: 86	133	(1981)
Quote der Bevölkerung im erwerbsfähigen Alter (15–64 Jahre, in %):	1960: 54	1982: 57	67	(1982)
%-Anteil der Erwerbspersonen in:				
Landwirtschaft	1960: 74	1980: 71	4	(1980)
Industrie	11	13	46	
Dienstleistungssektor	15	16	50	
jährliches Wachstum der Erwerbsbevölkerung (in %):	1960–1970: 1,7	1970–1982: 2,1	0,8	(1970–82)
Kenndaten zur Wirtschaftsstruktur				
BSP pro Kopf (US-Dollar):	1982: 260		12460	(1982)
durchschnittlicher jährlicher Zuwachs:	1960–1982: 3,2 %		3,1 %	(1960–82)
Verteilung des BIP (in %):				
Landwirtschaft	1960: 50	1982: 33	2	(1982)
Industrie	1960: 20	1982: 26	46	(1982)
Dienstleistungssektor	1960: 30	1982: 41	52	(1982)
Energieverbrauch pro Kopf (in 1000 kg Öleinheiten):	1960: 79	1981: 158	4342	(1981)
Außenhandel (in Mio. US-Dollar): Einfuhr	1960: 2350	1982: 14088	155856	(1982)
Ausfuhr	1960: 840	1982: 8446	176428	(1982)
Anteile an der Warenausfuhr in % 1981:				
Brennstoffe, Mineralien, Metalle		8	7	(1981)
sonstige Rohstoffe		33	7	
Textilien, Bekleidung		23	5	
Maschinen, Fahrzeuge, Elektrotechnik		8	45	
übriges verarbeitendes Gewerbe		28	36	
Terms of Trade (1975 = 100):		1978: 108	101	(1978)
		1981: 66	86	(1981)

Politisch-geographische Probleme Indiens

Territoriale Entwicklung bis 1947

„Trotz der orographischen Geschlossenheit des ‚Subkontinents' und trotz aller historisch gewachsenen Gemeinsamkeiten des ‚Kulturerdteils' Indien ließ die Fülle der Rassen und Ethnien, der Sprachgruppen, Religionen, der sozialen und der politischen Kräfte Südasien zu einem Schauplatz hoher politisch-geographischer Dynamik werden. Auch heute ist es noch voller Spannungen, sei es in den Konflikten zwischen seinen am Ende der Kolonialzeit entstandenen selbständigen Staaten, dem Druck auf die Außengrenzen oder in den Problemen zwischen Zentralregierung und einigen Gliedstaaten der Union und in den immer wieder aufbrechenden Auseinandersetzungen mit den verschiedensten Minderheiten ...

Das weltgeschichtliche Einfallstor für die meisten Eroberer, überwiegend aus West- oder Zentralasien, waren die afghanischen Pässe. Auch sie wurden freilich nur von zahlenmäßig begrenzten Zuwandererströmen überschritten, die zu schwach waren, um das Land völlig aufzusiedeln. So bildeten sie jeweils neue Oberschichten, wurden seßhaft, nachdem ihr Vorstoß an den Wüsten, Gebirgen oder Dschungeln des Subkontinents zum Stehen gekommen war, allmählich von ihrer Umwelt assimiliert und schließlich von neuen Eroberern weitergeschoben oder unterdrückt. Mit der Überschichtung immer neuer Herren über ältere Gruppen entstand wohl das eigenste sozialgeographische Merkmal Indiens, das Kastenwesen, aber auch das Abdrängen älterer Rassen und Volksschichten nach S bzw. in unzugängliche Bergländer und Dschungel des Inneren oder des Himalaya. Über die Himalaya-Pässe hinweg bzw. durch die Berge und Schluchten Assams konnten dagegen nur regional begrenzte Vorstöße wirksam werden ...

Während Seehandel und Verkehr von den Häfen am Arabischen Meer nach Afrika und dem Vorderen Orient, von denen des Golfes von Bengalen nach Südost- und Ostasien durch die Jahrhunderte blühten, überspielte nur eine Eroberung – die britische – zum ersten Male jene alte Einfallsrichtung über Land von NW her und begann über See, um dann Schritt für Schritt im Inneren das Land unter ihre Kontrolle zu bringen. Die britische Kolonialherrschaft vermochte als einzige im Verlaufe der Geschichte den gesamten Kulturerdteil Südasien unter einer Herrschaft zu vereinigen. Vorher waren es nur wenige und relativ kurzlebige Reichsbildungen, die wenigstens große Teile Indiens zusammenzufügen vermochten ...

Die ersten Stützpunkte der Britischen Ostindischen Handelskompanie waren in Surat (Gujarat) 1613, Bombay 1661, Madras 1639, und Hughli (bei Calcutta) 1650 errichtet worden; der Textilhandel stand am Anfang der Interessen. Die großflächige Ausdehnung der britischen Hegemonie wurde dann durch den Verfall bzw. die Konkurrenzkämpfe zwischen den indischen Territorialherrschaften und jene Auseinandersetzungen mit den Machtbestrebungen der Franzosen eingeleitet. Die Politik militärischer und materieller Hilfen gegen Land- oder Steuerverpfändungen und -abtretungen führt zur Zuordnung britischer Residenten und ‚politischer Agenten' an die Fürstenhöfe und zum Einsatz einheimischer Söldnertruppen unter britischem Kommando. Die für den englischen Handel arbeitenden indischen Heimindustrien wurden freilich später dem Verfall preisgegeben, als die Erfindung des Maschinenwebstuhles und der Aufstieg der englischen Textilindustrie zur Umkehr führte und Indien zum Monopol-Absatzmarkt der englischen Industrie wurde. Der Ausbau eines britisch-indischen Reiches durch militärische Eroberung wurde dann von 1757 (Bengalen und Bihar) schrittweise fortgeführt, bis zum Fall des Panjab (1843–1849). Die britischen Eroberer hatten sich mit dem Fortschreiten der Unterwerfung Indiens aus den Partnern der indischen

Fürsten (die zum Teil als Verbündete gewonnen wurden und ihre Territorien unter britischer Aufsicht weiter verwalten konnten) selbst zu einer neuen ‚Herrenkaste' entwickelt, die auf die Masse der Inder herabsah. Die Spannungen wuchsen auch durch die Versuche der Engländer, die Witwenverbrennung (Sathi) abzuschaffen. Das wurde von den Brahmanen als Ansatz zur Liquidierung des Kastensystems mißverstanden und trug wesentlich dazu bei, daß Widerstand und Unzufriedenheit zunahmen. Sie entluden sich in schweren Aufständen 1857/58 ... 1885 begann die politische Emanzipation mit der Gründung des National-Kongresses, mit dem Mahatma Gandhi über die divergierenden Interessen der Kasten und Stände und über den Stadt-Land-Gegensatz hinweg größere Volksmassen für das Unabhängigkeitsringen mobilisieren konnte, den er mit dem Programm des ‚zivilen Ungehorsams', des gewaltlosen Widerstandes schließlich erfolgreicher führte als bengalische Terroristen oder die mit den Japanern – die im Zweiten Weltkrieg in Manipur und Assam indisches Gebiet erreichten – zusammenarbeitende ‚Nationalarmee'."

Unabhängigkeit Indiens und Trennung in Indische Union und Pakistan

„In der veränderten Weltlage am Ende des Zweiten Weltkrieges wurde Großbritannien vor die Wahl zwischen einem unabhängigen, dem Commonwealth aber weiter verbundenen Indien, oder einem kaum mehr kontrollierbaren Krisenherd gestellt. Schneller als es dann die politische Entscheidung der Entlassung Indiens in die Unabhängigkeit realisieren konnte, führte der sich mit dieser historischen Wende eskalierende Konflikt zwischen den Religionsgruppen zur schweren politischen Krise und zur überstürzten Aufteilung Indiens, in der eine von schweren Blutopfern vorbelastete neue, politisch-geographische Aufgliederung des Kulturerdteils entstand. ...

Insgesamt strömten je rd. 7 bis 8 Mio. Flüchtlinge von der Indischen Union nach Pakistan und umgekehrt, darüber hinaus entstanden noch auf jeder der beiden Seiten etwa ½ Mio. Todesopfer. Keines der beiden neuen Staatswesen war auf die Aufnahme dieser Flüchtlingsströme vorbereitet; die Folgen der Zerschneidung der wirtschaftlichen Zusammenhänge, Verkehrswege usw. steigerten im Gegenteil die chaotische Lage, aus der die neue politisch-geographische Struktur des Kulturerdteils Indien hervorgehen sollte.

In der Indischen Union (‚Bharat'), die sich ausdrücklich als säkularer Staat versteht, verblieben damals ca. 48 Mio., d. h. über 10%, islamischer Bevölkerung. Pakistan, das erträumte Vaterland der muslimischen ‚Nation', umfaßte dagegen nur knapp zwei Drittel der islamischen Bevölkerung Vorderindiens. Die Verteilung der Religionsgruppen bedingte, daß es aus zwei etwa 1600–2000 km voneinander getrennten Landesteilen gebildet werden mußte, von denen Ost-Pakistan (heute Bangla Desh) nur 15% der Fläche, dafür aber 55% der Bevölkerung des neuen Staates, West-Pakistan bei 85% der Fläche dagegen nur 45% der Einwohner umfaßte. So groß wie der naturgeographische Kontrast – durch die kurze Formel zu kennzeichnen, daß Ost-Pakistan sich gegen ein Zuviel an Wasser (Hochwässer, Monsunregen, Sturmfluten), West-Pakistan sich dagegen in einem ständigen Kampf um das lebensnotwendige Wasser behaupten müssen – waren die sprachlichen, ethnischen und sozialökonomischen Kontraste zwischen den beiden Landesteilen. Fast zwangsläufig hat diese ungewöhnliche, einseitig religiös begründete politisch-geographische Konstruktion dahin geführt, daß West- und Ost-Pakistan 1971/72 wieder auseinanderbrachen."

Jürgen Blenck, Dirk Bronger, Harald Uhlig: Südasien. Fischer Länderkunde, Bd. 2. Frankfurt: Fischer Taschenbuch Verlag 1977, S. 16–26

Abb. 1: Auswirkungen der Teilung in Indische Union und Pakistan 1947

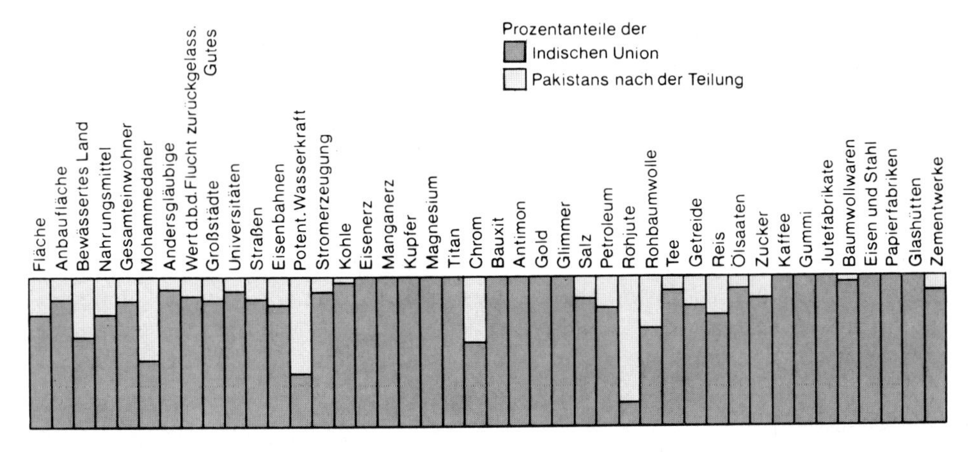

Die neue Grenze Bengalens durchschnitt aber auch eine Wirtschaftseinheit. Bengalen hatte für Jute ein Weltmonopol, aber 1947 lagen 101 von 112 Jutefabriken auf indischer Seite, während die Juteanbaugebiete an Pakistan fielen. – Allmählich versuchten beide Seiten, sich vom anderen unabhängig zu machen. Pakistan hat die Anbaufläche eingeschränkt, aber einen Konkurrenzhafen in Chittagong sowie die größte Jutemühle Asiens in der Nähe von Dacca gebaut. Die Inder haben stromaufwärts Jutekulturen (auf Kosten des Reisanbaus) neu angelegt.

Eberhardt Schwalm: Indien und China – zwei Länder der Dritten Welt. Politische Weltkunde II. Handreichungen für den Lehrer. Stuttgart: Klett 1974, S. 36

Sprachenprobleme. Neben den religiösen Auseinandersetzungen haben Sprachenprobleme das politische Geschehen auf dem indischen Subkontinent besonders beeinflußt.

In Indien werden heute – Dialekte nicht mitgerechnet – etwa 225 Sprachen gesprochen, die meisten allerdings als Stammessprachen von nur kleinen Gruppen. Staatssprache ist Hindi, doch sind daneben 15 Haupt- und Regionssprachen zugelassen. Englisch, das lange als Ausdruck der Fremdherrschaft verdammt war, gilt weiterhin als „assoziierte" Sprache. In Wirklichkeit ist es jedoch immer noch „Nationalsprache", da es der Verständigung der Sprachgruppen untereinander dient. Besonders Regierung, Verwaltung, Wissenschaft und Wirtschaft sind darauf angewiesen.

Die sprachlichen Gegensätze und vor allem die Schwierigkeit, das verfassungsrechtliche Problem einer Nationalsprache zu lösen, haben immer wieder regionale Konflikte ausgelöst und die Einheit des jungen Staates gefährdet.

„Sprachenstreit in Indien

1950 (26. 1.) Verfassung: 14 Hauptsprachen zugelassen; Englisch bis 1965 Amtssprache

1960 Assam erklärt Assamesisch zur Staatssprache; Folge: Aufstand in den sog. Hügeldistrikten

1965 (26. 1.) Hindi zur offziellen Amtssprache erklärt, daneben Englisch bis 1975; staatliche Neugliederung nach Sprachgrenzen, Folge: Unruhen in Südindien

1966 Sprachenstreit an der Grenze zwischen Maisur und Maharaschtra

1966 (1. 11.) Staat Pandschab geteilt in pandschisprechenden Staat Pandschab und hindisprechenden Staat Haryana

1967 Kompromißgesetz für Südindien: Hindi als Amtssprache soll nicht aufgezwungen werden, bleibt aber erforderlich für staatliche Prüfungen"

Werner Hilgemann u. a.: dtv-Perthes-Weltatlas. Großräume in Vergangenheit und Gegenwart, Bd. 2. Darmstadt: Justus Perthes und München: Deutscher Taschenbuch Verlag 1973, S. 36

Ethnische Vielfalt. Auch ethnisch bildet Indien keine Einheit. Nord- und Mittelindien werden vornehmlich von den Nachfahren der hellhäutigen Indo-Arier bewohnt, während der Süden von den Melaniden („Schwarzinder") geprägt wird. Neben diesen beiden Hauptgruppen kommen noch viele rassische Minderheiten vor, die zwar zahlenmäßig ohne große Bedeutung sind, den indischen Staat aber vor Probleme stellen, da sie sich nur schwer national integrieren lassen.

1. *Versuchen Sie den Widerspruch zwischen den Erfolgsmeldungen der Landwirtschaft und der Bilanz der Armut und des Hungers (S. 114) zu erklären.*
2. *Worin zeigt sich in Indien der Zustand der Unterentwicklung? Stellen Sie eine Liste von Merkmalen der Unterentwicklung auf.*
3. *Mit welchen Schwierigkeiten mußte Indien beim Aufbau des Staates kämpfen? Welche Gegebenheiten erschweren noch heute die nationale Einheit?*
4. *Wie wirkte sich die Teilung Indiens 1947 auf die wirtschaftliche Entwicklung der Indischen Union und Pakistans aus?*

Der Naturraum

Abb. 2: Die Großlandschaften Vorderindiens

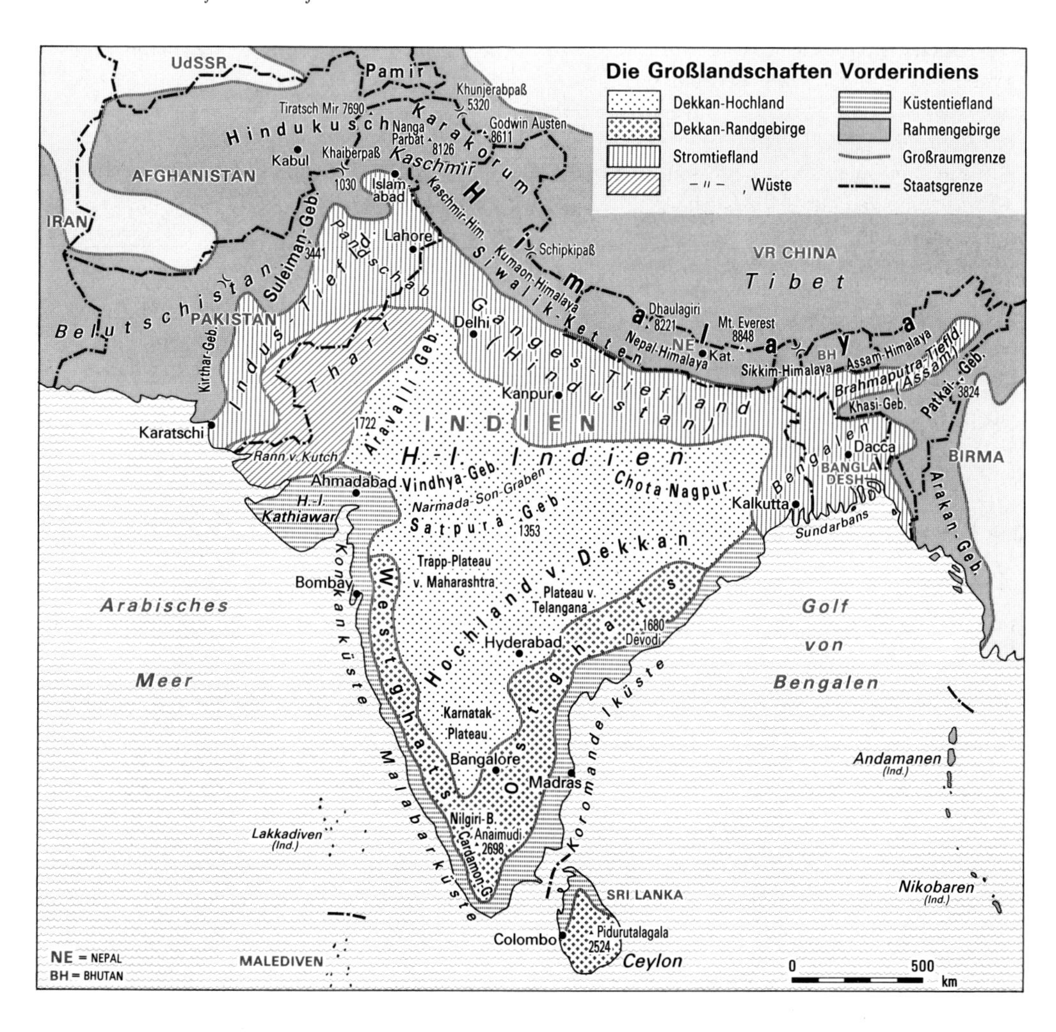

Der indische Monsun: Definition

„Monsun, ein aus dem arabischen Wort ‚mausim' (= Jahreszeit) abgeleiteter Begriff, der im ursprünglichen Sinne auf großräumige Luftströmungen angewendet wird, die als Folge des unterschiedlichen Wärmehaushaltes über Kontinenten und Ozeanen jeweils im Sommer- bzw. Winterhalbjahr mit großer Beständigkeit aus einer bestimmten Richtung wehen und die in der anderen Jahreshälfte jeweils von Luftströmungen aus nahezu entgegengesetzter Richtung ... abgelöst werden."

Westermann Lexikon der Geographie, Bd. III. Braunschweig: Westermann 1970, S. 400

Entstehung des indischen Monsuns: Der jahreszeitliche Richtungswechsel der Monsunwinde Vorderindiens läßt sich aus der planetarischen Zirkulation erklären. Danach ist der im Winter wehende Nordostmonsun (Wintermonsun) mit dem Nordostpassat identisch. Als trockene und kühle Luftströmung fließt er vom asiatischen Festland, über dem im Winter ein ausgeprägtes Kältehoch liegt, nach Vorderindien.

Der als Sommermonsun bezeichnete Südwestmonsun ist hingegen ein innertropischer Westwind. Im Nordsommer wird die innertropische Konvergenzzone (ITC) mit dem Zenitstand der Sonne nach Norden verlagert, aufgrund der großen Landmasse Asiens bis etwa 30° n. Br. Der Südostpassat der Südhalbkugel wird über den Äquator hinweg angezogen und nach dessen Überschreiten nach rechts (NO) abgelenkt (Corioliskraft). Beim Übertritt der Passate über den Äquator ergibt sich durch deren Ablenkung ein Staueffekt, der sich als lokale ITC (SITC) bemerkbar macht. Diese ITC am Äquator ist schwächer als die äquartorferne ITC. Dadurch ergibt sich ein Druckgefälle vom Äquator zur äquatorfernen ITC. Es bildet sich eine westliche Windströmung, die den nach NO abgelenkten Südostpassat verstärkt: der Südwestmonsun.

Abb. 3: Die Passatströmung, Schema mit doppelter ITC (nach Flohn)

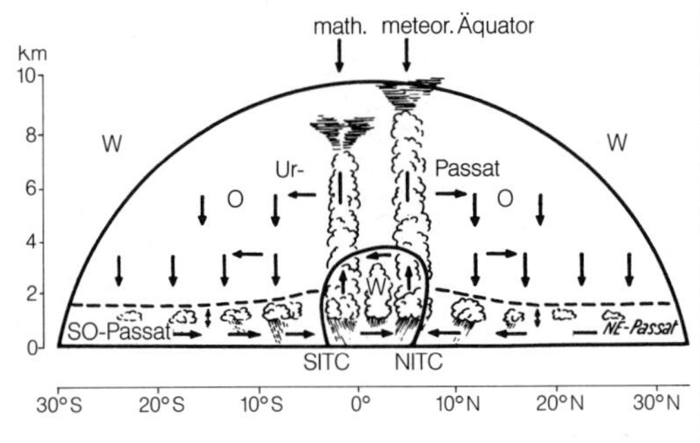

Das Monsunklima

Ausschlaggebender Faktor für das Klima Vorderindiens ist der Monsun mit seinem typischen saisonalen Wechsel zwischen sommerlicher Regen- und winterlicher Trockenzeit. Er ist nicht nur prägend für das natürliche Vegetationsbild, sondern bestimmt den Anbaukalender und Arbeitsablauf in der Landwirtschaft sowie Art und Intensität der Bodennutzung.

Basierend auf den im Jahresablauf wechselnden Luftmassen und unterschiedlichen Luftdruck-, Wind- und Temperaturverhältnissen, lassen sich vier Jahreszeiten unterscheiden:

1. Januar–März: die trockene, vom Nordostpassat geprägte Wintermonsunperiode;
2. April–Mai: die trockene und heiße Frühjahrszeit bzw. Vormonsunperiode;
3. Juni–September: die regenreiche Südwest- oder Sommermonsunperiode;
4. Oktober–Dezember: die trockene Zeit des „Monsunrückzugs", die Nachmonsunperiode. Niederschläge fallen in dieser Zeit nur an der Koromandelküste als Folge von zyklonalen Störungen über dem südlichen Golf von Bengalen. Gelegentlich können sich diese Störungen zu gefährlichen Wirbelstürmen entwickeln, die an der Nordostküste zu verheerenden Schäden und Überschwemmungen führen.

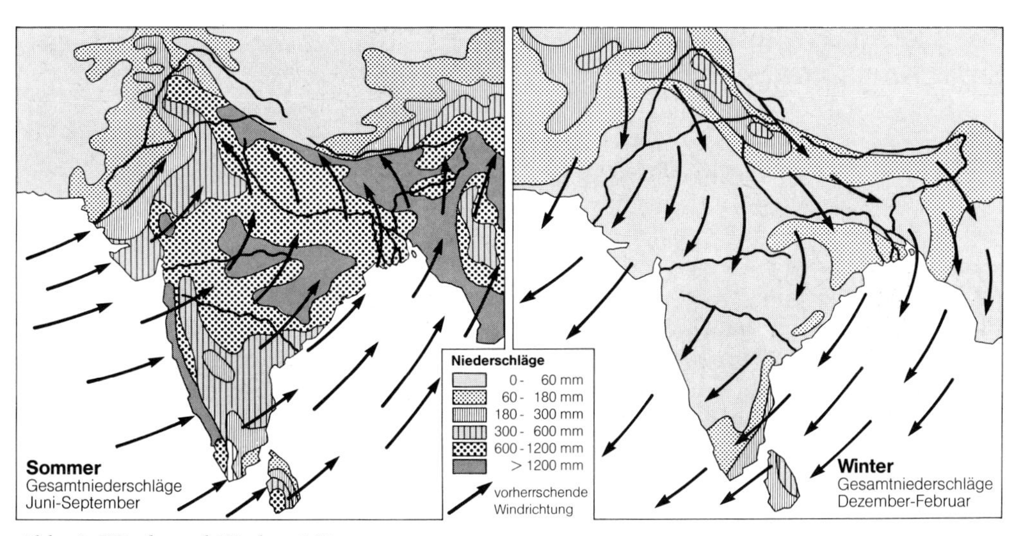

Abb. 4: Winde und Niederschläge

Nach Paul Busch: Klimatologie. Grundriß Allgemeine Geographie, Tl. l. Paderborn: Schöningh 1984, S. 33

Tab. 2: Klimadaten ausgewählter Stationen Indiens

		J	F	M	A	M	J	J	A	S	O	N	D	Jahr
Mangalur	°C	26,7	27,0	28,3	29,4	29,4	26,7	26,1	26,1	26,1	27,0	27,2	26,7	27,2
22 m, 12° 52′ N / 74° 51′ O	*mm*	*3*	*3*	*5*	*38*	*157*	*942*	*988*	*597*	*267*	*206*	*74*	*13*	*3293*
Hyderabad	°C	22,2	24,7	28,6	31,4	33,3	29,7	26,7	26,7	26,4	26,9	23,1	21,7	26,8
542 m, 17° 26′ N / 78° 27′ O	*mm*	*8*	*10*	*13*	*30*	*28*	*112*	*152*	*135*	*165*	*64*	*28*	*8*	*753*
Cherrapunji	°C	11,7	13,1	16,7	18,3	19,2	20,0	20,3	20,6	20,6	19,2	15,9	12,8	17,4
1313 m, 25° 15′ N / 91° 44′ O	*mm*	*18*	*53*	*185*	*665*	*1280*	*2695*	*2446*	*1781*	*1100*	*493*	*69*	*13*	*10798*
Allahabad	°C	16,1	18,3	24,7	30,6	34,2	33,9	30,0	28,9	28,9	25,9	20,3	16,4	25,7
98 m, 25° 17′ N / 81° 44′ O	*mm*	*23*	*15*	*15*	*5*	*15*	*127*	*320*	*254*	*213*	*58*	*8*	*8*	*1061*
Bikaner	°C	14,7	18,3	24,2	29,7	34,4	35,3	33,3	31,1	30,9	28,1	21,7	16,4	26,5
224 m, 28° 00′ N / 73° 18′ O	*mm*	*8*	*8*	*5*	*5*	*15*	*30*	*84*	*91*	*33*	*3*	*2*	*3*	*287*
Madurai	°C	25,0	26,5	28,7	30,6	31,3	30,8	30,3	29,8	29,3	28,0	26,4	25,2	28,5
133 m, 9° 30′ N / 78° 00′ O	*mm*	*20*	*13*	*18*	*55*	*70*	*40*	*49*	*104*	*119*	*188*	*145*	*51*	*872*

Manfred J. Müller: Handbuch ausgewählter Klimastationen der Erde. Trier: Forschungsstelle Bodenerosion Mertesdorf der Universität Trier, 3. Auflage 1984, S. 152, 154, 156, 162; Gopal Singh: A Geography of India. Delhi 1979, S. 39

Im Jahresmittel entspricht die Niederschlagsverteilung weitgehend derjenigen der Sommermonsunperiode. Etwas vereinfacht lassen sich sechs Niederschlags- bzw. Klimaprovinzen abgrenzen.

5. *Beschreiben und erklären Sie die Niederschlagsverteilung auf dem indischen Subkontinent.*

6. *Erklären Sie, inwiefern der indische Monsun ein Teil des Passatsystems ist.*

7. *Zeichnen Sie nach den Angaben der Tabelle 2 die entsprechenden Klimadiagramme, und ordnen Sie diese den sechs Klimaprovinzen zu.*

Bevölkerungswachstum und Ernährungspotential

Der Wettlauf mit dem rapiden Bevölkerungswachstum ist das wirtschaftliche (und politische) Hauptproblem des Landes. Jährlich wächst die Bevölkerung um mehr als 2 %. Damit ist die Zunahme innerhalb eines einzigen Jahres größer als die gesamte heutige Einwohnerzahl des Kontinents Australien. Mit diesem bedrohlichen Tempo kann die vergleichsweise langsame wirtschaftliche und gesellschaftliche Entwicklung nicht Schritt halten, was schließlich zu wachsenden Diskrepanzen zwischen dem erforderlichen und tatsächlich vorhandenen ökonomischen und ökologischen Potential führen muß.

Abb. 5: Geburten- und Sterbeziffer sowie Säuglingssterblichkeit in Indien 1872–1981

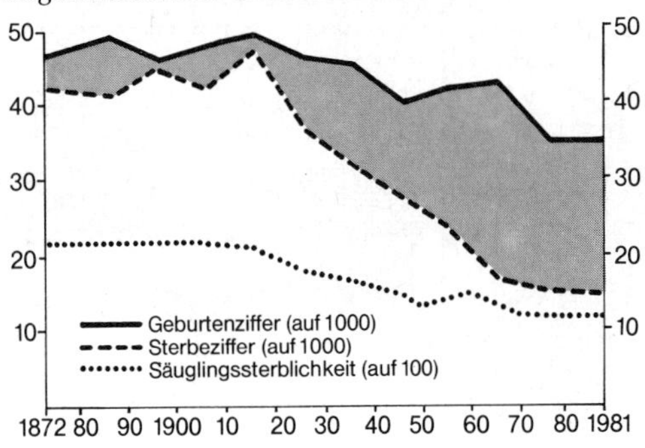

Die von staatlicher Seite durchgeführten Maßnahmen zur Eindämmung des Bevölkerungswachstums haben bislang nicht den erwarteten Erfolg gebracht, da sie sich weitgehend nur auf die Familienplanung mittels Geburtenkontrolle beschränkten, die unbedingt notwendigen flankierenden Maßnahmen einer sozialen Absicherung aber nicht bedachten. Wegen unzureichender, auf dem Lande de facto nicht existenter gesetzlicher Altersversicherung bleibt die zahlreiche Nachkommenschaft vielfach die einzige Vorsorge für das Alter. Der Wunsch nach mehreren Kindern erklärt sich auch aus Motiven, die in der Tradition und in der Religion wurzeln. Viele Kinder zu haben gilt als „gottgewollt"; nur ein Sohn kann bestimmte, für das Familienleben notwendige Riten ausführen.

Abb. 6: Altersstruktur der Bevölkerung Indiens und der Bundesrepublik Deutschland (1979)

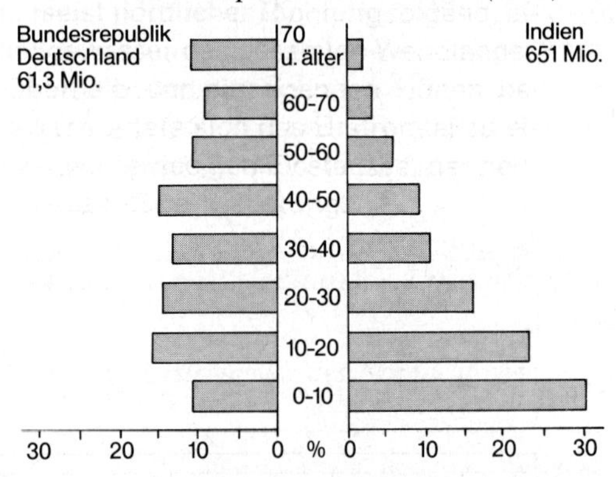

Folgen des rapiden Bevölkerungswachstums. Der Anstieg der landwirtschaftlichen Produktion reicht nicht aus, um auch nur ein gleichbleibendes Versorgungsniveau auf lange Sicht zu erreichen. Die zur Verfügung stehende Kalorienmenge pro Kopf der Bevölkerung ist gegenüber 1950 nicht gewachsen und liegt deutlich unter der von der UNO als Minimum für Indien angegebenen Menge von 2250 Kalorien.

Tab. 3: Ernährungssituation Indiens 1893–1978

Jahr	Bevölkerungszahl (Mio.)	Index (1893–95 = 100)	Getreideproduktion (g/Tag/Kopf)	Index (1893–95 = 100)
1893–1895	236	100	729	100
1926–1935	283	120	573	79
1950/51	363	154	395	54
1960/61	443	188	468	64
1965/66	496	210	403	55
1966/67	507	215	396	54
1967/68	519	220	502	69
1968/69	531	225	485	67
1969/70	543	230	502	69
1970/71	555	235	532	73
1971/72	563	239	512	70
1972/73	574	243	463	64
1973/74	586	248	490	67
1974/75	598	253	457	63
1975/76	610	258	543	74
1976/77	622	264	462	63
1977/78	634	269	480	66
1978/79	646	274	573	79

Hans-Georg Bohle: Die Grüne Revolution in Indien – Sieg im Kampf gegen den Hunger? Fragenkreise 23554. Paderborn: Schöningh 1981, S. 8 und 14 (gekürzt)

Der Bevölkerungszuwachs von 16,2 Mio., wie von 1983–1984, bedeutet, daß jährlich ca. 7 Mio. neue Arbeitsplätze geschaffen werden müssen, wenn das Millionenheer von Arbeitslosen sich nicht noch weiter vergrößern soll. Die genaue Zahl von Arbeitslosen in Indien ist unbekannt; sie wird auf 30–40 Millionen geschätzt, nicht eingerechnet die Zahl der Unterbeschäftigten in ländlichen Gebieten, die das Ausmaß der städtischen Arbeitslosigkeit weit übersteigt.

8. *Vergleichen Sie das Bevölkerungswachstum Indiens mit dem anderer Entwicklungsländer.*
9. *Diskutieren Sie die Folgen des Bevölkerungswachstums für die Ernährungssituation und das Problem der Arbeitsplatzbeschaffung.*

Landwirtschaft und ländlicher Raum

Das Problem der Armut in Indien ist primär das Problem des ländlichen Raumes. Ungefähr 70% der Bevölkerung leben auf dem Land, in ca. 570000 Dörfern. Etwa die Hälfte dieser Dörfer hat keinen Anschluß an das Straßennetz, und ca. zwei Drittel sind noch ohne elektrischen Strom. Dennoch: Der Agrarsektor bildet – trotz aller industriellen Fortschritte des Landes – immer noch das Rückgrat der indischen Wirtschaft. Er beschäftigt rund 71% aller Erwerbstätigen, die aber nur 33% (1982) des Bruttoinlandsproduktes erwirtschaften.

Abb. 7: Aride, semiaride und dürregefährdete Gebiete

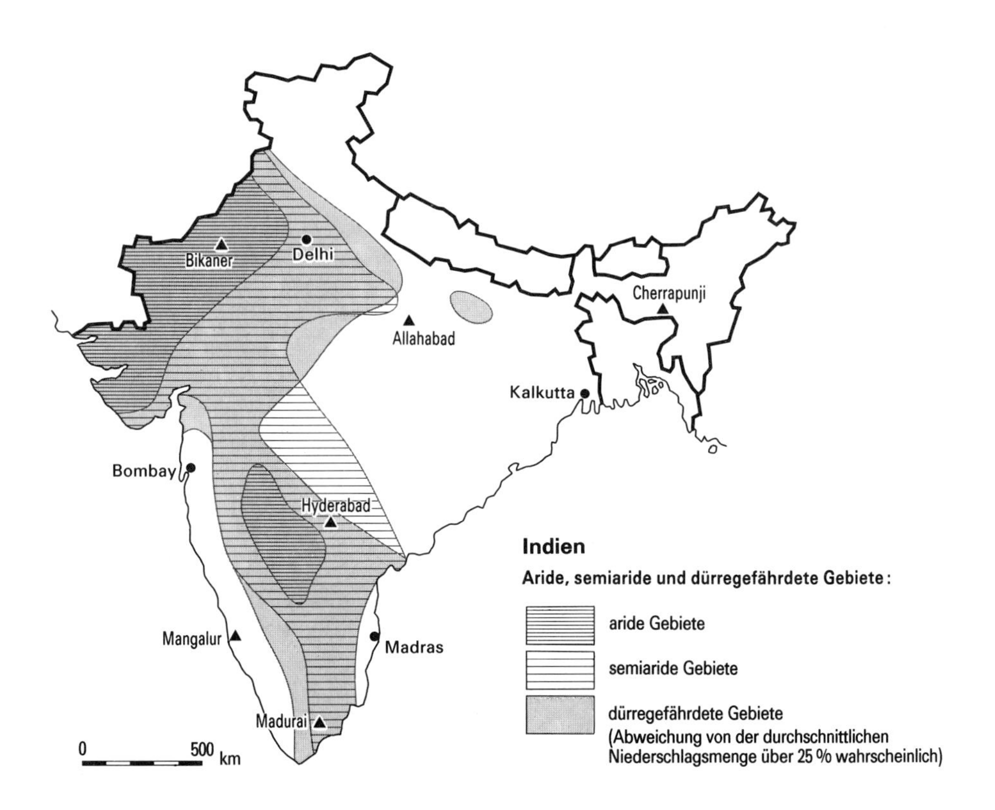

Zur Abgrenzung „aride“ und „semiaride Gebiete“ vgl. S. 62.

Da im ländlichen Raum die Entwicklungsprobleme wie Armut, Hunger und Arbeitslosigkeit am weitesten verbreitet sind und die Erwerbsbevölkerung sich auf dem Lande konzentriert, kommt der Entwicklung der Landwirtschaft und des ländlichen Raumes auf lange Sicht die Hauptaufgabe des wirtschaftlichen Aufbaus zu.

Ökologische Hemmnisse einer gesicherten Nahrungsmittelversorgung. Die unzureichende Nahrungsmittelversorgung erklärt sich zu einem erheblichen Teil aus dem eingeschränkten natürlichen Potential. Besonders die Unsicherheiten im Witterungsablauf und die eingeschränkte Bodenfruchtbarkeit wirken sich hemmend auf einen großflächigen Intensivanbau aus.
Der Rhythmus der Monsunniederschläge und die regional stark variierenden Mengen – ca. 85% der Jahresniederschläge fallen in den vier Sommermonaten Juni bis September – ermöglichen eine nur saisonale und zudem meist nur unsichere Landbestellung im Regenfeldbau. Die Regenmengen können jedoch von Jahr zu Jahr, aber auch während der Monsunperiode selbst, stark schwanken. Ein verspätetes Einsetzen oder der verfrühte Rückzug des Monsuns bedeuten eine verkürzte Anbauperiode und in der Regel Dürren und Mißernten als Folgen.
Unter den Hauptbodentypen nehmen die Roterden den größten Teil des Landes ein. Weit verbreitet sind sie im südlichen tropischen Teil und im Osten des Dekkan-Plateaus. Sie sind in der Regel wenig fruchtbar und neigen zu Laterisierung und Erosion. Infolge der geringen Wasserspeicherfähigkeit und der starken Oberflächenverkrustung (Eisenoxidation durch starke Verdunstung im wechselfeuchten Klima) lassen sie sich nur schwer für den Ackerbau nutzen.
Die Schwarzerden (Regur) des nordwestlichen und mittleren Dekkan sind aufgrund ihres Nährstoffreichtums, ihrer günstigen Wasserhaltefähigkeit und hohen Austauschkapazität potentiell zwar sehr fruchtbar, durch die jahrhundertelange Überbewirtschaftung aber in weiten Teilen ausgelaugt.
Als wirklich fruchtbar können nur die verbleibenden ca. 20% Schwemmlandböden in der Brahmaputra- und Gangesebene sowie an der Koromandel- und Malabarküste angesprochen werden. Auf ihnen wird über die Hälfte des Nahrungsgetreides angebaut.

10. *Nennen Sie die natürlichen Hemmnisse der Agrarwirtschaft Indiens. Welche Räume sind von Natur aus begünstigt?*
11. *Beschreiben Sie mit Hilfe des Atlasses die landwirtschaftliche Nutzung, und versuchen Sie, eine Beziehung zu den Faktoren Klima und Boden herzustellen.*
12. *„Indiens Schicksal entscheidet sich auf dem Lande." Erläutern Sie den Ausspruch, und nehmen Sie Stellung dazu.*

Agrarstruktur und Sozialordnung des ländlichen Raumes

Eine Studie des Internationalen Arbeitsamtes (ILO), die 1977 die „Armut und Landlosigkeit in ländlichen Gebieten Asiens" untersuchte, sieht die Gründe für die Unterentwicklung des ländlichen Raumes Indiens in:
- der statischen, hierarchisch strukturierten Sozialordnung (Kastensystem),
- der ungleichen Verteilung von Land und anderen Produktionsmitteln,
- den Verteilungsmechanismen, die sich zugunsten der Besitzenden auswirken,
- der Kapitalarmut der Betriebe und den daraus resultierenden rückständigen Produktionsmethoden,
- einer Investitionsstruktur zum Nachteil der arbeitenden Bevölkerung.

Das Kastensystem

„Das Kastensystem, besonders auf dem Lande in den über 570000 Gemeinden noch weitgehend intakt, durchdringt alle Lebensbereiche, es reglementiert das Verhalten des einzelnen, die Beziehungen der Kastenmitglieder untereinander und der verschiedenen Kasten miteinander, z. T. bis in kleinste Einzelheiten: Essen, Trinken, Heirat, in der ganz überwiegenden Anzahl der Fälle den Beruf, ferner den Platz, den der einzelne in der sozialen Stufenleiter innerhalb der Gemeinde einnimmt: Alles dies wird durch die Kastenzugehörigkeit mit der Geburt bestimmt. Die Kaste überwacht die Einhaltung dieser Gebote, indem sie Gerichtsbarkeit über ihre Mitglieder ausübt. Somit liegt in der möglichst detaillierten Kenntnis dieses komplexen und zudem erhebliche regionale Unterschiede und Besonderheiten aufweisenden sozialen Systems ein Schlüssel zum Verständnis der sozialen und wirtschaftlichen Zustände Indiens. Ohne Berücksichtigung dieses Phänomens ist damit auch das Gefüge der Kulturlandschaft Indiens nicht zu verstehen."

Jürgen Blenck, Dirk Bronger, Harald Uhlig: Südasien. Fischer Länderkunde, Bd. 2. Frankfurt: Fischer Taschenbuch Verlag 1977, S. 99

Untersuchungen in mehreren indischen Dörfern haben in der Tat gezeigt, daß ein ursächlicher Zusammenhang besteht zwischen

- Kaste und Beruf: Die überwiegende Mehrzahl der Kasten sind reine Berufskasten.
- Kastenzugehörigkeit und sozialem Status: Die sozialen Schichten – von den Grundeigentümern bis zu den landlosen Kulis – sind weitgehend kastenkonform.
- Kastensystem und Landbesitz: Der größte Teil des Grundbesitzes verteilt sich in der Regel auf nur wenige Familien der höheren Kasten, während die große Masse der unteren Kasten Pächter, Landarbeiter sind, bzw. nicht in der Landwirtschaft arbeiten.
- Kastensystem und Landnutzung: Infolge ihres größeren Besitzes können die oberen Kasten cash crops (Erzeugnisse zum Verkauf) anbauen, während die unteren Kasten gezwungen sind, auf ihrem kleinen Landbesitz ausschließlich für den Eigenbedarf zu produzieren.

Als ein weiterer entwicklungshemmender Faktor wird der Hinduismus genannt, der die Kastenordnung stützt und aufgrund seiner weltverneinenden Lehre und der religiösen Tabus („Heilige Kühe") die Menschen physisch und psychisch immobil mache.
Diese einseitige deterministische Erklärung ist jedoch nur bedingt zutreffend. Die Kastengliederung spielt zwar im Alltagsleben – besonders auf dem Lande – nach wie vor eine desintegrierende Rolle, doch wirken Schule, Gesetze oder Einflüsse von außen immer stärker ausgleichend. Festzuhalten ist auch, daß die Beschäftigung in der Landwirtschaft grundsätzlich den Mitgliedern aller Kasten, auch den „outcasts" offensteht. Auf dem Dorfe sind Landbesitz und Wasserrechte die Hauptkriterien, die über Status und Wohlergehen einer Familie bestimmen. Landbesitz und Wasserrechte hängen aber nicht zwingend von der Zugehörigkeit zu einer bestimmten Kaste ab.

Typisches indisches Dorf im südlichen Dekkan

Abb. 8: Kasten- und Berufsgliederung im Dorf Manopad (mittleres Deccan-Hochland)

Dirk Bronger: Staat und Individuum als Träger der Entwicklung. In: Karlheinz Hottes, Harald Uhlig (Hrsg.): Probleme der Entwicklungsländererforschung in Süd- und Südostasien. Bochum 1984, S. 186

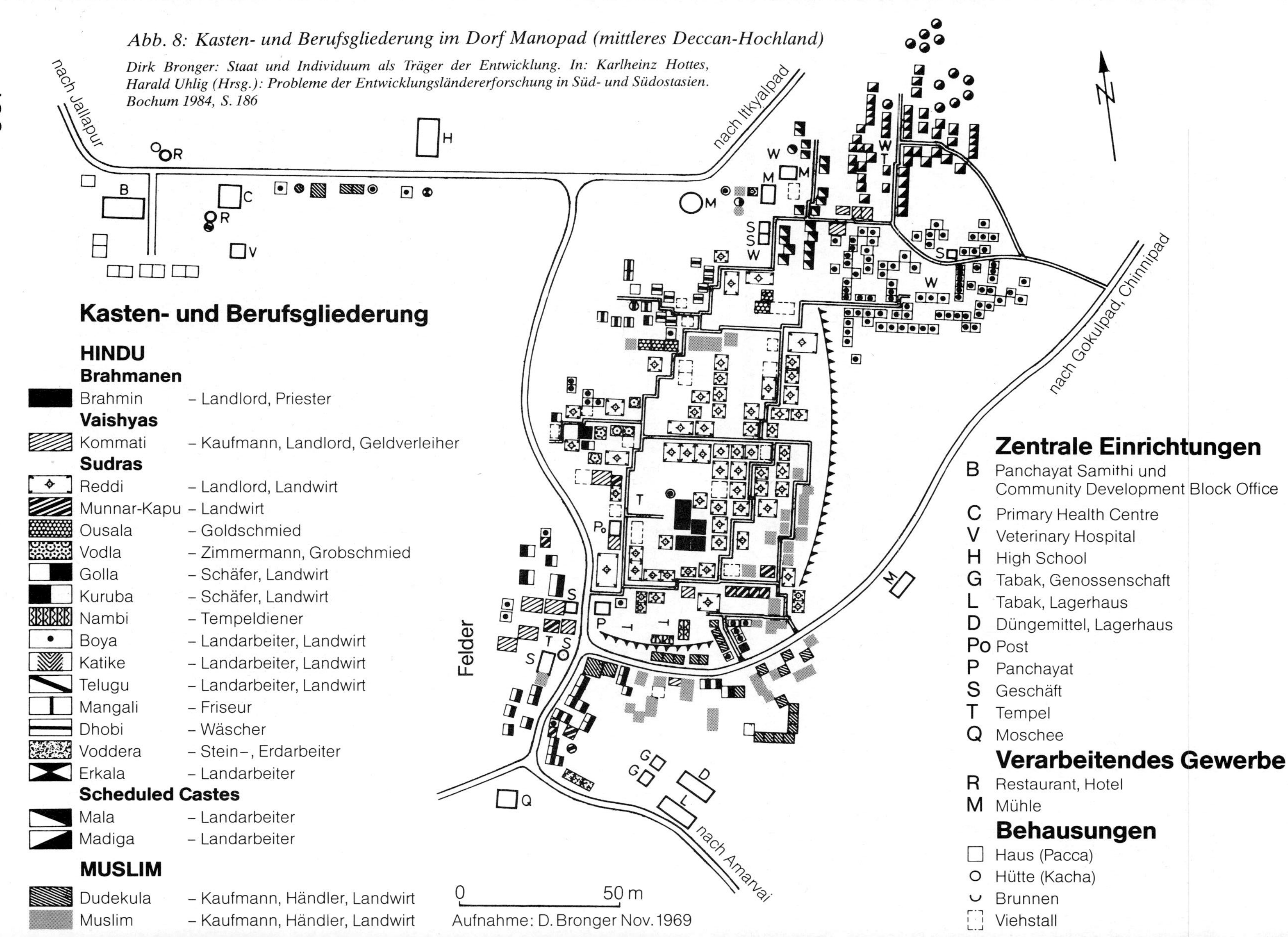

Besitzverhältnisse. Vorherrschend ist der Kleinbesitz. Etwa 70% aller landwirtschaftlichen Betriebe sind kleiner als 2 ha, doch bewirtschaften sie nur 21% (1970/71) der gesamten landwirtschaftlichen Nutzfläche, meist minderwertiges Land, das sich durch die intensive Nutzung zunehmend verschlechtert. Die für die Selbstversorgung ausreichende Betriebsgröße ist in Indien aber im Durchschnitt bei mindestens 4 ha anzusetzen. Das heißt: Über 80% der Betriebe erreichen nicht einmal die Mindestgröße (Ackernahrung). Nur 30% der Agrarbevölkerung sind überhaupt im Besitz des Bodens, den sie bearbeiten. Die meisten müssen Land dazupachten, wobei der Pachtzins in der Regel durch Naturalien oder unbezahlte Arbeit erbracht werden muß. Besonders betroffen sind hiervon die ca. 120 Millionen landlosen Landarbeiter, die etwa ein Viertel der gesamten ländlichen Bevölkerung ausmachen.

Tab. 4: Landwirtschaftliche Besitzverhältnisse 1970/71

	1000 Betriebe	%	Mio. ha	%
Landwirtschaftliche Fläche	70493	100,0	162,1	100,0
Kleinstbesitz <1,0 ha	35682	50,6	14,5	9,0
Kleinbesitz 1,0–2,0 ha	13432	19,1	19,3	11,9
Halbgr.-mittl. Besitz 2,0–4,0 ha	10681	15,1	30,0	18,5
Mittlerer Besitz 4,0–10,0 ha	7932	11,2	48,2	29,8
Großer Besitz 10,0–20,0 ha	2135	3,0	28,5	17,6
Großbesitz >20 ha	631	1,0	21,6	13,4

Länderkurzbericht Indien 1982. Statistik des Auslandes. Stat. Bundesamt (Hrsg.). Stuttgart, Mainz: Kohlhammer 1982, S. 21

Abb. 9: Modell: Absinken von Kleinbauern zu Landlosen

Hans-Georg Bohle: Bewässerung und Gesellschaft im Cauvery-Delta (Südindien). Geographische Zeitschrift, Beihefte, Erdkundliches Wissen, Heft 57. Wiesbaden: Steiner 1981 S. 97

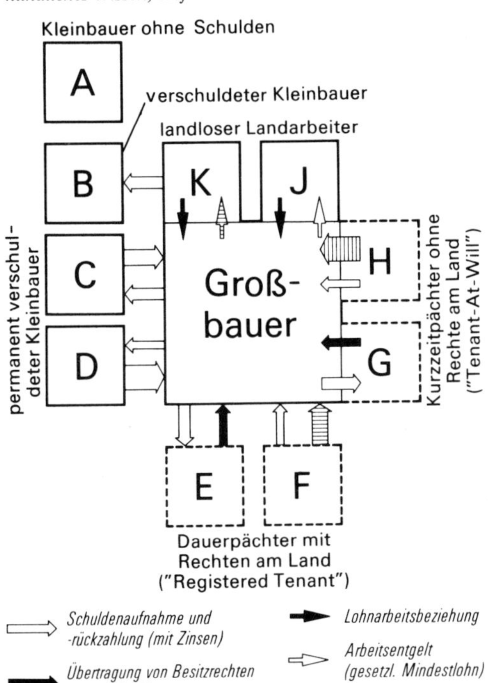

A Kleinbauer mit 1 acre Naßland – ohne Schulden, ohne Rücklagen
B Familie in Not durch Mißernte, Krankheit – Kreditaufnahme
C Überhöhte Zinslast schwächt Finanzkraft – Kreditaufnahme auch für Saatgut, Dünger, Umpflanzarbeit, Dorffeste – Permanenz der Verschuldung durch steigende Zinslast
D Vorfinanzierung der Ernte unter Marktpreis – zunehmende Schwächung der Finanzkraft – Anwachsen der Schulden und der Zinslast
E Familie erneut in Not durch Mißernte, Krankheit, Tod des Zugochsen – Verpfändung des Ackerlandes an Großbauern – Kleinbauer behält als Dauerpächter noch Rechte am Land
F Dauerpächter auf eigenem Land – 40% Pachtabgabe – beschleunigte Verschuldung durch Zinslast und Pachtabgaben
G Geldbedarf durch Begräbnis, Heirat Tochter o.ä. – Dauerpächter überträgt seine Rechte am Boden endgültig an Großbauern – wird zu Kurzzeitpächter auf seinem ehemaligen Land
H Weiter beschleunigte Verschuldung durch Zinslast plus erhöhte Pachtabgaben (60%) – allmählicher Verlust aller Produktionsmittel
J Ohne Produktionsmittel Absinken zu landlosem Landarbeiter – Erhalt von gesetzlichem Mindestlohn
K Weitere Verschuldung des Landarbeiters – abhängiges Arbeitsverhältnis – Arbeitsentgelt unter gesetzlichem Mindestlohn – Schuldknechtschaft entsteht

Die heutigen Besitzverhältnisse sind im wesentlichen das Ergebnis der traditionellen, vom Kastenwesen geprägten Agrarsozialstruktur, der vorherrschenden Realteilung und der kolonialzeitlichen Steuerpolitik (Zamindarsystem). Zum Zwecke einer effektiven Steuererhebung hatte die britische Kolonialverwaltung die Möglichkeit des Zu- oder Verkaufs von Boden eingeführt, der ursprünglich gemeinsamer Besitz der Dorfgemeinschaft bzw. der Großfamilien war. Steuereintreiber, die sogenannten Zamindari, wurden zu Grundeigentümern (landlords), indem sie durch hohe Bodenrenten und Wucherzinsen die Bauern in ihre Abhängigkeit brachten. Besonders die große Masse der Klein- und Kleinstbauern wurde infolge ihrer Verschuldung und anschließenden Enteignung des verpfändeten Bodens zu landlosen Arbeitern (Kulis). Da die Nahrungsversorgung dieser landlosen Familien nun ausschließlich von den zur Verfügung stehenden Geldmitteln bestimmt wurde, die wiederum von den Beschäftigungsmöglichkeiten abhingen, ist hier auch der Grund für die Arbeitslosigkeit, die Armut und den Hunger im ländlichen Raum zu sehen.

13. *Wie beeinflussen Bodenrechts- und Grundbesitzverhältnisse den landwirtschaftlichen Produktionsprozeß?*

14. *Zeigen Sie den Zusammenhang zwischen Kastenwesen und Siedlungsstruktur (Abb. 8).*

15. *Diskutieren Sie die sozioökonomischen Auswirkungen des Kastenwesens. Nennen Sie auch mögliche Vorzüge.*

16. *„Hunger in Indien – ein gesellschaftliches, kein produktionstechnisches Problem.“ Versuchen Sie, eine Erklärung zu geben.*

Reformversuche und Entwicklungsprojekte

Gemäß ihrer Schlüsselstellung kommt der Entwicklung der Agrarwirtschaft die Hauptaufgabe beim wirtschaftlichen Aufbau Indiens zu. Vordringliches Ziel ist es, die Ernährungslage zu sichern, die Arbeitslosigkeit zu überwinden und eine auf mehr Gleichheit beruhende Gesellschaftsordnung zu schaffen. Dazu dient eine Reihe von Programmen, die zum Teil während der britischen Kolonialzeit eingeleitet wurden.

Bewässerungsprojekte. Durch staatliche Kanalbewässerungsprojekte und den Bau von Brunnen und Stauteichen zur Speicherung von Regenwasser (Tanks) konnte die bewässerte Agrarfläche von 1950 bis 1979 um 29 Mio. ha oder fast 140 % vergrößert werden; das ist mehr als die Gesamtfläche der Bundesrepublik Deutschland. In vielen Gebieten wurde das Land so unabhängiger von den Zufälligkeiten und der zeitlichen Begrenztheit der Monsunniederschläge. Unter besonders günstigen Bedingungen ist Mehrfachanbau mit bis zu drei Ernten im Jahr möglich.
Einschränkend ist jedoch zu sagen, daß das bewässerte Land auch heute noch nur 27 % der gesamten LF ausmacht, daß infolge der geringen Regenverläßlichkeit die Landwirtschaft somit nach wie vor ein „gamble with the monsoon“, ein Glücksspiel ist. Trotz beachtlicher Steigerungen gehören die Hektarerträge Indiens zu den niedrigsten der Welt.

Agrarreform. Schon bald nach Erlangung der Unabhängigkeit (1948) versuchte die indische Regierung Bodenreformen durchzuführen. Großbetriebe sollten aufgelöst und das Land an Kleinbauern und Landlose verteilt werden. Den Kleinpächtern erhoffte man durch gerechtere Konditionen und den Landarbeitern durch gesetzlich garantierte Mindestlöhne mehr Sicherheit zu verschaffen. Die meisten Maßnahmen sind jedoch gescheitert. Das Zamindarsystem wurde zwar aufgehoben, indem der Staat die Eigentumsrechte übernahm und die Zamindaris entschädigte, aber die Besitzverhältnisse konnten nicht entscheidend geändert werden. Die Großgrundbesitzer verstanden es, die verabschiedeten Gesetze wirksam zu umgehen. Große Besitzungen wurden z. B. durch Scheinübertragungen auf die Mitglieder der Großfamilie überschrieben, Pächter durch Kündigung vom Land vertrieben oder als Tagelöhner verdingt. Da in Indien Pachtverträge meist nur mündlich geschlossen werden, können die Landbesitzer weiterhin kleine Parzellen im jährlichen Wechsel an Kleinstbauern und Landlose geben und bis zur Hälfte der Ernten als Pacht fordern.

Tab. 5: Entwicklung der Bewässerung in Indien (I: Index 1950/51 = 100)

	1950/51 1000 ha	I	1960/61 1000 ha	I	1970/71 1000 ha	I	1974/75 1000 ha	I	1981/82 1000 ha	I
Anbaufläche	118746	100	133199	112	140398	118	138300	116	143500	121
Anteil der „double cropped area" (%)	7,79	100	14,69	150	16,38	167	20,07	205	21,95	224
Bewässerungsfläche	20860	100	24661	118	31400	151	33700	162	46200	221
Art der Bewässerung										
Kanal	8300	100	10370	125	12500	151	13500	163	K. A.	–
Tank (Stauteich)	3610	100	4561	126	4500	125	3500	97	K. A.	–
Brunnen	5980	100	7290	122	11000	184	14200	237	K. A.	–
Übriges	2970	100	2440	82	3400	114	2500	84	K. A.	–

Dirk Bronger: a. a. O. S. 176 (gekürzt)

Tab. 6: Entwicklung der Bewässerung nach ausgesuchten Feldfrüchten

Erntefläche auf Bewässerungsland (in Mio. ha)	insgesamt	Reis	Weizen	Gerste	Zuckerrohr	Baumwolle
1950/51	22,6	9,8	3,4	1,4	1,2	0,5
1955/56	25,6	11,0	4,2	1,5	1,3	0,8
1960/61	28,0	12,5	4,2	1,3	1,7	1,0
1965/66	30,9	12,9	5,4	1,3	2,0	1,3
1972/73	39,1	14,4	10,8	1,2	1,9	1,7
1977/78	52,2	16,2	13,8	1,1	2,6	2,0

Länderkurzbericht Indien 1982. Statistik des Auslandes. Stat. Bundesamt (Hrsg.). Stuttgart, Mainz: Kohlhammer 1982, S. 21

Pflügen mit dem Hakenpflug auf einem Trockenfeld

Das Community Development Programme. 1952 lief ein großangelegtes Programm zur „Erneuerung des indischen Dorfes" an, das „Community Development Programme" (CDP). Durchschnittlich hundert Dörfer mit insgesamt 60000 Einwohnern wurden zu einem „Community Development Block" zusammengefaßt, der von einem Entwicklungsstab betreut wurde. Mit diesem Konzept sollte das traditionelle System der dörflichen Selbstverwaltung, das „panchayat raj" (Herrschaft durch Dorfräte), wiederbelebt werden. Man erwartete, daß diese lokalen Selbstverwaltungsorgane mit den staatlichen Entwicklungsbehörden (für die Durchführung des CDP hatte man ein eigenes Bundesministerium geschaffen) zusammenarbeiten würden, um so die ländliche Entwicklung auf unterster Ebene vorantreiben zu können. Dazu gehörten neben sozialen Aufgaben die Einführung verbesserter Anbaumethoden und Bewässerungstechniken oder der Bau von Gemeinschaftseinrichtungen, Lagerhäusern und Trinkwasseranlagen. Erfolge erhoffte man sich besonders von dem Zusammenschluß landwirtschaftlicher Kleinbetriebe zu Kooperativen, als Voraussetzung für die Anwendung moderner Produktionsmethoden und mit dem weiteren Ziel einer Nivellierung der sozialen Unterschiede auf dem Land. Untersuchungen in mehreren Bundesstaaten haben jedoch gezeigt, daß in der Regel nur wenige Familien den Kooperativen beitraten, und hier vor allem nur die kleinen Landbesitzer, so daß kaum bessere produktionstechnische Grundlagen geschaffen wurden. Da die meisten Mitglieder zudem der gleichen Kaste entstammten, muß das zweite Ziel, die Nivellierung der gesellschaftlichen Unterschiede, als gescheitert angesehen werden.

Die Grüne Revolution. Große Hoffnungen verknüpfte man mit der Einführung der „Grünen Revolution" in Indien Mitte der 60er Jahre. Unter Grüner Revolution versteht man eine besonders für den tropischen Raum entwickelte Agrartechnologie, die durch Verbindung von hochertragreichem Saatgut, Kunstdünger, Pflanzenschutz, Bewässerung und modernen Bodenbearbeitungsmethoden zu einer erheblichen Steigerung der Hektarerträge führen kann.

Die Erfolge der Grünen Revolution in Indien sind eindrucksvoll. Die Getreideproduktion erhöhte sich von 1965 bis 1982 um ca. 70%. Überdurchschnittlich waren die Steigerungsraten mit 80% beim Reis und mit mehr als 200% beim Weizen. Die Fläche des Mehrfachanbaus unter Bewässerung konnte von 20 Mio. ha (1966) auf über 30 Mio. ha (1980) erweitert werden. Der Wettlauf mit dem Bevölkerungswachstum schien damit endgültig gewonnen.

Die Erfolgszahlen sind kritisch zu beurteilen! Vom Aufschwung sind nur die beiden Getreidesorten Reis und Weizen betroffen, während andere wichtige Nahrungsgetreide, wie z. B. Hirse, und Hülsenfrüchte kaum eine Produktionserhöhung erbrachten, so daß die Ernährung (Hülsenfrüchte als Haupteiweißlieferant) qualitativ nach wie vor unzureichend ist.

Die Reformprogramme beschränken sich auf einige von Natur aus ohnehin begünstigte Regionen, in denen traditionell Weizen und Reis angebaut werden und bereits vorher gut ausgebaute Bewässerungssysteme bestanden, d. h. vor allem die Flußebenen Nordindiens und die Küstenebenen Südostindiens. Große Teile des Landes haben kaum Anteil an den Programmen.

Den entscheidenden Beitrag zur Produktionssteigerung leistete der verstärkte Einsatz von Kapital, besonders in Form von Kunstdünger und motorgetriebenen Pumpen. Die neuen Reissorten verlangen z. B. ca. 100 kg Stickstoffdünger pro Hektar; 1965/66 betrug der durchschnittliche Einsatz von Handelsdünger weniger als 6 kg/ha. Entsprechend stiegen die Importe an Handelsdünger zwischen 1960 und 1977 um das Zehnfache. Ähnliches gilt für Dieselöl zum Betrieb der Motorpumpen.

„Gab man für die Einfuhr von Erdöl und Düngemitteln im Jahre 1966/67 noch 60 bzw. 117 Millionen Dollar an knappen Devisen aus, so erhöhten sich die Beträge bis 1975/76 auf 1256 bzw. 519 Millionen Dollar. Zusammen machen allein diese beiden Importgruppen damit fast 30% der Gesamteinfuhren Indiens aus, und sie verschlingen nahezu 40% der Exporterlöse des Landes."

Hans-Georg Bohle: Die Grüne Revolution in Indien – Sieg im Kampf gegen den Hunger? Fragenkreise 23554. Paderborn: Schöningh 1981, S. 22

Durch die Ausweitung der kapitalintensiven Produktionsformen sind in erster Linie die reichen Großbauern begünstigt, da sie sowohl über ausreichend Bewässerungsland als auch über die finanziellen Mittel zur Nutzung der neuen Agrartechnik verfügen. Kleinbetriebe und Subsistenzbauern haben in der Regel kaum Anteil am Fortschritt. Am stärksten benachteiligt sind wiederum die landlosen Arbeiter, denen vielfach durch die zunehmende Mechanisierung die Verdienstmöglichkeiten genommen werden. Die Beschäftigungssituation auf dem Land wird dadurch weiter verschärft, und die Einkommensdisparitäten vergrößern sich.

Abb. 10: Getreideerzeugung in Indien

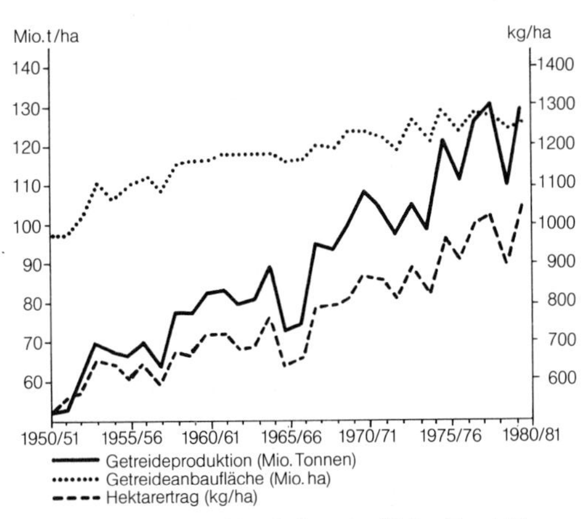

Nach Hans-Georg Bohle: Indiens ländliche Entwicklungsprobleme. In: Geographische Rundschau 1984, H. 2, S. 73

17. *Beschreiben Sie Abb. 10 (Getreideerzeugung), und versuchen Sie, die Schwankungen zu erklären.*

18. *Erläutern Sie mögliche Probleme und Gefahren, die sich mit der Durchführung der Grünen Revolution ergeben können.*

19. *„Die erste Grüne Revolution muß von einer zweiten abgelöst werden. Die Agrartechniker sind durch Agrarsoziologen zu ersetzen." Erklären Sie das Zitat.*

Industrie

„Es erscheint heute nicht mehr unmöglich, die agrarische Produktion Indiens derart zu steigern, daß seine 700 Mio. Einwohner ernährt werden können – und eine wesentlich größere Zahl in einigen Jahrzehnten. Keine Landreform, Neulandgewinnung oder Intensivierung wird jedoch allen Landarbeitern und Kleinstfarmern Arbeit und ein besseres Leben verschaffen können. Für viele von ihnen werden Arbeitsplätze in der Industrie die einzige Alternative sein. Indien braucht mehr Industrien."

Friedrich Stang: Industrialisierung und regionale Disparitäten in Indien. In: Geographische Rundschau 1984, H. 2, S. 56

Entwicklungsstand und räumliche Struktur

Die Voraussetzungen für eine umfassende Industrialisierung sind in vielerlei Hinsicht günstig, die bisherigen Erfolge beeindruckend. Indien verfügt über reiche Bodenschätze, vor allem Steinkohle (ca. 6 % der Weltreserven, aber nur ein beschränkter Teil ist für die Verkokung und Verhüttung geeignet), Braunkohle, Eisen- und Manganerze (ca. 25 % bzw. 30 % der Weltreserven), Bauxit, Kupfer und Glimmer (wichtiger Grundstoff für die elektrotechnische Industrie). Bei allem ist jedoch zu beachten, daß die Vorräte ungleichmäßig über das Land verteilt sind. Zahlreiche Lagerstätten sind noch nicht erschlossen, und ein Teil der geförderten Bodenschätze wird bislang noch unverarbeitet exportiert (Ausnahme: Steinkohle und Erdöl).

Die Energiewirtschaft steckt noch in den Anfängen ihrer Entwicklung. Weite Landstriche sind ohne Stromversorgung; elektrische Energie ist aber eine unabdingbare Voraussetzung für jede industrielle Entwicklung – und natürlich für die Landwirtschaft (z. B. für Bewässerungszwecke). Groß ist das Wasserkraftpotential, die Wasserausnutzung für Kraftwerke ist jedoch durch die jahreszeitlich bedingte schwankende Wasserführung der Flüsse begrenzt. Erdöl wird zu etwa 60 % importiert, trotz der in den letzten Jahren intensiv und erfolgreich betriebenen Explorationen. Das Planziel, bis 1990 den Bedarf zu 70 % aus der inländischen Produktion zu decken, scheint illusorisch.

Tab. 7: Produktion ausgewählter Industriegüter

		1969 gesamt	1969 pro 1000 E.	1981 gesamt	1981 pro 1000 E.
Elektrizitätserzeugung (1000 kWh)	Indien	51642000	94	119227000	174
	BR Deutschland	226050000	3727	368810000	5980
Rohstahl (t)	Indien	6514000	12	10940000	16,00
	BR Deutschland	45316000	747	41610000	674,59
Zement (t)	Indien	13624000	25	20900000	30,56
	BR Deutschland	35079000	578	31498000	510,51
Kraftfahrzeuge (PKW, LKW, Busse)	Indien	78300	0,14	154000	0,23
	BR Deutschland	3729000	61,48	3864000	62,64
Radiogeräte (Einheiten)	Indien	1735000	3	1739000	2,54
	BR Deutschland	5699000	94	2845000	64,12

Friedrich Stang: a. a. O., S. 57 (gekürzt)

Industrieller Entwicklungsstand. Auf der Basis der genannten Grundlagen konnte Indien eine vielseitige – teilweise traditionelle, teilweise moderne – Industrie aufbauen. Es kann heute den überwiegenden Teil des im Land Benötigten selbst produzieren. Bei Konsumgütern ist Indien fast vollständig, bei Investitionsgütern weitgehend unabhängig von Importen. Inzwischen stellt die Industrie mit einem Anteil von ca. 60% auch den größten Teil der Exporte.

„Diese Erfolge lassen sich allerdings auch aus einer anderen Perspektive sehen. Die eindrucksvolle industrielle Produktion ist unbedeutend, wenn man sie auf den Kopf der Bevölkerung umrechnet (vgl. Tab. 7). Die Wachstumsrate der Industrie ist zu gering, um die Arbeitsplätze zu bieten, die das Bevölkerungswachstum und die aus der Landwirtschaft zuströmenden Arbeitskräfte erfordern. Der Export besteht zum Teil aus Gütern, für deren Erwerb in Indien die Kaufkraft fehlt. Und die Unabhängigkeit von Einfuhren hatte einen hohen Preis: Die Zölle und Einfuhrverbote, die anfangs notwendig waren, damit sich die junge indische Industrie gegen die ausländische Konkurrenz behaupten konnte, bauten einen Schutzwall auf, hinter dem heute zu teuer und zu ineffizient produziert wird."

Friedrich Stang: a. a. O., S. 56

Die positive Gesamtbilanz kann auch nicht darüber hinwegtäuschen, daß nach Phasen hoher Wachstumsraten (z. B. 1961–1966) immer wieder Rezessionen mit geringem Wachstum oder gar Rückgang folgten. Seit Mitte der 60er Jahre sind die Wachstumsraten insgesamt sinkend. Die Gründe hierfür sind u. a.:

- Kapitalschwäche der indischen Wirtschaft und des Staates,
- unzureichende Energieversorgung und Infrastruktur,
- immer wieder auftretende Engpässe bei der Lieferung von Rohstoffen,
- schwerfällige Organisation der Bürokratie und der staatlichen Unternehmen,
- die überkommene Gesellschaftsstruktur: Kastenmonopol in Handwerk und Kleinindustrie, eingeschränkte Möglichkeit der freien Berufswahl oder des Berufswechsels.

Die räumliche Verteilung der Industrie läßt sich zum Teil aus der Kolonialgeschichte erklären:

„Während der größte Teil der indischen Wirtschaft der autarken Deckung des einfachen lokalen Bedarfs diente, wurden die Häfen Calcutta und Bombay zu Umschlagplätzen für den Teil der Produktion, der auf den Weltmarkt ausgerichtet war. Über die Ausfuhr der Rohstoffe und die Einfuhr von Fertigprodukten entwickelten sie sich zu Zentren des Handels, übernahmen die Verarbeitung der Exporte und schließlich auch zum Teil den Ersatz von Importen durch eigene Fertigung. Der Ausbau des Eisenbahnnetzes und das Wachstum eines indischen Marktes ließen zwar neue Industrien in den Städten des Binnenlandes entstehen, aber wegen ihrer einseitigen industriellen Ausrichtung wurden sie nicht zu ernsthaften Konkurrenten für die Hafenstädte."

Jürgen Blenck, Dirk Bronger, Harald Uhlig: Südasien. Fischer Länderkunde, Bd. 2. Frankfurt: Fischer Taschenbuch Verlag 1977, S. 218–219

Neben diesen Industriegebieten im Bereich der Hafenstädte weisen auch heute noch nur wenige Regionen eine – mit europäischen Maßstäben gemessen – hohe Industriedichte auf (vgl. Atlas).

An erster Stelle steht hier das Damodarrevier im nordöstlichen Dekkanhochland.

Auf der Basis reicher Steinkohlevorkommen (z. T. Kokskohle), die zwar von geringer Qualität sind, wegen ihrer Flözmächtigkeit und oberflächennahen Lage aber kostengünstig abgebaut werden können, hat sich diese Region inzwischen zum zweitwichtigsten Industriegebiet Indiens entwickelt. Zusammen mit den Stahlwerken von Jamshedpur und Rourkela liefern die Damodarbetriebe Durgapur und Bokaro über 70 % der gesamten indischen Stahlproduktion.

Aufgrund der günstigen Standortfaktoren (vgl. Atlas) konnte die Schwerindustrie im Damodartal eine Vielzahl anderer Betriebe der Grundstoffindustrie, der Weiterverarbeitung und der Konsumgüterindustrie an sich binden, so daß ein ca. 300 km langer Industriegürtel entstand.

Lange war dieses Gebiet eine der rückständigsten Agrarregionen Indiens. Als Folge von Entwaldung und Bodenzerstörung im Oberlauf des Damodar kam es regelmäßig zu katastrophalen Überschwemmungen. Nach dem Vorbild der amerikanischen Tennessee Valley Authority hat man zwischen 1948 und 1961 den Damodar und seine Nebenflüsse zur Flutkontrolle, Bewässerung und Stromerzeugung gestaut. Ein 137 km langer Bewässerungskanal bildet gleichzeitig einen schiffbaren Wasserweg zum Hooghly bei Kalkutta.

Abb. 11: Damodar

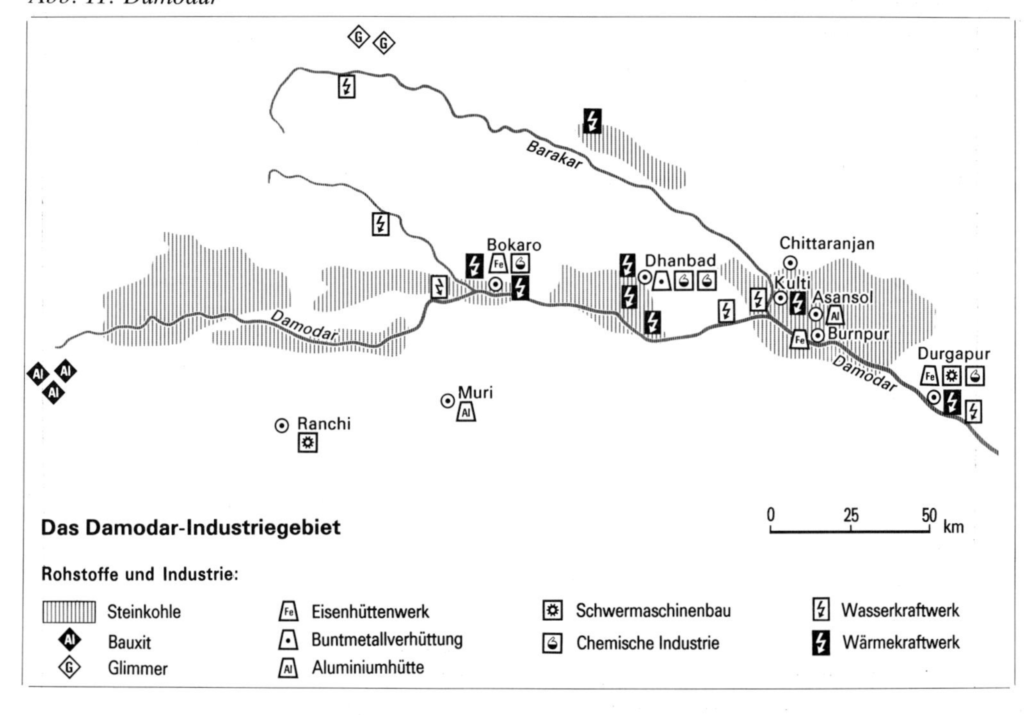

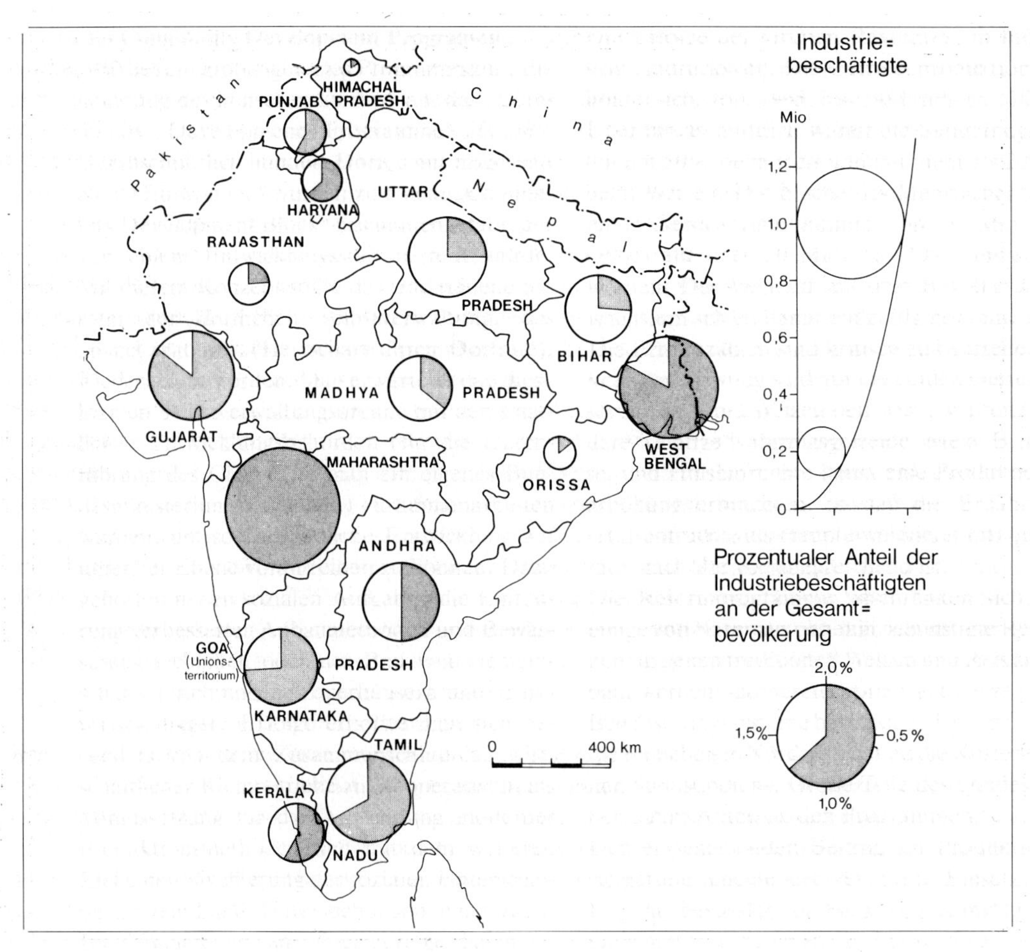

Abb. 12: Disparitäten industrieller Entwicklung

Friedrich Stang: a. a. O., S. 61

20. *Stellen Sie in einer Liste die natürlichen Voraussetzungen und Hemmnisse für den Aufbau der Industrie in Indien zusammen.*

21. *Untersuchen Sie das Verkehrsnetz. Welche Rückschlüsse lassen sich auf die industrieräumliche Struktur ziehen? (Atlas)*

22. *Nennen Sie die entscheidenden Standortfaktoren des Damodar-Industriegebietes, und beurteilen Sie seine Lage im gesamtindischen Raum.*

23. *Versuchen Sie, die industrieräumlichen Disparitäten zu erklären: a) aus der Geschichte, b) aus den natürlichen Gegebenheiten.*

Die industrielle Entwicklung

Anfänge der Industrie. Die Industrialisierung Indiens setzte in größerem Umfang erst in diesem Jahrhundert ein. Allerdings konnten Handwerk und Gewerbe bereits auf eine jahrhundertealte Tradition zurückblicken. So war Indien im 17. und 18. Jahrhundert der wichtigste Lieferant von Textilien. Diese Bedeutung schwand jedoch rasch unter der kolonial-britischen Wirtschaftspolitik.

„Als im 17. Jh. die ‚East-India-Company' indische Baumwollwaren auf den britischen Markt brachte, waren sie dort so überlegen, daß Zölle und Gesetze geschaffen wurden, um ihre Einfuhr zu erschweren. Durch den technischen Fortschritt der industriellen Revolution in Großbritannien war die handwerkliche Fertigung in Indien nicht mehr konkurrenzfähig, und die Auflösung der indischen Fürstenhöfe nahm dem organisierten städtischen Gewerbe auch seinen einheimischen Markt. So konnte sich nur das ländliche Handwerk behaupten, das einfache Güter des täglichen Bedarfs für die ‚autarken' Dorfwirtschaften herstellte. Der Subkontinent wurde Rohstofflieferant für die britische Industrie und Markt für ihre Produkte, eine Aufgabenteilung, die durch die britische Wirtschafts- und Zollpolitik nachdrücklich gefördert wurde."

Jürgen Blenck, Dirk Bronger, Harald Uhlig: a. a. O., S. 207–208

In der zweiten Hälfte des 19. Jahrhunderts entstanden in den Ballungszentren die ersten namhaften Konsumgüterindustrien, so die Baumwollfabriken in Bombay und die Juteindustrie in Kalkutta. Der Beginn der Schwerindustrie erfolgte mit der Gründung des Eisen- und Stahlwerks von Jamshedpur 1909.

„Als im Ersten Weltkrieg Indien von den Importen aus Großbritannien abgeschnitten war und die Nachfrage nach Industriegütern nicht mehr befriedigt werden konnte, zeigten sich die Schwächen der wirtschaftlichen Entwicklung Indiens sehr deutlich: Die Freihandelspolitik der Briten hatte keine Investitionsgüterindustrie aufkommen lassen, und ein eigener Maschinenbau, der eine schnelle Expansion der Industrie ermöglicht hätte, fehlte völlig."

Jürgen Blenck, Dirk Bronger, Harald Uhlig: a. a. O., S. 208

Industriepolitik nach der Unabhängigkeit

„Nach Erlangung der Unabhängigkeit war die Zentralregierung bemüht, durch staatliche Planung im Rahmen von Fünfjahrplänen eine schnelle Industrialisierung zu erreichen, um das Volkseinkommen zu steigern und die mit dem Bevölkerungsdruck wachsende Arbeitslosigkeit einzudämmen. Darüber hinaus wurde auch das Ziel einer gleichmäßigeren Verteilung der Einkommen angestrebt (‚Socialist Pattern of Society'). Für die Verwirklichung der Pläne entwickelte man die Konzeption einer ‚gemischten Wirtschaft': Die Grund- und Schlüsselindustrien, die öffentliche Versorgung und die Industrien von strategischer Bedeutung sollten vom Staat betrieben werden (‚Public Sector' der Wirtschaft). Dem privaten Unternehmertum blieb die weiterverarbeitende und Konsumgüterindustrie vorbehalten, die weniger Kapitaleinsatz erforderte (‚Private Sector'). Dazwischen lag ein Bereich, in dem Neugründungen nur mit Staatsbeteiligung erfolgen sollten."

Jürgen Blenck, Dirk Bronger, Harald Uhlig: a. a. O., S. 210

Zunächst konzentrierte sich die indische Regierung auf den Aufbau der Schwerindustrie. Mit deutscher, russischer und britischer Hilfe wurden z. B. drei große Stahlwerke errichtet: in Rourkela, Bhilai und Durgapur.

Die folgenden Fünfjahrespläne zielten neben der Ausweitung der Schwer- und Grundstoffindustrie vor allem auf eine Diversifizierung und eine räumliche Streuung, um durch Arbeitsplatzbeschaffung den Lebensstandard auf dem Land zu heben und eine gleichmäßigere Einkommensverteilung zu erreichen.

Ein geeignetes Instrument zum Abbau des regionalen Entwicklungsgefälles sehen Zentralregierung und die Regierung der Bundesstaaten gegenwärtig in dem Ausbau von „growth points", das sind Wachstumszentren in der Umgebung mittelgroßer Städte, und in der Einrichtung von „industrial estates". Der Staat erschließt hierzu größere Industrieareale, erstellt die nötige Infrastruktur und errichtet kleine Fabrikgebäude, die zu niedrigen Pachtzinsen an Unternehmer vermietet werden. Dadurch soll vor allem privaten Klein- und Mittelbetrieben der Anreiz gegeben werden, sich in rückständigen Gebieten niederzulassen und arbeitsintensive Produktionsformen einzuführen.

Handwerksbetrieb – Handarbeitsbetrieb

Trotz der bedeutenden Fortschritte auf dem industriellen Sektor ist Indien bis heute ein Land des Handwerks geblieben. Die Zahl der hier Beschäftigten übersteigt die der Industriearbeiter um ein Vielfaches. Um Arbeitsplätze zu schaffen, spielt die Förderung des Handwerks vor allem auf dem Lande eine wesentliche Rolle.

Im Rückblick auf die bisherigen Bemühungen um den Abbau der Entwicklungsunterschiede heißt es jedoch im sechsten Fünfjahresplan (ab 1980):

„Die regionalen Ungleichgewichte der industriellen Entwicklung sind nicht im verlangten Ausmaß korrigiert worden. Die Erwartung, daß die massiven Investitionen in Projekten des zentralen Sektors sich nach unten fortsetzen..., hat sich in vielen Bundesstaaten nicht erfüllt. ... Die rückständigen Gebiete sind im wesentlichen unberührt geblieben" (zitiert nach F. Stang).

24. *Zeigen Sie die Zielsetzungen und die Probleme der indischen Industriepolitik.*

25. *Das indische Wirtschaftssystem wird häufig als eine „gemischte Wirtschaft" bezeichnet. Erklären Sie diesen Ausdruck.*

26. *„Indien war wohl von allen Kolonien am stärksten von der europäischen Kolonialpolitik betroffen. Mit der Entwicklung Englands ging die Unterentwicklung Indiens Hand in Hand." Erklären Sie das Zitat, und nehmen Sie Stellung dazu.*

27. *Welche Gründe sprechen gegen, welche für eine breite regionale Streuung der Industrie?*

28. *Nennen Sie mögliche Folgen, die sich aus der Zunahme der Disparitäten zwischen den Bundesstaaten und in den Bundesstaaten ergeben können.*

Indische Städte

Eine klare Abgrenzung zwischen ländlichen und städtischen Siedlungen ist in Indien aus mehreren Gründen nicht möglich. Bei den zurückliegenden Volkszählungen wurde die Definition der Stadt mehrfach geändert. Eine einheitliche Einwohnerzahl als untere Grenze für eine Stadt und obere für ein Dorf gibt es in der offiziellen Statistik nicht. So werden Siedlungen zwischen 5000 und 20000 Einwohnern einmal als Dörfer, ein andermal als Städte ausgewiesen.

Da in Indien viele Städte selbst mit über 20000 Einwohnern aufgrund ihres Erscheinungsbildes und infolge der Berufsstruktur und Lebensgewohnheiten der Bevölkerung nach unserer Vorstellung als „ländlich" zu bezeichnen sind, verwischt sich die Grenze zwischen Dorf und Stadt weiter.

Aus funktionaler Sicht können als echte Städte in Indien nur die 216 Großstädte mit einer Einwohnerzahl von mehr als 100000 bezeichnet werden.

Dies ist zu berücksichtigen, wenn im folgenden von „Städtewachstum" bzw. „Verstädterung" die Rede ist.

Migration und Städtewachstum

Kennzeichnend für die überwiegende Mehrheit der Länder der Dritten Welt ist das explosionsartige Wachstum ihrer Großstädte. Durch den starken Bevölkerungszustrom aus dem ländlichen Raum entwickeln sich vor allem die Hauptstädte, die Metropolen, zu den alle anderen Städte überragenden Zentren. Indem sie nicht nur die politischen und administrativen Funktionen, sondern auch die wirtschaftlichen, sozialen und kulturellen Aktivitäten auf sich ziehen, findet die Entwicklung des Landes, räumlich gesehen, nur punktuell statt. Der ländliche Raum fällt in der Entwicklung zurück, zum Teil entvölkert er sich sogar.

Dieser Prozeß läßt sich in den wesentlichen Zügen auch in Indien beobachten. Die folgenden Materialien zeigen jedoch auch deutliche Unterschiede.

Tab. 8: Bevölkerungsentwicklung der Millionenstädte Indiens (Mio. E.)

	1951	1961	1971	1981
Kalkutta	4,6	5,6	7,0	9,2
Bombay	3,0	4,1	6,0	8,2
Delhi	1,4	2,4	3,6	5,2
Madras	1,5	1,7	2,5	4,3
Bangalore	0,9	1,2	1,7	2,9
Hyderabad	1,1	1,3	1,8	2,6
Ahmadabad	0,8	1,2	1,7	2,5
Kanpur	0,7	1,0	1,3	1,7
Pune	0,6	0,7	1,1	1,7
Nagpur	0,6	0,7	0,9	1,3

Abb. 13: Entwicklung der städtischen und ländlichen Bevölkerung Indiens

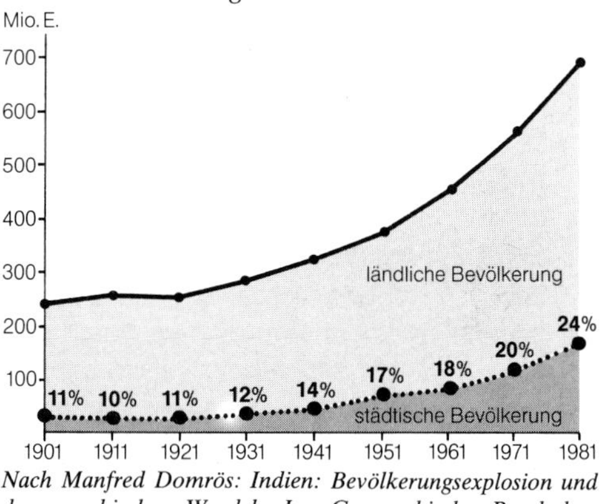

Nach Manfred Domrös: Indien: Bevölkerungsexplosion und demographischer Wandel. In: Geographische Rundschau 1984, H. 2, S. 54

Abb. 14: Wachstum der städt. Bevölkerung

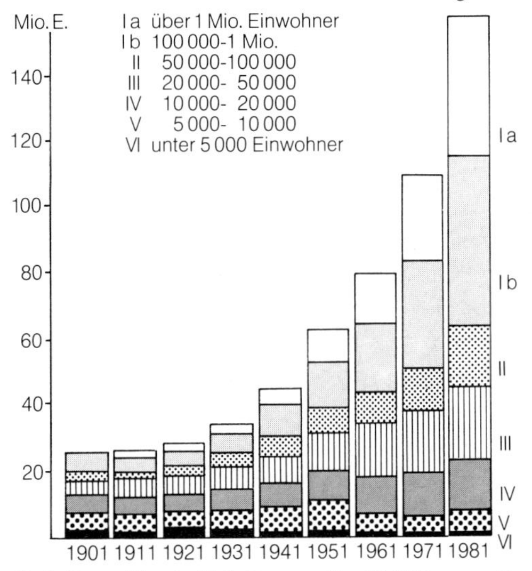

Nach Jürgen Blenck, Dirk Bronger, Harald Uhlig: a. a. O., S. 149 und Census of India 1981

„Das Muster der Verstädterung in Indien unterscheidet sich grundlegend von dem in hochindustrialisierten Ländern. In diesen Ländern wächst die Stadt sozusagen in den ländlichen Raum hinein, was zu einer allmählichen Urbanisierung des ländlichen Raumes führt. In Indien dringt jedoch die ländliche Lebensweise in die Städte und Großstädte. Deshalb ist es keineswegs außergewöhnlich, dörfliche Kerne und ländliche Lebensformen in den städtischen Industriegebieten z. B. Bombays, Kalkuttas oder Delhis zu finden."

Gabriele Wülker: Problems of Population and Urbanization in India. In: Peter Meyer-Dohm (Hrsg.): Economic and social aspects of Indian Development. Tübingen: Erdmann 1975, S. 177/178

29. *Werten Sie die vorstehenden Materialien unter folgender Fragestellung aus:*
a) Welche Entwicklungstendenzen lassen sich im Verhältnis der städtischen zur ländlichen Bevölkerung erkennen?
b) Ist es gerechtfertigt, in Indien von „Landflucht" und „Verstädterung" zu sprechen?

30. *Worauf ist das explosionsartige Wachstum der indischen Millionenstädte zurückzuführen?*

31. *Nennen Sie mögliche Folgen der Land-Stadt-Wanderungen a) für den ländlichen Raum, b) für die Städte.*

32. *„Typisch für Indien ist ein starkes Städtewachstum bei geringer Verstädterung." Erklären Sie diese Aussage.*

Slums in indischen Großstädten

Die mit dem raschen Städtewachstum verbundenen Probleme finden ihren sichtbaren Ausdruck vor allem in den Elendssiedlungen der Großstädte.

„Mindestens 20 Millionen Inder, d. h. ca. 4% der Bevölkerung Indiens, lebten 1971 in Slums. Der Anteil der Slumbewohner an der Gesamtbevölkerung indischer Großstädte variiert zwischen 20 und 60%. Primitive Wohnzellen in mehrgeschossigen Wohnblocks, Altstadtviertel mit dichter Hüttenbebauung in Hinterhöfen und an Straßenrändern, vor allem aber Hüttenwohngebiete auf marginalem, drainagelosem, überschwemmungsgefährdetem oder nicht beanspruchtem Land, so auf Friedhöfen, an Kanalrändern, in ehemaligen Bewässerungstanks und in Baulücken, kennzeichnen eine Lebensform-Gruppe, deren Wohnsituation durch den täglichen Kampf gegen Unrat, Gestank, Ungeziefer, Ratten, Seuchen und Witterungseinflüsse, durch eine bedrükkend hohe Wohndichte und durch Unsicherheit der Wohnbesitzverhältnisse charakterisiert ist. Am untersten Ende dieser Elendsskala rangieren ‚pavement dweller', die oft seit Jahrzehnten am Straßenrand und auf Bürgersteigen wohnen und die nachts meist nur durch ein Zeltdach geschützt sind, das sie mit Nägeln an der Hauswand befestigen und am Boden mit Steinen beschweren."

Jürgen Blenck, Dirk Bronger, Harald Uhlig: a. a. O., S. 377

Zu den Slums sind nicht nur die primitiven Hüttenwohngebiete zu rechnen, sondern auch die Einraumwohnungen in mehrgeschossigen Wohnblocks. Sie haben meist für 12–24 Familien je eine Toilette, Wasserstelle und Küche oft außerhalb des Hauses. Diese Einraumwohnungen sind im Durchschnitt 10–15 m^2 groß.

Slums – Ausdruck des Kastenwesens in Großstädten. Die Bevölkerung in den Slums setzt sich nicht nur aus Zuwanderern aus dem ländlichen Umland zusammen, sondern auch aus den Angehörigen niederer Kasten und den sogenannten Unberührbaren, die schon seit Generationen in der Stadt leben und dort die „unreinen" Arbeiten verrichten. Wegen ihrer elenden wirtschaftlichen Lage sind sie gezwungen, sich zu kastenkonformen Gruppen zusammenzuschließen, da sie nur so die notwendige Unterstützung, etwa in Form der Nachbarschaftshilfe, finden können. Ein Durchbrechen der Kastenschranken ist zwar im Prinzip möglich, für die meisten aber zu teuer, da der Slumbewohner seinem Kastenrang entsprechend al-

Pavement dwellers in einer Großstadt

lenfalls die schlechtbezahlten Arbeiten bekommt, der Verdienst also in der Regel nicht einmal für das Nötigste zum Leben ausreicht. Insofern ist es gerechtfertigt, die Slums als den sichtbaren Ausdruck des Kastenwesens indischer Großstädte zu bezeichnen.

Slumsanierung. Versuche zur Slumsanierung wurden schon früh, z. B. um 1900 in Kalkutta und Bombay, unternommen. Lange bedeutete Slumsanierung aber Vertreibung der Slumbewohner aus der Stadt an den Stadtrand, „um die übrige städtische Gesellschaft vor Seuchen und Brandgefahr, vor Mordfall, Aufruhr und Revolution zu schützen" (Slum Improvement Act).
Vorübergehend wurden später in größerem Umfang auch mehrgeschossige Wohnblocks mit primitiven Wohnzellen errichtet, die preiswert vermietet oder von den Slumbewohnern im Mietkaufsystem erworben werden konnten.
Seit Mitte der 70er Jahre liegt der Schwerpunkt der Sanierungspolitik auf Maßnahmen wie Bereitstellung grundlegender Infrastruktur (z. B. Wasser und Elektrizität) oder den Bau von Gemeinschaftseinrichtungen (öffentliche Toiletten, Schulen usw.). Kredite werden für die Beschaffung bzw. Sanierung der Wohnstätten bereitgestellt, ein Teil der Kosten muß jedoch von den Bewohnern selbst bezahlt werden. Vereinzelt läßt sich beobachten, daß die neuen Wohnungsinhaber ihre sanierten Wohnungen verkaufen oder vermieten, etwa um Schulden zu bezahlen, und selbst in andere Slumgebiete ziehen.

33. *Welche Ursachen führen zur Slumbildung in indischen Städten?*
34. *Erklären Sie, wieso die Slums in indischen Großstädten Ausdruck des Kastenwesens sind. Stellen Sie einen Vergleich zum indischen Dorf her.*
35. *Erklären Sie, warum infolge der Slumsanierung neue Slumgebiete entstehen können.*

Struktur der indischen Großstadt

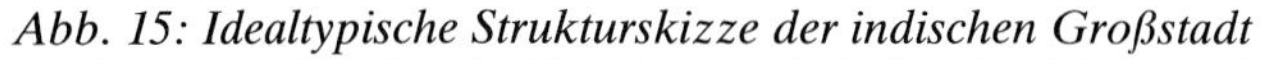

Abb. 15: Idealtypische Strukturskizze der indischen Großstadt

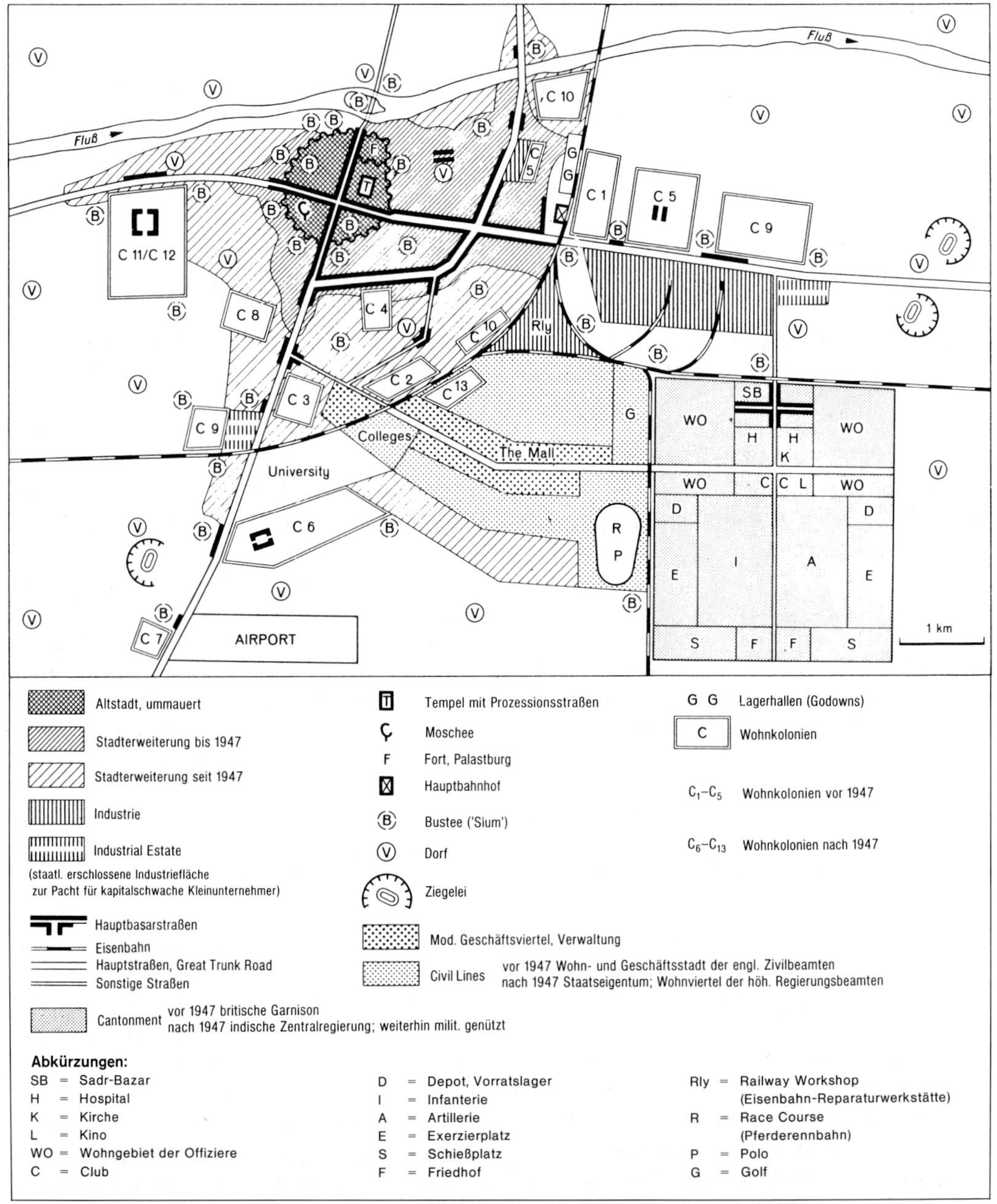

Nach Jürgen Blenck, Dirk Bronger, Harald Uhlig: Südasien. Fischer Länderkunde, Bd. 2. Frankfurt: Fischer Taschenbuch Verlag 1977, S. 156–157. In: Manfred Domrös u. a.: Asien 1. Harms Handbuch der Geographie, Studienausgabe. München: List 1981, S. 146

36. *Zeigen Sie am Beispiel der Abbildung 15 die funktionale und soziale Gliederung der indischen Großstadt.*

37. *Welche unterschiedlichen Einflüsse haben die Stadtstruktur geprägt?*

Landkreis Lüchow-Dannenberg

Lage und Landesnatur

Lage. Der Landkreis Lüchow-Dannenberg, im niedersächsischen Zonenrandgebiet gelegen, wird im N, O und S, auf 130 km, von der DDR umschlossen. Die Grenzziehung unterband die kulturellen, persönlichen, verkehrsmäßigen und wirtschaftlichen Kontakte zu den früher wirksamen Zentralorten Salzwedel und Wittenberge.

„Die große Wirtschafts- und Kulturmetropole ist für das Wendland Berlin gewesen. Obwohl die alte Reichshauptstadt unserem Kreise nicht wesentlich näher liegt als Hamburg und Hannover, hatte der Sog dieser Millionenstadt das hiesige Gebiet noch völlig in seinen Bann gezogen, und alle Verkehrswege – Bahnen und Straßen – waren nach dort gerichtet. Aus allen Teilen unseres Kreises konnte man früher im D-Zug in kurzer Zeit Berlin erreichen. Eine Fahrt mit öffentlichen Verkehrsmitteln nach Hamburg oder Hannover ist noch heute ein abenteuerliches Unternehmen. Das Wendland mit seiner schönen Landschaft und seiner Ruhe wäre heute für die Berliner der ideale Erholungsraum für Wochenende und Urlaub – wenn sie ihn direkt erreichen könnten.
So hat die innerdeutsche Grenze das Wendland zu einem abgelegenen, schwer erreichbaren Winkel werden lassen, der ohne besondere Hilfsmaßnahmen von Bund und Land keine Chance hat, im wirtschaftlichen Konkurrenzkampf zu bestehen."

Wilhelm Paasche (Hrsg.): Das Hannoversche Wendland. Lüchow: Selbstverlag des Landkreises 1977, S. 13

Die kulturelle und verkehrsmäßige Anbindung an die Nachbarkreise ist schwach, denn im W schließt das waldreiche Hügelland der osthannoverschen Endmoräne (Drawehn) den Landkreis vom Lüneburger und Uelzener Wirtschaftsraum ab – der Raum ist peripher, isoliert und weitgehend auf sich selbst angewiesen.

Landesnatur. „Das Wendland ist ein Teil der nordwestdeutschen Altmoränenlandschaft, also des Gebietes, das seine grundlegende erdgeschichtliche Ausstattung in der vorletzten Eiszeit, der Saaleeiszeit, erfahren hat. In dieser Kältezeit sind die Eismassen während eines Zeitraumes von etwa 60000 Jahren bis an das Leine- und Weserbergland vorgedrungen und haben letztlich nach ihrem völligen Abschmelzen vor rund 180000 Jahren an ihrer Stelle eine zum Teil über 100 Meter mächtige Decke von Schuttmassen aus Lehm, Sand, Kies und Steinen über den älteren Erdschichten zurückgelassen.
Das Wendland ist nun derjenige Landstrich Niedersachsens, der am längsten, um mehrere 10000 Jahre länger als das westliche Niedersachsen, vom Eis bedeckt gewesen ist. Denn im jüngsten Abschnitt jener Kältezeit, dem sogenannten Warthestadium, überschritt das Eis die Elbe nochmals in südwestlicher Richtung und türmte mit einem der letzten Vorstöße die osthannoversche Kiesmoräne auf, die sich gleich einem Kleingebirge von den Elbuferhöhen unterhalb von Hitzacker über die Göhrde und den Drawehn in südlicher Richtung erstreckt.

Aber auch die letzte Eiszeit, die Weichseleiszeit, die über einen Zeitraum von rund 100000 Jahren den heutigen Ostseeraum mit ihrem Eisschild bedeckte und deren Ende erst etwa 20000 Jahre zurückliegt, hat an der Gestalt des Wendlandes noch entscheidend mitgewirkt. In dieser Zeit vereinigten sich die aus dem östlichen Vereisungsgebiet nach Süden und Westen abfließenden Schmelzwasser zum Elbe-Nordseestrom und formten sein Bett zu einem gewaltigen Urstromtal aus. Ihm wandten sich dann auch, meist nördlicher Richtung folgend, alle Fließgewässer des gesamten Wendlandes zu. Oberhalb der einengenden Höhen bei Hitzacker weitete sich das Urstromtal zu einem zeitweise riesigen Eisstausee, der heutigen Jeetzel-Elbe-Niederung."

Ernst Preising: Die Landschaft des Wendlandes und ihre Besonderheiten. In: Wilhelm Paasche (Hrsg.): a. a. O., S. 13

Abb. 1: Morphologische Großeinheiten, Haupteisrandlagen und Urstromtäler des Norddeutschen Flachlandes und angrenzender Gebiete

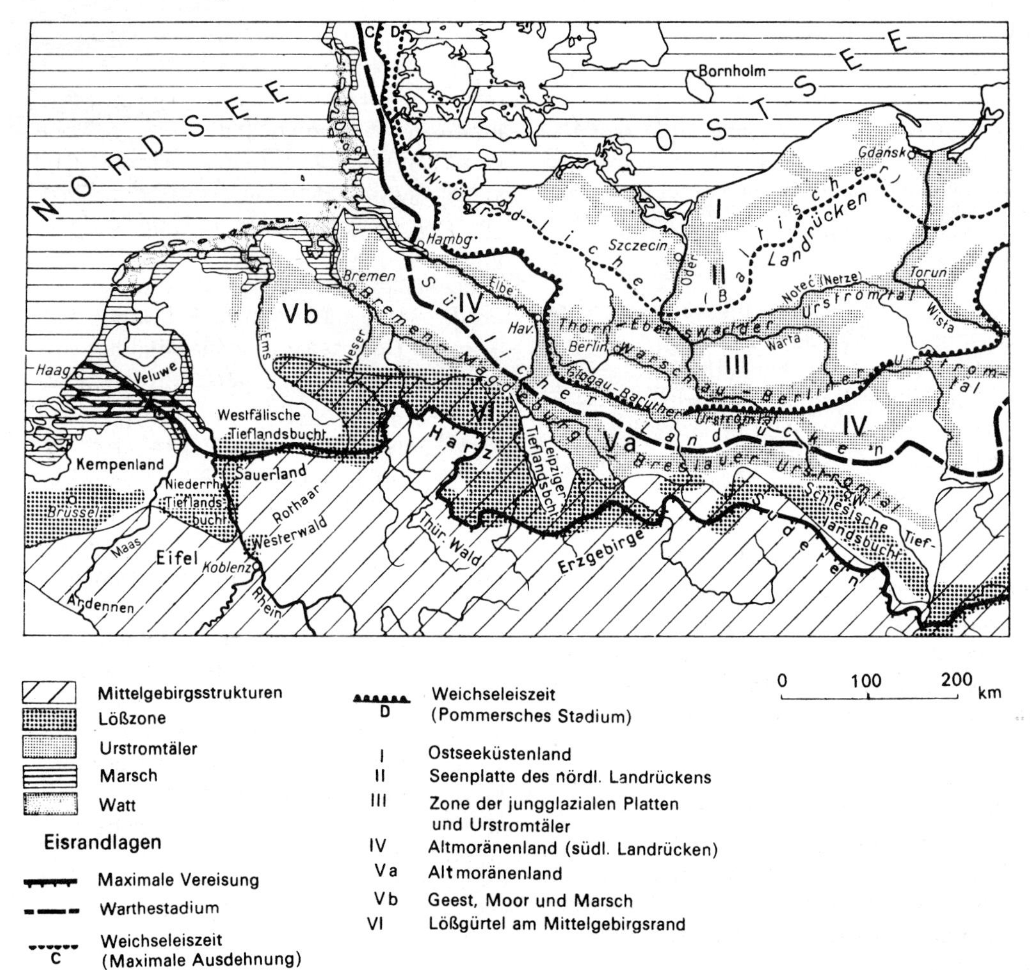

Ernst Neef: Das Gesicht der Erde: Nachschlagewerk der physischen Geographie. Thun und Frankfurt/Main: Verlag Harri Deutsch 1981, S. 39

Abb. 2: Schematisierte Abfolge der Quartärschichten im Raum Gorleben

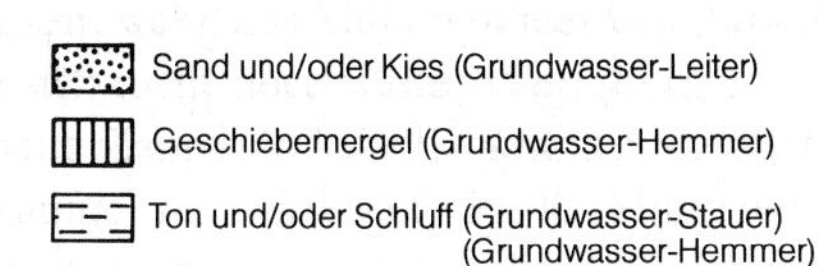

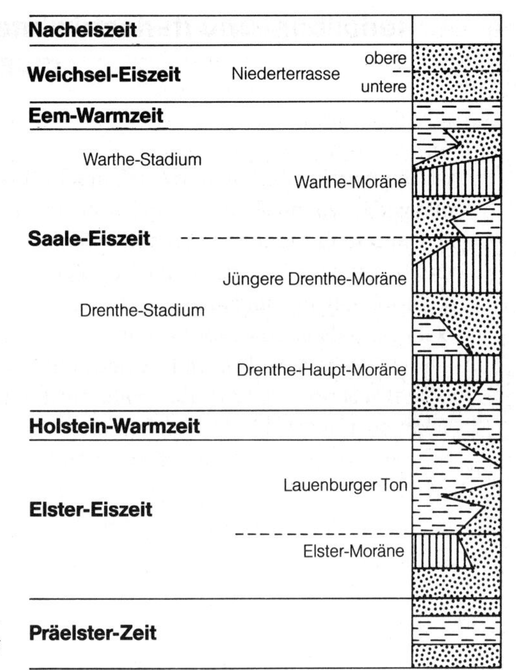

Nach H. Venzlaff: Status der Standorterkundung. In: Entsorgung, Bd. 2. Hrsg. vom Bundesministerium für Forschung und Technologie, Berlin 1983, S. 69

Über den sandigen und sandig-lehmigen eiszeitlichen Ablagerungen entwickeln sich meist nährstoffarme, podsolartige Böden. Dies spiegelt sich in den überwiegend geringen Ertragsmeßzahlen (vgl. Abb. 5, S. 148) wider.

„Die Lage im nordöstlichen Grenzgebiet Niedersachsens in schon verhältnismäßig großer Entfernung von der Meeresküste und im Schutze des die atlantischen Klimaeinflüsse abwehrenden Moränenrückens an der Westflanke des Wendlandes bewirkt für dieses Gebiet, im Vergleich zum westlichen Niedersachsen, schon einige bemerkenswerte kontinentale Züge im Klima. Sie kommen unmittelbar in geringeren Niederschlagsmengen um rund 600 mm jährlich, in höheren Sommer- und tieferen Wintertemperaturen und längerer Sonnenscheindauer zum Ausdruck. ...
Die Eigenschaften des Klimas haben auch die Pflanzendecke und die Tierwelt beeinflußt. Das natürliche Pflanzenkleid ist allerdings im Verlauf jahrtausendelanger Landbewirtschaftung völlig verändert worden. Von Natur aus wäre auch das Wendland fast völlig bewaldet: Auf den trockenen bis feuchten sandigen Moränen- und Talsandböden mit ertragsschwachen Birken-Eichen-Wäldern und etwas leistungsfähigeren Buchen-Eichen-Wäldern, auf den reicheren lehmigen Böden mit Eichen-Hainbuchen-Wäldern, in den Naß- und Sumpfgebieten mit Erlen- und Birkenbrüchen und auf den nährstoffreicheren Aueböden in der Elbaue mit Eichen-Eschen-Ulmen-Auewäldern. Nur wenige Moore, Dünen sowie tiefliegende Überschwemmungsgebiete im Elbtal darf man als natürlich waldfreie Bereiche annehmen."

Ernst Preising: a. a. O., S. 15f.

Heute sind nur noch wenige Reste dieser potentiell natürlichen Vegetation erhalten. Die Laubwaldgesellschaften sind häufig den Kiefern- und Fichtenbeständen gewichen.

Abb. 3: Hannoversches Wendland – naturräumliche Einheiten

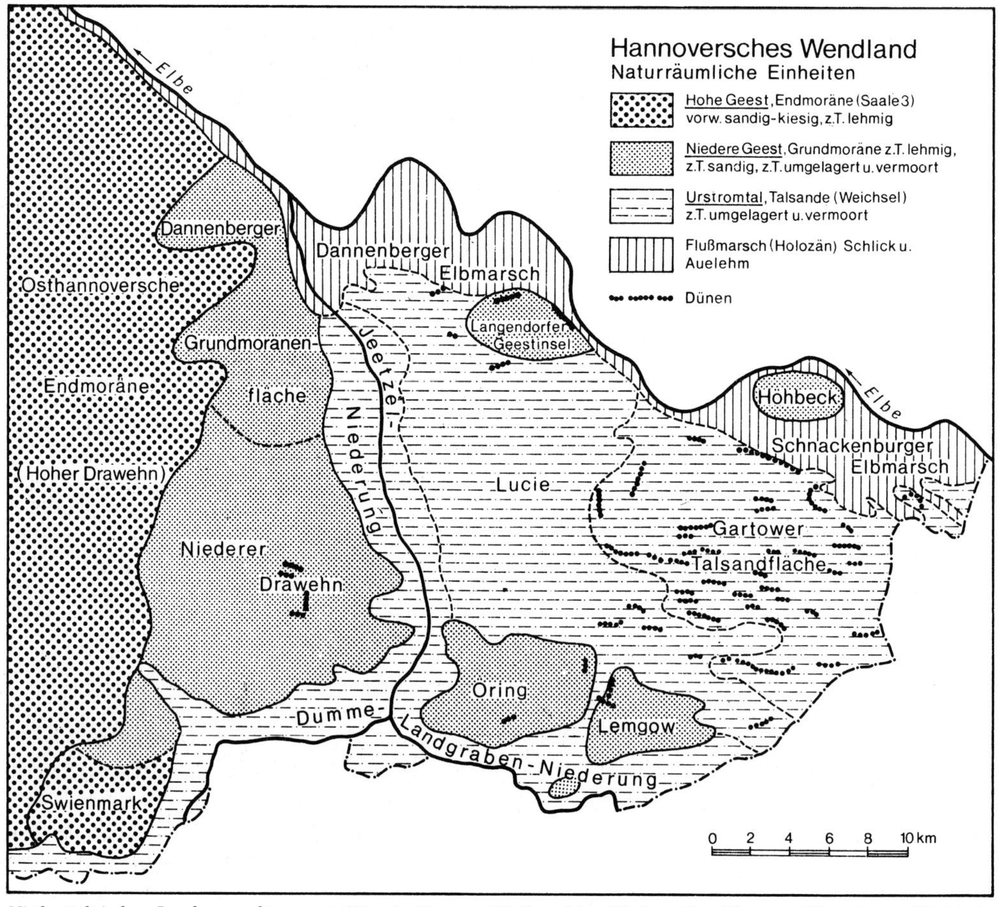

Niedersächsisches Landesverwaltungsamt (Hrsg.): Topographischer Atlas Niedersachsen/Bremen. Neumünster: Wachholtz 1977, S. 112

Bevölkerungs- und Siedlungsverhältnisse

Mit nur 40 Einwohnern je Quadratkilometer war der Landkreis im Jahre 1978 der am dünnsten besiedelte in der ganzen Bundesrepublik Deutschland (247 E./km^2). Sein ländlich-bäuerlicher Charakter äußert sich unter anderem auch darin, daß nur wenige und kleine Städte vorhanden sind. Die wichtigste ist Lüchow, Sitz der Kreisverwaltung. Hier und in der früheren Kreisstadt Dannenberg konzentrieren sich die wenigen industriellen Arbeitsplätze. 1970 bestanden noch insgesamt 230 selbständige Gemeinden – eine einmalige Zahl in der Bundesrepublik Deutschland –, die kleinste zählte am 21. 5. 1970 einen Einwohner. In der Gemeindereform 1972 wurden fünf große Gemeinden (Samtgemeinden) gebildet, die sich aus den Städten und 22 Landgemeinden zusammensetzen.

Die Siedlungsstruktur wird geprägt von vielen kleinen, aber in sich geschlossenen Siedlungen. Typisch sind Rundlingsdörfer, in deren Kern sich die Gebäude kreis- oder bogenförmig um einen Dorfplatz gruppieren. In keinem anderen Gebiet westlich der Elbe sind sie so gut erhalten wie hier. Ihre Entstehung ist nicht eindeutig geklärt. Lange glaubte man, sie stünden im Zusammenhang mit der Einwanderung der Slawen (Wenden), die den Raum im 8. und 9. Jahrhundert besiedelten.

Abb. 4: Ausschnitt aus der topographischen Karte 1:50 000, Salzwedel

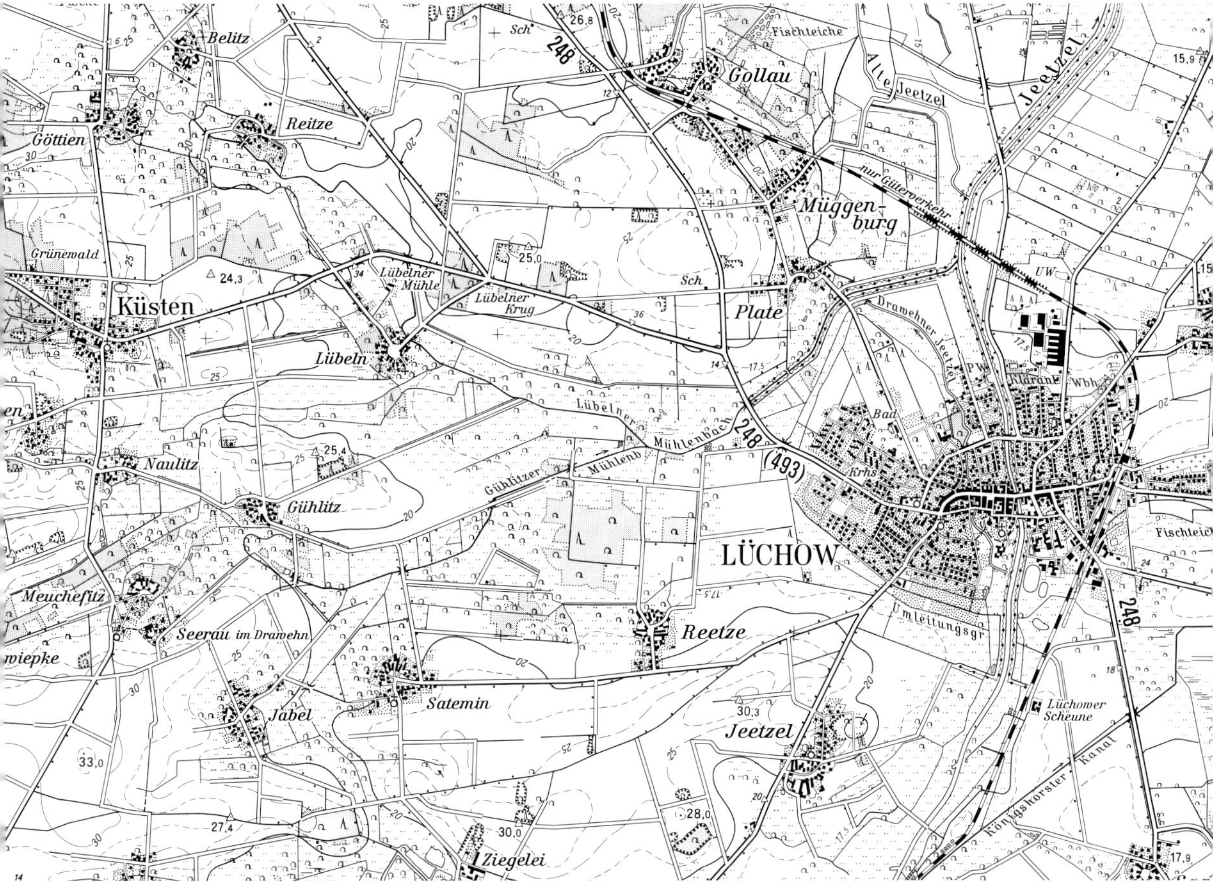

„Kartengrundlage: Topographische Karte 1:50 000, L3132 (1981). Vervielfältigt mit Erlaubnis des Herausgebers: Niedersächsisches Landesverwaltungsamt – Landesvermessung – B5 – 385/85"

Die wendische Bevölkerung gebrauchte bis etwa um 1700 ihre eigene Sprache, die heute in den Orts- und Flurnamen und in der Bezeichnung Hannoversches Wendland nachwirkt.

Bevölkerungsstruktur: Bei der Analyse eines schwachstrukturierten Raumes spielen die Daten zur Bevölkerungs- und Erwerbsstruktur eine besonders wichtige Rolle.

Tab. 1: Altersstruktur 1970 und 1983 (in %)

<table>
<tr><th></th><th colspan="2">Lüchow-Dannenberg</th><th colspan="2">Land Niedersachsen</th><th colspan="2">Bundesrepublik Deutschland</th></tr>
<tr><th></th><th>1970</th><th>1983</th><th>1970</th><th>1983</th><th>1970</th><th>1982</th></tr>
<tr><td>bis 15 Jahre</td><td>20,2</td><td>16,4</td><td>25,7</td><td>16,4</td><td>23,0</td><td>16,1</td></tr>
<tr><td>15–20 Jahre</td><td>6,9</td><td>8,7</td><td rowspan="2">38,2</td><td>9,0</td><td rowspan="2">41,3</td><td rowspan="2">45,9</td></tr>
<tr><td>20–45 Jahre</td><td>27,5</td><td>29,8</td><td>35,5</td></tr>
<tr><td>45–65 Jahre</td><td>24,2</td><td>25,7</td><td>22,4</td><td>24,0</td><td>22,2</td><td>22,8</td></tr>
<tr><td>65 Jahre und älter</td><td>17,9</td><td>19,2</td><td>13,7</td><td>15,0</td><td>13,5</td><td>15,2</td></tr>
<tr><td>Ausländeranteil</td><td>0,4</td><td>0,9</td><td>2,1</td><td>4,0</td><td>4,0</td><td>7,5</td></tr>
<tr><td>Erwerbsquote</td><td>41,8</td><td>41,0</td><td>42,4</td><td>45,0</td><td>43,5</td><td>43,3</td></tr>
</table>

Landkreis Lüchow-Dannenberg: Statistische Information. Lüchow 1984, S. 6

Tab. 2: Bevölkerung, Bevölkerungsdichte und Bevölkerungsentwicklung 1821–1980

	Lüchow-Dannenberg		Reg.-Bezirk Lüneburg	Niedersachsen	Bundesgebiet
	Einwohner	Einw./km²	Einw./km²	Einw./km²	Einw./km²
1821	36774	30,4	23	39	
1871	46111	38,1	34	55	82
1925	43196	35,7	43	84	157
1930 Mai	41176	34,0	50	96	173
1946 Oktober	69951	57,5	83	131	186
1950 September	74930	61,9	90	144	201
1956 September	58127	47,7	85	137	213
1961 Juni	52961	43,8	87	140	226
1969 Dezember	50669	41,9	98	150	245
1976 Juni	49529	41,0	97	153	249
1978 Dezember	48693	40,0	–	153	248
1980 Dezember	48826	40,1	–	153	248

Gert Ritter, Joseph Hajdu: Die deutsch-deutsche Grenze. Geostudien 7. Köln: Selbstverlag Schneider/Wiese 1982, S. 270

Tab. 3: Absolutes natürliches Bevölkerungswachstum und Wanderungssaldo im Landkreis Lüchow-Dannenberg 1961–1983

	Bevölkerungswachstum	Wanderungssaldo
1961–1965	+ 717	−2273
1966–1970	+ 409	−1409
1971–1975	−1371	− 60
1976–1980	−1651	+ 774
1981–1983	−1061	+1136

Gert Ritter, Joseph Hajdu: a. a. O., S. 270; ergänzt

„Der Grund dafür, daß die Wanderungsverluste seit 1970 zurückgegangen sind, ist in der Tatsache zu finden, daß der Landkreis mit seinen Dörfern und Kleinstädten in lebenswerter und landschaftlich reizvoller Umgebung in zunehmendem Umfange neue Heimat für Großstädter wird. Häufig wird aus dem Ferienhaus ein Zweit- und Alterswohnsitz."

Landkreis Lüchow-Dannenberg: a. a. O., S. 3

Tab. 4: Wanderungssaldo nach verschiedenen Altersgruppen

	absolut (Personen) 1977	1979
unter 18 Jahre	+ 24	+ 84
18–25 Jahre	−208	−117
25–30 Jahre	+ 3	+ 52
30–50 Jahre	+ 76	+120
50–65 Jahre	+105	+ 74
65 Jahre und mehr	+ 45	+ 14
Saldo insgesamt	+ 45	+227

Landkreis Lüchow-Dannenberg: Statistische Information 1979. Fortschreibung 1981. Lüchow 1982, S. 5

1. *Beschreiben Sie die Auswirkungen der eiszeitlichen Überprägung des Landkreises auf Böden, Vegetation und Gewässernetz.*
2. *Erläutern Sie auf dem Hintergrund der natürlichen Ausstattung (vgl. Abb. 3, S. 144) die höheren Ertragsmeßzahlen im Norden des Landkreises (Abb. 5, S. 148).*
3. *Begründen Sie die Entwicklung der Einwohnerzahl seit 1821. Machen Sie die Zusammenhänge zwischen Abwanderung, Geburten- und Sterberaten in jüngster Zeit deutlich.*
4. *Interpretieren Sie Abb. 4, S. 145. Lassen sich Hinweise auf eine geringe wirtschaftliche Entwicklung finden?*

Die Wirtschaftsstruktur

Abwanderung und Bevölkerungsrückgang finden ihre Erklärung in der wirtschaftlichen Situation. Erste Aufschlüsse darüber vermittelt die Gliederung der Erwerbsbevölkerung.

Tab. 5: Erwerbstätigkeit

Erwerbstätige in den Wirtschaftsbereichen	Lüchow-Dannenberg 1950 insg.	%	1961 insg.	%	1970 insg.	%	Niedersachsen 1961 %	1970 %	Bundesrepublik Deutschland 1961 %	1970 %
Land- und Forstwirtschaft	18626	55,0	11037	46,0	6410	30,3	19,5	10,9	12,5	7,5
Prod. Gewerbe (ohne Baugewerbe)	4713	13,5	3908	16,2	4921	23,2	32,4	36,2	40,5	41,3
Baugewerbe	2205	6,6	2097	8,6	2137	10,1	10,4	8,5	7,7	7,7
Handel, Geld- u. Vers.-Wesen	2124	6,4	2334	9,7	2595	12,2	13,7	17,2	13,6	15,1
Verkehr u. Nachrichtenübermittlung	1349	4,0	1027	4,3	854	4,0	4,1	5,5	5,6	5,5
Sonst. Bereiche (ohne Soldaten)	4864	14,5	3086	13,2	4266	20,2	19,9	23,9	20,1	23,0
Erwerbstätige insges.	33881	100,0	24065	100,0	21183	100,0	100,0	100,0	100,0	100,0
davon Frauen	12817	37,7	9656	40,1	7910	37,4	36,5	34,6	37,1	35,8
Erwerbsquote		46,6		45,5		41,8	45,5	42,4	47,2	43,5

Wilhelm Paasche (Hrsg.): Das Hannoversche Wendland. Lüchow: Selbstverlag des Landkreises 1977, S. 188

Tab. 6: Bruttoinlandsprodukt (BIP)

Jahr	insg. Mio. DM	%	dav. Anteil der Land- u. Forstwirtschaft Mio. DM	%	warenproduz. Gewerbe Mio. DM	%	Handel u. Verkehr Mio. DM	%	übrige Dienstleistungen Mio. DM	%
1961	185	100	61	33	47	26	32	17	45	24
1972	445	100	72	16	184	41	63	14	126	28
	(+140 %)		(+18 %)		(+290 %)		(+97 %)		(+180 %)	
		Veränderung 1961–1972: +13 %/Jahr								
1974	485	Veränderung 1972–1974: +4,5 %/Jahr								

BIP je Person der Wirtschaftsbevölkerung

Jahr	Lüchow-Dannenberg	Regierungsbezirk Lüneburg	Niedersachsen	Bundesgebiet
1961	3570 DM	8340 DM	8000 DM	5900 DM
1972	9090 DM	12020 DM	11760 DM	13560 DM
1974	10010 DM	12920 DM	13800 DM	16140 DM
1978	13300 DM	14300 DM	18200 DM	–
1980	15400 DM	16400 DM	21000 DM	–

Wilhelm Paasche (Hrsg.): a. a. O., S. 188; ergänzt

Tab. 7: Arbeitslosigkeit

	Arbeitslose Landkreis Lüchow-Dannenberg		Arbeitslosenquote	
			Niedersachsen	Bundesgebiet
	absolut	%	%	%
Sommer 1950 Aug.	4005	21,7	14,3	10,3
Sommer 1958 Aug.	380	2,4	2,6	1,7
Winter 1958/59 Jan.	2389	15,6	9,6	6,7
Winter 1966/67 Febr.	1541	13,4	4,4	3,1
Sommer 1967 Aug.	591	5,1	2,1	1,7
Winter 1967/68 Jan.	1629	13,9	4,2	3,2
Winter 1975/76 Febr.	1409	10,6	6,7	5,9
Sommer 1976 Aug.	821	6,2	4,7	4,1
Winter 1976/77 Jan.	1374	10,5	6,4	5,5
Winter 1980/81 Jan./Febr.	1614	12,5	7,0	–
Winter 1981/82 Jan.	2326	18,0	–	8,2
Sommer 1982 Mai	1719	13,3	–	6,9

Wilhelm Paasche (Hrsg.): a. a. O., S. 188; ergänzt

Die Landwirtschaft. Der Landkreis Lüchow-Dannenberg ist seit eh und je ein stark landwirtschaftlich geprägter Kreis. Die Bodenqualität ist allerdings wegen der vorherrschenden sandigen Böden nur mittelmäßig bis gering. Die stark schwankende Qualität findet ihre Erklärung in der Vielfalt des eiszeitlichen und nacheiszeitlichen Formenschatzes.

Abb. 5: Natürliche Ertragsfähigkeit der landwirtschaftlich genutzten Böden

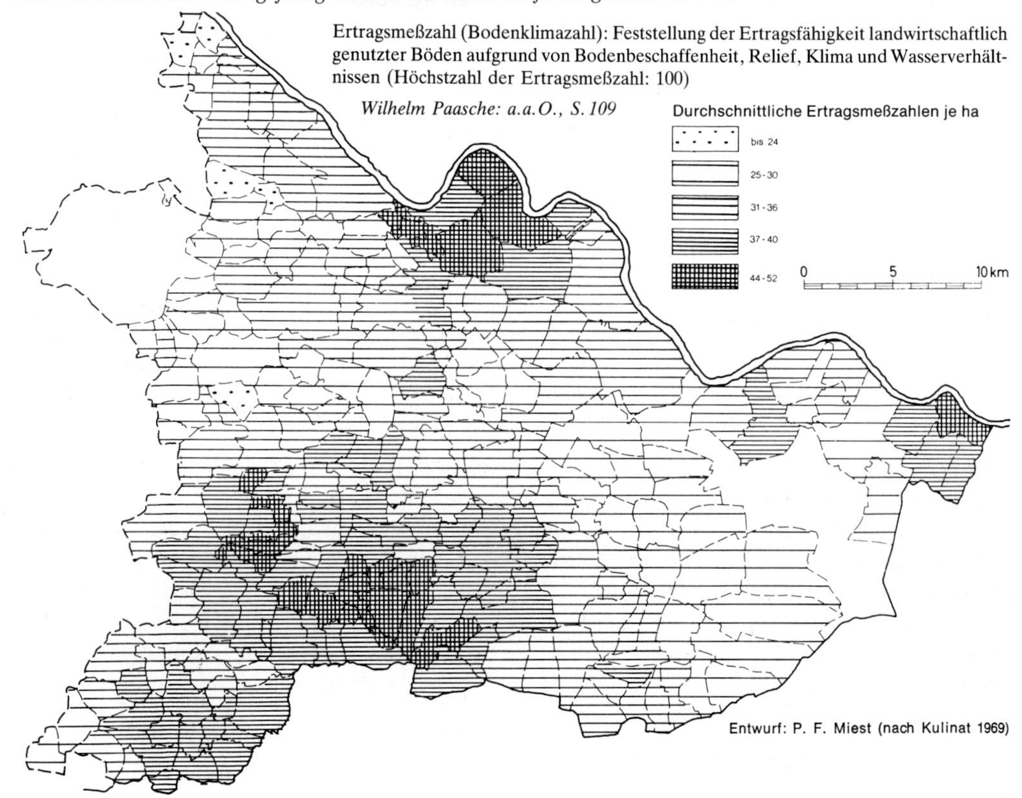

Grundlegende Schwierigkeiten bereitet einerseits der Wassermangel der Moränengebiete und Talsandflächen, andererseits der Wasserüberschuß der Flußniederungen von Elbe, Jeetzel, Dumme und Landgraben. Etwa 54% der Gesamtfläche werden landwirtschaftlich genutzt, 37% forstwirtschaftlich. 56% der landwirtschaftlichen Nutzfläche entfallen auf Ackerland (v. a. Roggen, Gerste, Weizen), 42% auf Wiesen und Weiden. Die Viehhaltung spielt eine große Rolle. Die Betriebsgrößenentwicklung folgt der allgemeinen Tendenz im Bundesgebiet. Große Betriebe sind relativ stark vertreten (Durchschnittsgröße aller Betriebe 1979: 31,4 ha; Bundesrepublik Deutschland 1980: Vollerwerbsbetriebe: 23,6 ha), entsprechend hoch ist der Anteil der Vollerwerbsbetriebe im Landkreis Lüchow-Dannenberg (1979: 68%). Probleme für die Landwirtschaft ergeben sich demnach weniger aus der Betriebsstruktur, sondern aus den schon geschilderten wasserwirtschaftlichen Verhältnissen und der marktfernen Zonenrandlage. Für die Landwirtschaft war beispielsweise früher die Zuckerfabrik des heute in der DDR gelegenen Salzwedel von großer Bedeutung.

Tab. 8: Landwirtschaftliche Betriebsstruktur im Landkreis Lüchow-Dannenberg

	<2 ha	2–5 ha	5–20 ha	20–50 ha	>50 ha
a) Anteil der Betriebsgröße (%)					
1949	19,8	21,3	44,1	14,2	0,6
1960	19,7	17,3	40,7	20,9	1,4
1971	15,2	15,2	27,3	36,1	6,2
1978	21,6	32,4		31,8	14,2
b) Anteil der LN (%)					
1949	2,2	7,0	47,0	37,8	6,0
1960	1,7	4,5	38,2	46,8	8,8
1971	0,9	2,5	17,0	58,3	22,3

Gert Ritter, Joseph Hajdu: a. a. O., S. 242

„Heute wird, bedingt durch Lage und Marktferne, mehr und mehr Veredlungswirtschaft betrieben. Man ist bestrebt, die in den Betrieben gewonnenen Erzeugnisse über die Tierhaltung zu verwerten, um dadurch voluminöse Transporte zu umgehen. Demgemäß hat sich der Früchteanbau auf dem Acker in den letzten Jahren sehr verändert. Der Gemüseanbau, der eine gewisse Rolle spielte, hat durch die im Konjunkturprogramm 1974 geförderte Ansiedlung eines Trocknungswerkes für verschiedene Gemüse- und Gewürzpflanzen in Lüchow-Seerau zur Herstellung von Fertiggerichten einen Anstoß erfahren. Das Werk hat eine Kapazität zur Verarbeitung der Ernte von 250 ha – vorwiegend Vertragsanbau in der Jeetzelniederung. Der Anbau von Hackfrüchten ist zugunsten des Getreideanbaus wesentlich zurückgegangen."

Fritz Schmidt: Die Landwirtschaft. In: Wilhelm Paasche (Hrsg.): a. a. O., S. 107

Industrie und Handwerk

„In der Industrie waren 1951 nur rund 900 Arbeitskräfte beschäftigt. Die Pläne zur Errichtung einer Fleischkonservenfabrik, einer Heraklithplattenfabrikation, einer Papierfabrik, eines milchverarbeitenden Betriebes in Lüchow und einer Faßfabrik in Hitzacker konnten nicht verwirklicht werden. Insgesamt hatten sich bis 1955 zehn neue Betriebe, die zumeist aus den altmärkischen Gebieten stammten, im Landkreis niedergelassen. Aber mehrere Betriebe wanderten ab und nannten als Gründe für ihre Entscheidungen meist schleppende Finanzierungsverfahren, Mangel an Fabrikationsräumen und Wohnraum für die Belegschaftsmitglieder. Zudem waren besonders die Facharbeiter z. T. mit behördlicher Unterstützung abgewandert und gingen für die Entwicklung des Gebietes verloren. ...
Erst das Zonenrandprogramm aus dem Jahre 1954 und das Regionale Förderungsprogramm stellten gezielt Mittel zur Verfügung für die finanzielle Förderung der Ansiedlung und des Ausbaus von Industriebetrieben. Die Liste der Förderungsmaßnahmen reichte von Bezuschussung oder Darlehensgewährung an die Gemeinden für die Erschließung von Industriegelände bis zur Gewährung von zinsgünstigen Darlehen an die Betriebe für Grunderwerbs-, Bau- und Maschinenbeschaffungskosten. Gleichzeitig konnten die Betriebe von da ab steuerbegünstigte Sonderabschreibungen vornehmen."

Heinrich Flügge: Die gewerbliche Wirtschaft. In: Wilhelm Paasche (Hrsg.): a. a. O., S. 126

Abb. 6: Industriestandorte 1983

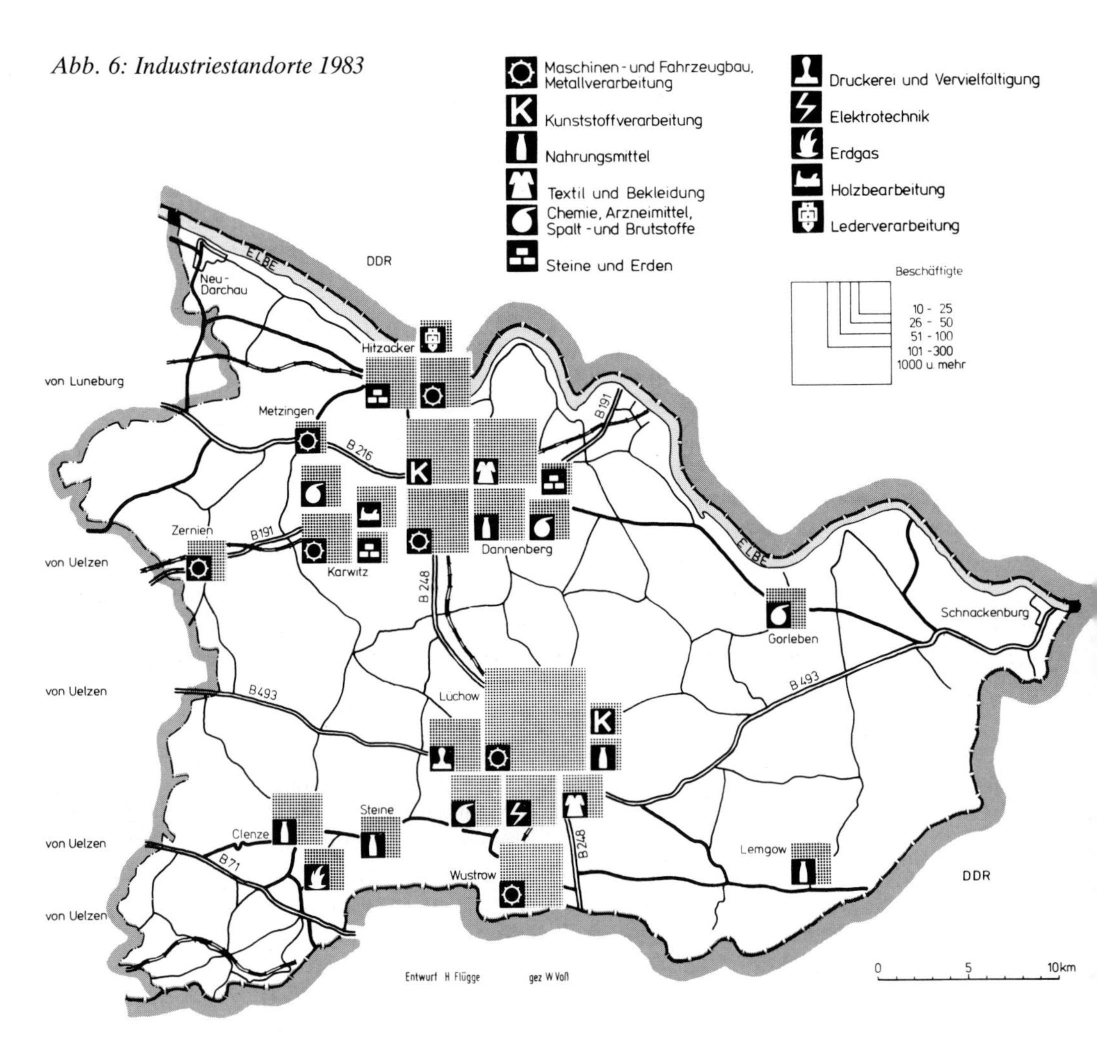

Landkreis Lüchow-Dannenberg. Statistische Information. Lüchow 1984, Umschlagseite 1

Durch die genannten Fördermaßnahmen gelang es, die beiden Firmen Conti und SKF (Schwedische Kugellagerfabriken) in Dannenberg bzw. Lüchow zur Ansiedlung von Zweigbetrieben zu veranlassen. Die beiden Unternehmen sind mittlerweile die größten Arbeitgeber im Landkreis. Die Zahl der Industriebeschäftigten erhöhte sich insgesamt zwischen 1955 und 1965 von 1127 auf 1969. Aber selbst das reichte noch nicht aus, um der Arbeitslosigkeit Herr zu werden; sie lag zum Beispiel im Februar 1968 bei 14 % und damit weit über dem damaligen Landesdurchschnitt.

Tab. 9: Entwicklung von Industriebetrieben und -beschäftigten im Kreis Lüchow-Dannenberg

	Betriebe	Beschäftigte
1950	k. A.	ca. 900
1955	37	1127
1961	45	1679
1965	36	1959
1970	46	2830
1972	48	2777
1976	40	2668

Gert Ritter, Joseph Hajdu: a. a. O., S. 270

Tab. 10: Im Zeitraum 1951–1968 dem Landkreis Lüchow-Dannenberg zugeflossene Bundes- und Landesmittel

Darlehen, Kredite für die gewerbliche Wirtschaft	9,2 Mio. DM
für kommunale Infrastrukturmaßnahmen	13,3 Mio. DM
für Land- und Forstwirtschaft	40–60 Mio. DM
für wasserbauliche Maßnahmen (Jeetzel-Projekt)	ca. 45 Mio. DM
für Straßenbau	ca. 17 Mio. DM
Gesamtsumme	120–150 Mio. DM

Gert Ritter, Joseph Hajdu: a. a. O., S. 247

Bund-Länder-Programm. In der von Bund und Ländern im Jahre 1968 gemeinsam geschaffenen und getragenen „Gemeinschaftsaufgabe zur Förderung der regionalen Wirtschaftsstruktur" sind die Städte Lüchow und Dannenberg seit dieser Zeit als E-Schwerpunktorte in extremer Zonenrandlage ausgewiesen. Dadurch können Investitionen der gewerblichen Wirtschaft einschließlich des Fremdenverkehrs und solche im Infrastrukturbereich der Gemeinden mit bis zu 25 % bezuschußt werden. Über eine konzentrierte Förderung der beiden zentralen Orte soll ein allgemeiner Aufschwung im Landkreis ermöglicht werden.

Weitere Schwerpunktorte mit Förderhöchstsätzen sind:

A –Schwerpunkte (übergeordnete Schwerpunkte im Zonenrandgebiet)	25 %
B –Schwerpunkte (übergeordnete Schwerpunkte außerhalb des Zonenrandgebiets)	20 %
C –Schwerpunkte	15 %

Außerhalb dieser Schwerpunktorte können unter eingeschränkten Bedingungen Investitionszuschüsse von 10 bzw. 15 % gewährt werden.

Tab. 11: Regionale Wirtschaftsförderung im Landkreis Lüchow-Dannenberg

	Mit GA-Mitteln[4] geförderte private Investitionen			Mit ERP-Mitteln[5] geförderte private Investitionen	
Zeitraum	Investitionsvolumen Mio. DM	Bewilligte Zuschüsse Mio. DM	Geplante Arbeitsplätze	Investitionsvolumen Mio. DM	Zugesagte Kredite Mio. DM
1968–1972	81,2[1]	14,9	1475	81,2[1]	16,5
1972–1978			706 (gepl.)		
BMWI[6]: Förderergebnisse	88,5	1,6	1366 (ges.)	20,9	6,2
	Mit GA-Mitteln geförderte Infrastruktur der Gemeinden			**Mit ERP-Mitteln geförderte kommunale Infrastruktur**	
Zeitraum	Investitionsvolumen Mio. DM	Bewilligte Zuschüsse Mio. DM		Investitionsvolumen Mio. DM	Zugesagte Darlehen Mio. DM
1968–1972	37,9[2]	20,9		37,9[2]	3,0
1972–1978					
BMWI: Förderergebnisse	25,2[3]	15,3		5,7[3]	2,8

[1] Durch Zuschüsse, Zulagen und Kredite gefördertes Gesamtinvestitionsvolumen.
[2] Gesamtes, durch Zuschüsse und Darlehen gefördertes kommunales Investitionsvolumen, davon entfielen auf den fernorientierten Straßenbau 11,1 Mio., auf Ver- und Entsorgungsanlagen 11,5 Mio., auf Industriegeländeerschließung 1,3 Mio. und auf Sonstiges (inkl. Fremdenverkehr) 14,0 Mio. DM Investitionssumme.
[3] Gefördert wurden 6 Vorhaben der Entsorgung, von Freizeiteinrichtungen und Sportanlagen.
[4] GA-Mittel: Fördermittel aus der „Gemeinschaftsaufgabe zur Förderung der regionalen Wirtschaftsstruktur".
[5] ERP = European Recovery Program (= Marshall-Plan); ERP-Mittel: Geldmittel aus dem Marshall-Plan-Fonds, u. a. zur Förderung strukturschwacher Gebiete, strukturell benachteiligter Wirtschaftszweige und zur Förderung der Wirtschaft West-Berlins.
[6] BMWI = Bundesministerium für Wirtschaft

Gert Ritter, Josef Hajdu: a. a. O., S. 247, ergänzt

Tab. 12: Industriestruktur

		Landkreis Lüchow-Dannenberg	Land Niedersachsen	Bundesgebiet
Betriebe (mehr als 10 Beschäftigte)	1976	40	4599	51285
(mehr als 20 Beschäftigte)	1983	32	4700 (1982)	47215 (1982)
Beschäftigte	1976	2668	679083	7428000
	1983	2634	645716 (1983)	7227000 (1982)
Beschäftigte pro Betrieb	1976	67	148	146
	1983	82	–	153 (1982)
Beschäftigte pro 1000 Einwohner	1976	55	94	122
(Industriedichte)	1983	52	89	122 (1982)
Löhne u. Gehälter pro Beschäftigte	1976	22100	26000	26000
(DM)	1983	33800	38000	37000 (1982)
Anteil d. Auslandsumsatzes (%)	1976	8,0	19,8	24,5
	1983	–	26,6 (1982)	28,8 (1982)

Landkreis Lüchow-Dannenberg: a. a. O., S. 10, gekürzt

Tab. 13: Das Handwerk 1968–1983 im Landkreis Lüchow-Dannenberg

Gewerbegruppe	Jahr	Betriebe	Beschäftigte	Gewerbegruppe	Jahr	Betriebe	Beschäftigte
Bau- und Ausbau-	1968	139	1410	Nahrungsmittel-	1968	83	402
gewerbe	1977	110	1180	gewerbe	1977	66	432
	1983	128	–		1983	56	–
Metallgewerbe	1968	180	987	Gesundheits-,	1968	56	236
	1977	146	928	Körperpflege-,	1977	41	145
	1983	147	–	chemisches und	1983	52	–
				Reinigungsgewerbe			
Holzgewerbe	1968	76	217	Glas-, Papier-,	1968	13	47
	1977	49	164	keramisches u.	1977	9	28
	1983	41	–	sonst. Gewerbe	1983	12	–
Bekleidungs-,	1968	109	192	Handwerk	1968	656	3491
Textil- und	1977	56	105	insgesamt	1977	477	2982
Ledergewerbe	1983	47	–		1983	484	–

Landkreis Lüchow-Dannenberg: Statistische Informationen 1979, Fortschreibung 1980, S. 14, gekürzt; Statistische Informationen 1984, S. 10. Lüchow: 1982, 1984

Handel, Verkehr und sonstige Dienstleistungen. Mit einem Anteil von 36,4% lag der tertiäre Sektor im Jahre 1970 weit unter dem Landes- und Bundesdurchschnitt (Land Niedersachsen: 44,4%, Bundesgebiet: 43,5%). Ein leichter Anstieg Ende der 70er Jahre ist u. a. auf die kräftige Entwicklung des Fremdenverkehrs zurückzuführen. Insbesondere der Naturpark Elbufer-Drawehn und die Ausweisung zahlreicher Natur- und Landschaftsschutzgebiete erhöhen die Attraktivität dieser schönen Landschaft für den Fremdenverkehr.

Tab. 14: Entwicklung des Fremdenverkehrs im Landkreis Lüchow-Dannenberg 1965–1982 (gewerbliche Beherbergungsbetriebe)

	Anzahl d. Betten	Übernacht.	Jährl. Auslastung %
1965	1250	81000	17,8
1972	2600	200000	21,0
1978	3170	292600	25,2
1980	3420	340600	27,3
1982	3360	356100	29,0

Gert Ritter, Joseph Hajdu: a. a. O., S. 248, ergänzt

Der Landkreis Lüchow-Dannenberg als nuklearer Entsorgungsstandort

Der Landkreis Lüchow-Dannenberg geriet in den letzten Jahren in die Schlagzeilen als möglicher Standort eines integrierten Entsorgungszentrums (integrierte Entsorgung = geschlossenes System der nuklearen Entsorgung, indem an einem Ort Zwischenlagerung, Wiederaufbereitung, Brennstoffrückführung, Abfallbehandlung und Endlagerung erfolgt). Weil in Gorleben ein geeigneter Salzstock vorhanden zu sein scheint und andere Voraussetzungen erfüllt waren, sollte an dieser Stelle das Entsorgungszentrum entstehen. Realisiert ist inzwischen (1984) nur das Zwischenlager (63 Arbeitsplätze); die Frage der Endlagerung (350 Arbeitsplätze würden dadurch geschaffen) wird nach Abschluß der Tiefenbohrungen durch die untertägige Erkundung des Salzstockes weiter geprüft.

Abb. 7: Schematischer Querschnitt durch einen großen Salzstock

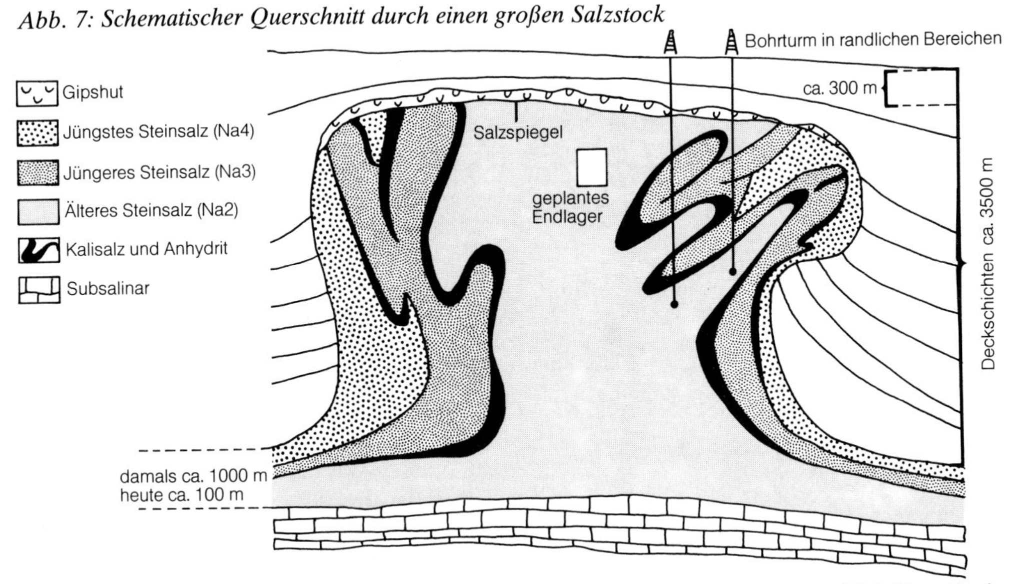

Nach K. Duphorn: Quartäre Schichtenfolgen im Deckgebirge des Salzstockes Gorleben. In: Entsorgung. Bd. 3. Hrsg.: Bundesministerium für Forschung und Technologie (BMFT), Bonn 1984, S. 46

Anforderungen an ein Endlager:

a) Das Gestein muß dicht und undurchlässig für Flüssigkeiten und Gase sein, d. h. eine möglichst geringe Porosität und Permeabilität besitzen.
b) Das Gestein sollte möglichst homogen, d. h. ohne Einschaltungen ungeeigneter Gesteinspartien sein. Der geologische Körper muß in seiner Mächtigkeit und in seiner Flächenausdehnung genügend Raum bieten.
c) Das Gestein muß außerordentlich standsicher sein und eine möglichst große Wärmeleitfähigkeit besitzen, damit bei Einlagerung wärmeproduzierender hochaktiver Abfälle das Gebirge möglichst wenig aufgeheizt wird.

Salzlagerstätten und insbesondere Salzstöcke erfüllen die erwähnten Voraussetzungen:

a) Steinsalz ist undurchlässig für Flüssigkeiten und Gase, es reagiert bei tektonischer Beanspruchung plastisch. Klüfte und Spalten können sich deshalb nicht bilden.
b) Steinsalz hat eine höhere Leitfähigkeit.
c) Steinsalz erlaubt die Anlage größerer Hohlräume, die auch ausbaulos standsicher sind, da Spannungen, die zum Bruch führen können, durch vorhergehende bruchlose Kriechverformungen abgebaut werden können.

Nach Erich Hofrichter: Probleme der Endlagerung radioaktiver Abfälle in Salzformationen. In: Geowissenschaftliche Aspekte der Endlagerung radioaktiver Abfälle. Hrsg. v. d. Dt. Geol. Ges. Hannover. Stuttgart: Enke 1980, S. 411f.

Die Risiken der Wiederaufbereitungsanlage und der Endlagerung mittel- und hochradioaktiver Abfälle wurden beim Gorleben-Symposium im März 1979 zwischen 60 internationalen Wirtschaftlern kontrovers diskutiert. In seiner Regierungserklärung vom 16. Mai 1979 sprach sich Ministerpräsident Albrecht gegen die Errichtung dieser Anlage aus, und zwar nicht, weil die sicherheitstechnischen Probleme unlösbar erschienen, sondern weil der Bau der Anlage nicht ohne tiefgreifende Störung des inneren Friedens hätte durchgesetzt werden können.
Die danach intensiv geführten Gespräche zwischen der Bundesregierung und der Landesregierung Niedersachsens hatten zur Folge, daß das integrierte Entsorgungskonzept der Bundesregierung wie folgt verändert wurde:

- Verzicht auf die Realisierung der gesamten nuklearen Entsorgung an einem einzigen Standort und damit auf das ursprünglich geplante Entsorgungszentrum,
- das Entsorgungskonzept wird schrittweise verwirklicht,
- man baut zunächst eine kleinere Wiederaufarbeitungsanlage von zunächst 350 t Uran Jahresdurchsatz,
- und man sichert die Entsorgung für eine Übergangszeit durch Zwischenlagerung der abgebrannten Brennelemente.

Besonders bedeutsam ist in diesem Zusammenhang der vom ehemaligen Bundesinnenminister Baum am 22. Januar 1982 vorgetragene Erfahrungsbericht über die Wiederaufarbeitungsanlage Karlsruhe. Darin heißt es abschließend: „Die bei den vielfältigen Versuchen gesammelten praktischen Betriebserfahrungen bestätigen das Urteil der RSK (Reaktorsicherheitskommission) und SSK (Strahlenschutzkommission) aus dem Jahre 1977, daß die Wiederaufarbeitung sicherheitstechnisch realisierbar ist.“ Aufgrund dieser veränderten Bedingungen hat sich die Landesregierung Niedersachsens entschlossen, den Antrag zur Errichtung einer Wiederaufbereitungsanlage am Standort Dragahn zu prüfen.
In seiner Regierungserklärung vom 2. April 1983 führte Ministerpräsident Albrecht u.a. folgende Gründe auf:

„... Mit dem Bau der Wiederaufarbeitungsanlage mit einem Investitionsvolumen von 4,3 Milliarden Mark wird während der Gesamtbauzeit von sieben Jahren ein Bruttoproduktionswert von 10,4 Milliarden Mark – jährlich also etwa 1,5 Milliarden Mark – für die Erstellung der Investition selbst gebunden sein. Insgesamt werden hierdurch während der sieben Jahre Bauzeit durchschnittlich etwa 11500 Arbeitsplätze geschaffen oder aber abgesichert sein, davon ein nicht unbeachtlicher Teil in den Landkreisen Lüchow-Dannenberg, Uelzen und Lüneburg. Der Dienstleistungsbereich wird wegen indirekter Wirkungen, zum Beispiel über zusätzliche Konsumnachfrage, mit über 3000 Arbeitsplätzen schätzungsweise beteiligt sein.“

Presse- und Informationsstelle der Niedersächsischen Landesregierung (Hrsg.): Wiederaufarbeitung. Daten und Fakten. Hannover: 1984, S. 76–77

Die endgültige Entscheidung über den Standort der Wiederaufarbeitungsanlage traf dann die dafür zuständige Deutsche Gesellschaft für Wiederaufarbeitung von Kernbrennstoffen (DWK) im Februar 1985 zugunsten des zweiten Bewerbers, Wackersdorf, Landkreis Schwandorf in Bayern.

5. *Erläutern Sie die Agrarstruktur im Landkreis Lüchow-Dannenberg. Welche Auswirkungen hat die Randlage auf die Produktionsausrichtung dieser Betriebe?*
6. *Beschreiben und erklären Sie die Entwicklung von Industrie und Handwerk. Wie sind die staatlichen Fördermaßnahmen in bezug auf die Entwicklung zu bewerten?*
7. *Begründen Sie, warum Salzstöcke nach den bisher vorliegenden wissenschaftlichen Erkenntnissen für die Endlagerung mittel- und hochradioaktiven Abfallmaterials geeignet sind.*
8. *Beschreiben und begründen Sie die Vor- und Nachteile, die sich aufgrund des Zwischen- und möglichen Endlagers für den Landkreis Lüchow-Dannenberg ergeben.*

Anhang

Interpretation topographischer Karten

Topographische Karten haben relativ große Maßstäbe (z. B. 1:25000, 1:50000) und stellen daher die Geofaktoren eines Gebiets sehr detailliert dar. Folgendes Interpretationsschema bietet sich an:

1. Formales – Wie wird was dargestellt?
- Kartenüberschrift, Maßstab, Berichtigungsstand
- Räumliche Einordnung des Ausschnitts: bekannte geographische Namen, Gradnetzangaben, politische Zuordnung und Nachbarblätter, vgl. Beikärtchen neben Legende, Einordnung des Ausschnitts in Karten kleineren Maßstabs. (Zu welcher Großlandschaft gehört der Kartenausschnitt? Entfernungen zu größeren Städten? Entwässerungsrichtung[en]? Verlauf und Richtung wichtiger Verkehrslinien?)

2. Beschreibung – Was findet sich wo?
- Überlegungen zum Vorgehen – zwei Möglichkeiten sind geläufig:
  a) Gliederung des Ausschnitts in Teilräume, die sich grundlegend unterscheiden (z. B. in Relief und Bodenbedeckung). Danach Beschreibung der wichtigsten Inhalte in den Teilräumen, wobei jeweils die Gesamtheit der Geofaktoren im Zusammenhang betrachtet wird.
  b) Beschreibung von Geofaktoren (Verbreitung, Häufigkeit, Größenordnung) über den ganzen Kartenausschnitt hin in der Art des länderkundlichen Schemas; abschließende landschaftliche Zusammenschau. Der Vorteil dieser Methodik liegt in der klaren Systematik, allerdings lassen sich die Zusammenhänge zwischen den einzelnen Geofaktoren nicht so leicht auffinden.
  Welcher Methode der Vorzug zu geben ist, hängt vom Inhalt der jeweils vorliegenden Karte ab: Ist eine räumliche Untergliederung offenkundig oder ist der Kartenausschnitt einheitlich strukturiert?
- Beschreiben der Geofaktoren (mögliche Arbeitsschritte in einem Kartenblatt mit dominanten naturgeographischen Faktoren: höchste und niedrigste Punkte, Verlauf und Abstand der Höhenlinien, Neigungsverhältnisse und Geländeformen feststellen; Profile legen. Gewässerdichte und Entwässerungsrichtungen bestimmen, ebenso auffällige Anordnungen von Seen, Quellen und Mooren. Feststellen der Art der Vegetation, des Verhältnisses von Wald zu Kulturland, der Umgestaltung der Naturlandschaft durch den wirtschaftenden Menschen). Bei der Beschreibung sollen bereits auch Zusammenhänge zwischen einzelnen Geofaktoren beachtet werden.

Schlüssel zum Kartenlesen ist die Kenntnis der Legende. Sie enthält Angaben über administrative Grenzen, das Verkehrsnetz, die verwendeten Signaturen und Abkürzungen, die Siedlungsgrößen (Schriftart!), die Bodenbedeckung, die Gewässer und die Höhenlinien.

3. Erklärung – Was findet sich wo warum?
- Erklären der Geofaktoren und ihres Zusammenwirkens. Manche Sachverhalte lassen sich bei genügend Vorwissen und entsprechender Erfahrung indirekt aus der Karte erschließen (sekundäre Informationen). Durch Heranziehen weiterer Hilfsmittel (Fachliteratur, Lexika etc.) können die Analogieschlüsse und Vermutungen überprüft und die Ergebnisse der Interpretation gestützt und ergänzt werden.
- Versuch der Zuordnung des Kartenausschnittes einem oder auch mehreren natur- und kulturgeographischen Typen.

Textanalyse

Beispiel: Text von Belorusov und Varlamov, S. 103

Texte sind im Erdkundeunterricht nur einer von vielen Materialtypen und auch nicht gerade ein besonders typischer, doch sind sie gleichwohl wichtige Informationsträger, die es sachgerecht auszuwerten gilt. Folgendes Interpretationsschema eignet sich dazu (die Ausführungen in Klammern beziehen sich auf das Textbeispiel):

1. Formales
- Überschrift (hier nicht gegeben, da Textauszug)
- Verfasser (D. Belorusov, V. Varlamov, sowjetische Autoren)
- Quelle, Erscheinungsort und -datum (russische Originalquelle, in Übersetzung nachgedruckt in einer darauf spezialisierten Zeitschrift, 1972)

2. Auswertung
- wichtige Aussagen unterstreichen
- ggf. Begriffe klären
- Gliederung des Textes nach Sinnabschnitten
- verwendete sprachliche Mittel (teilweise sowjetische Fachterminologie: „neue industrielle Basis“; teilweise propagandistisch: „‚Baustelle‘ von noch nicht dagewesenem Ausmaß“)
- Feststellung der Textart: wissenschaftlich, journalistisch, Propaganda, Reisebericht, Kommentar, Rede, Glosse (propagandistisch geprägter Sachtext)

3. Erklärung
- Einordnen in einen größeren zeitlichen und inhaltlichen Zusammenhang (Erschließung der Ressourcen Sibiriens als große nationale Aufgabe)
- Überprüfung der Aussagen anhand geeigneter Quellen (kaum möglich)
- Überprüfung des Informationsgehalts (wenig konkrete Informationen enthalten)
- Absicht des Verfassers, entsprechend der Textart (Begeisterung wecken für die Zukunft Westsibiriens und der ganzen Sowjetunion)

4. Bewertung
- Informationslücken aufdecken (die technischen Schwierigkeiten und die hohen Kosten der Erschließung der sibirischen Ressourcen bleiben unerwähnt)
- Aussagekraft der gegebenen Informationen und Daten beurteilen (überwiegend vage: „große Vorräte“, „mehr als hundert Erdöl- und Erdgasvorkommen“)
- Zusammenfassende Bewertung (einseitig positiver Propagandatext von begrenztem Informationsgehalt)

Interpretation von Diagrammen

Beispiel: Waldschadenserhebung 1984 (Abb. 2, S. 94)

Diagramme sind graphische Darstellungen von Zahlen. Die häufigsten der zahlreichen Diagrammformen sind Kurven-, Stab-, Säulen-, Kreis- und figürliche Diagramme. Im Vergleich zu den Zahlenwerten, die ihnen zugrundeliegen, sind Diagramme leichter lesbar, rascher überschaubar und in ihrer Aussage meist eindringlicher. Werden mehrere Diagramme in eine einfache kartographische Grundlage eingebettet, so entstehen Diakartogramme. Um ein solches handelt es sich beim ausgewählten Beispiel. Die Ausführungen in Klammern beziehen sich auf dieses Beispiel.

1. Formales
- Überschrift und Themenstellung (Waldschadenserhebung 1984)
- inhaltliche Abgrenzung: Bezugsraum, Zeitraum, Begriffe
- gewählte Diagrammform (sieben Kreissektorendiagramme in einem Diakartogramm)
- Skalen: linear? Bei 0 beginnend?
- Quelle der Daten (amtlich: Der Niedersächsische Minister für Ernährung, Landwirtschaft und Forsten)

2. Beschreibung
- wichtigste Aussagen, Entwicklungstrends (Wälder in Niedersachsen zu einem hohen Prozentsatz geschädigt, aber überwiegend Schadstufe 1)
- Größenvergleiche anstellen (Schäden im niedersächsischen Küstenraum und im Harz besonders hoch)
- Abweichungen vom Trend, wichtige Einzelheiten

3. Erklärung
- erkennbare Zusammenhänge innerhalb des Diagramms zur Erklärung heranziehen
- andere Informationsquellen und Hintergrundwissen einbeziehen (besonders im südlichen Niedersachsen wird der Einfluß des Reliefs deutlich, Vergleich mit Niederschlagskarte möglich)
- Vergleiche zu anderen Ländern, Zeiträumen und Entwicklungen anstellen (Vergleich mit anderen Bundesländern: s. Abb. 1, S. 93)

4. Bewertung
- Stimmen Überschrift und Inhalt überein? (ja)
- Ist die gewählte Diagrammform sinnvoll? (ja)
- Stellt das Diagramm eine korrekte graphische Umsetzung der Daten dar? (ja)
- Sind die Größenklassen gut abgegrenzt, die Signaturen leicht lesbar? (ja)
- Ist durch die Umsetzung in ein Diagramm eine größere Anschaulichkeit und Aussagekraft der Daten erreicht worden? (Ja, die Größe der Waldgebiete ist leicht an den Kreisflächen ablesbar, die einzelnen Kreissektorendiagramme ermöglichen einen raschen Überblick über die Prozentanteile der einzelnen Schadensstufen.)
- Werden durch die Art der graphischen Darstellung Aussagen suggeriert, die nicht im Datenmaterial enthalten sind? (nein)
- Zusammenfassende Bewertung

Bildinterpretation

Beispiel: Feld mit Hecke vor Dünen bei Dachla (S. 32 unten, vgl. auch Arbeitsauftrag 14 auf S. 73)

Das Bild ist der wichtigste Ersatz für die originale Raumbetrachtung. Bei der Interpretation ist jedoch darauf zu achten, daß es nur einen Ausschnitt aus der Realität und nur den momentanen Zustand des abgebildeten Objekts zeigt. Verallgemeinerungen sind demzufolge nur begrenzt möglich, und zu einer sachgerechten Einordnung in einen größeren Zusammenhang müssen in der Regel weitere Quellen herangezogen werden.
Es empfiehlt sich, die Interpretation in folgende Arbeitsschritte zu untergliedern: 1. Formales, 2. Beschreibung und Gliederung, 3. Erklärung, 4. Bewertung. Die Ausführungen in runden Klammern beziehen sich auf das ausgewählte Bildbeispiel.

1. Formales
- Bildtitel (Feld mit Hecke vor Dünen bei Dachla; wichtig ist die Information „Dünen", da sonst nicht zweifelsfrei erkennbar)
- Lokalisierung (durch Bildtitel und das Thema des zugehörigen Kapitels gut möglich: Oasensiedlung in Ägypten, ca. 400 km westlich von Luxor)
- Bildart (Totalaufnahme von einem erhöhten Standpunkt) und Bildquelle

2. Beschreibung und Gliederung
- Untergliederung des abgebildeten Raumausschnitts in Teilräume (von vorn nach hinten: a) vegetationsloses, bräunliches Ödland, b) dunkelgrüne Anbauflächen, rechts daneben und dahinter Ödland mit weißen Flecken, c) Baumreihe, d) gelbliche, fast vegetationslose Dünen, e) unterbrochene Hochfläche mit Steilabfall)
- Lage der Teillandschaften (höchste Punkte: Hochflächen im Hintergrund → Lage des Vordergrunds in Depression; Anbauflächen am tiefsten Punkt; Baumreihe zwischen Anbauflächen und Dünen)
- Wesentliches hervorheben (Kontrast zwischen dunkelgrüner Vegetation der Anbauflächen und der Baumreihe einerseits und der sonstigen Vegetationslosigkeit andererseits)

3. Erklärung (auch zurückgreifend auf Informationen des Kapitels „Das Projekt ‚Neues Tal'", S. 67 ff.)
- genetische Erklärung des Dargestellten [Wie ist ... entstanden?] (Vegetationslosigkeit → arider Raum/Wüste; Kontrast zwischen dunkelgrüner Vegetation und sonstiger Vegetationslosigkeit – Bewässerungsfeldbau in einer Oase)
- kausale Erklärung [Welches sind die Ursachen für ...? Warum ist ...?] (Warum wird die Vegetation der Anbauflächen nach hinten heller und hört dann ganz auf? Welches sind die Ursachen für die fehlende Nutzung und für die weißen Flecken im rechten Bildmittelgrund? Antwort: Versalzungserscheinungen, bedingt durch Aridität, Bewässerung und Lage am tiefsten Punkt)
- funktionale Erklärung [Welches ist der funktionale Zusammenhang zwischen ...? Welche Bedeutung hat ...?] (Wozu dient die Baumreihe, die in dieser ariden Landschaft erkennbar bewässert wird? Antwort: Sie schützt die Anbauflächen vor dem Sand der Dünen im Hintergrund)

4. Bewertung
- Bildausschnitt, Kamerastandpunkt, Blickrichtung (Bild gibt guten Überblick über mehrere zusammengehörige Teillandschaften, vielleicht hätte das Bewässerungssystem noch besser in das Bild gerückt werden können: vorn rechts = Brunnen?)
- Aussagekraft des Bildes (zwei zentrale Probleme und ihre Zusammenhänge sind sehr gut in einem Bild erfaßt)
- Ist das Dargestellte typisch für diesen Raum? (eindeutig: ja!)
- Bildtitel (nur das Stichwort „Dünen" ist hilfreich, es deutet auf die Versandungsgefahr hin; sonst ist der Bildtitel, abgesehen von der Ortsangabe, wenig auf den Bildinhalt abgestimmt)

Interpretation von Statistiken

Beispiel: Entwicklung der Arbeitsproduktivität beim Weizenanbau (S. 90)

Erfahrungsgemäß gelten Statistiken als trocken und abstrakt. Hier kann die Umsetzung in ein Diagramm Abhilfe schaffen. Der oft beklagten Unübersichtlichkeit datenreicher Tabellen kann man durch systematische Auswertung und die Beschränkung auf das Wesentliche begegnen. Wichtig ist auch die Kenntnis der verschiedenen Zahlenarten und der Grenzen ihrer Aussagefähigkeit.

1. Formales

Tabellenkopf
mit Untergliederung

Vorspalte | Summenspalte

Daten: im Schulgebrauch vor allem
- absolute Zahlen
- relative Zahlen (z. B. Einw./km^2, dt/ha)
- Indexzahlen (geeignetes Basisjahr = 100, folgende und/oder vorangegangene Jahre darauf bezogen)

Fehlende Werte sind üblicherweise durch folgende Zeichen kenntlich:
- bedeutet „nichts"
0 steht für Wert, der nicht halb so groß ist wie benutzte Maßeinheit
. kennzeichnet unbekannten Wert
k. A. keine Angaben

Summenzeile
Quelle: Amtlich? Erscheinungsjahr?

- Tabellenüberschrift (Entwicklung der Produktivität beim Weizenanbau)
- Zahlenart (nur relative Zahlen)
- inhaltliche Abgrenzung: Bezugsraum, Zeitraum, Begriffe, Untergliederung, Maßeinheiten (beim ausgewählten Beispiel wichtig: 1. räumliche Abgrenzung auf USA ergibt sich nur aus dem Gesamtzusammenhang, 2. gleiche Zeitabstände, 3. alle Werte sind Durchschnittswerte von Fünfjahreszeiträumen, 4. die letzte Spalte gibt die Gesamtentwicklung im dargestellten Zeitraum an, die einzelnen Zahlenreihen dürfen also nicht einfach „von Anfang bis Ende" gelesen werden.)
- Quelle (H. W. Windhorst, veröffentlicht in einem Themenheft für den Unterricht)

2. Beschreibung
- höchste und tiefste Werte heraussuchen
- zeitliche Entwicklungen beschreiben (in allen drei Zeilen keine gleichmäßige Entwicklung: Die Werte der 1. und 3. Zeile verringern sich besonders stark von 1935–39 auf 1945–49
- Zahlen weiterverarbeiten, z. B. zu Prozentzahlen (hier in der letzten Spalte schon enthalten)
- Daten einer Tabelle vergleichen, Zusammenhänge aufzeigen

3. Erklärung
- festgestellte Entwicklungen in einen größeren Zusammenhang bringen (Steigerung der Weizenerträge und Senkung des Arbeitsaufwandes erfolgt vergleichbar auch in vielen anderen Ländern)
- Einbeziehung von Hintergrundwissen und von anderen Informationsquellen zur Erklärung des Sachverhalts (Rasche Steigerung der Arbeitsproduktivität von 1935–39 auf 1945–49 durch Mechanisierung der landwirtschaftlichen Arbeit, später dann beim Arbeitsaufwand pro ha Weizen nur noch geringfügige Verbesserungen möglich. Die Erträge hingegen steigen auch in jüngerer Zeit noch erheblich durch den Einsatz von Agrarchemie und verbessertem Saatgut. Das wirkt sich auch auf den noch weiter sinkenden Arbeitsaufwand pro Tonne Weizen aus.)

4. Bewertung
- Entsprechen sich Überschrift und Tabelleninhalt? (ja) Sind die Maßeinheiten eindeutig? (ja)
- Ist die zeitliche Abgrenzung und die Auswahl der Stichjahre sinnvoll? (sehr gut gelungen: 1. gleiche Zeitabstände beugen Mißinterpretation vor, 2. Angaben für Fünfjahresdurchschnitte machen die Daten verläßlicher, da z. B. Witterungseinflüsse weitgehend eliminiert werden)
- Sind die Daten aussagekräftig? (ja, die letzte Spalte erhöht die Aussagekraft noch zusätzlich)
- Zusammenfassende Bewertung formulieren (nur 18 Zahlen enthalten sehr viel Information)

Der Vergleich

Zahlen und Daten, aber auch Bilder und Diagramme werden in der Regel erst durch Vergleiche aussagekräftig. Dabei sind wir uns nicht bewußt, daß wir beispielsweise eine einzelne Zahl unwillkürlich mit einer uns bekannten Größe vergleichen. Der bewußte Vergleich spielt eine große Rolle in der Geographie, ermöglicht er doch nicht nur Erkenntnisse über Neues und Unbekanntes, sondern auch eine Ergänzung des Bekannten. Deshalb sollte der vergleichenden Betrachtung neuer Tatbestände der Vergleich mit bekannten Verhältnissen, besonders denen des Heimatraums bzw. der Bundesrepublik Deutschland, folgen. Demzufolge ist es sinnvoll, eine Liste von Daten des Heimatraums zur Hand zu haben bzw. sich wichtige Grunddaten einzuprägen.

Der räumliche Vergleich hat in der Geographie Vorrang: Fläche, Höhe, geographische Lage, Klimawerte, Daten zur Wirtschaft usw. verschiedener Räume werden verglichen.

Zeitliche Vergleiche spielen aber auch eine Rolle: Man vergleicht Landschaften zu verschiedenen Jahreszeiten, demographische Entwicklungen, ökologische Verhältnisse vor und nach Eingriffen in den Naturhaushalt usw.

Beim Vergleich wenig komplexer Tatbestände (z. B. Klimadiagramme S. 86) empfiehlt sich folgende Verfahrensweise:

1. Vergleich der Grundlagen, Voraussetzungen, Ausgangssituationen: gleiche Themen, Bemessungsgrundlagen, Zeiträume, statistische Kriterien, Maßstäbe, Aufnahmestandpunkte und -daten? (Klimadiagramme gleicher Quelle, Grundlagen, einheitliche Darstellung.)
2. Vergleich der Einzeldaten, Bildinhalte, Erscheinungsformen: Maximal- und Minimalwerte, Grund- und Aufrisse, Flächen, Kurven, Winkel usw? (Geographische Lage; Jahresmittel der Temperatur und Niederschläge, Maxima und Minima der Temperatur und Niederschläge, Zahl der ariden und humiden Monate, Verteilung der Niederschläge, Temperaturamplituden.)
3. Erklärung der Unterschiede / Gemeinsamkeiten der verglichenen Tatbestände, Zuordnung zu bestimmten Typen, Systemen usw.: Klimatypen, Vegetationszonen, Wirtschaftsformen usw? (Abnahme des Jahresmittels und der Zahl der humiden Monate von O nach W, z. B. S. 86: a) Pueblo: Great Plains, trocken auch unter Einfluß der Rocky Mountains, b) Garden City: Übergang von Great Plains zu Prärie, c) Kearney: trockene Prärie; winterkaltes Steppenklima.)
4. Bewertende Zusammenfassung auch unter Rückbezug auf Bekanntes aus dem Heimatraum / der Bundesrepublik Deutschland: Gewichtung der Unterschiede / Gemeinsamkeiten, Hervorhebung der wesentlichen Punkte, Bedeutung für den Natur-, Wirtschafts- und Kulturraum usw. (Agroökologische Trockengrenze; Vergleich mit Klimadaten und -diagrammen aus dem Heimatraum bzw. landwirtschaftlicher Gunst- und Ungunsträume.)

In einer weiteren Phase des Vergleichs sollten mehrere Unterlagen gleichzeitig verglichen werden: So bietet sich beim Vergleich der verschiedenen Landschaftszonen nach der Betrachtung der Klimadiagramme die der Thermoisoplethendiagramme der einzelnen Zonen und im Anschluß daran ein Vegetationsvergleich an.

Viele komplexe Themen und Tatbestände lassen sich erst durch Vergleichen klären. So werden die Besonderheiten der Landwirtschaft in den ariden Gebieten eines Industriestaates (vgl. Great Plains, S. 85ff.) und die der Landwirtschaft in den Trockengebieten eines Entwicklungslandes (vgl. Sahel, S. 53ff.) erst im Vergleich deutlich. Dies gilt noch mehr für sehr komplexe Themen wie Stadtstrukturen, Auswirkungen der Industrialisierung, Fragen der Raumordnung. Dabei muß zuerst geklärt werden, ob und welche Einzelgesichtspunkte vergleichbar sind. Erst nach dem Vergleich des Einzelthemas kann der schwierige Versuch eines Gesamtvergleichs unternommen werden. Sehr schwierig, aber auch besonders aufschlußreich sind Vergleiche ganzer räumlicher Einheiten, länderkundliche Vergleiche, Vergleiche von Kulturerdteilen.

Raumanalyse

Zielsetzung. Mit Hilfe der Raumanalyse sollen die Natur- und Humanfaktoren eines Raumes in ihrer Verflechtung und Dynamik erfaßt werden. Sie untersucht die im Raum ablaufenden raumgestaltenden Vorgänge nach Ursachen und Folgen, erforscht die Gesetzmäßigkeiten, Wirkzusammenhänge und Regelkreise und stellt den Raum in seiner Individualität dar.
Indem die Raumanalyse das Beziehungsgefüge der Geofaktoren zu einer Synthese zusammenfaßt, ist sie mehr als eine Raumbeschreibung; indem sie die raumverändernden Wirkungen des wirtschaftenden Menschen sowie die Grenzen und Steuerungsmöglichkeiten seines Tuns aufzeigt, schließt sie auch Aspekte der Umwelterhaltung und Raumordnung mit ein; indem sie die Vielzahl der Raumelemente in ihrer Anordnung zueinander überschauen will, ist sie in besonderem Maße geeignet, den komplexen Aufbau und das breite Spektrum der inhaltlichen Fragestellungen des Faches Erdkunde bewußtzumachen. Wissenschaftspropädeutisch liefert sie so Einsicht in die verschiedenen Methoden der Geographie und macht mit den vielfältigen Arbeitsmitteln vertraut.

Methode. Die Wahl des Untersuchungsgebietes für die Raumanalyse hängt nicht von seiner Größe ab, wenn auch ein kleines überschaubares Gebiet den methodischen Zugang erleichtert. Besonders geeignet ist der Nahraum, der durch Eigenbeobachtungen, Kartierungen, Befragungen oder Betriebserkundungen erforscht wird.
Die Abgrenzung kann nach naturräumlichen, wirtschaftlichen oder politischen Kriterien (z. B. Verwaltungseinheiten) erfolgen. Entscheidend ist in der Regel, welche Geofaktoren dominieren und somit raumprägend sind.
Aus zeitlichen und methodischen Gründen können in der Schule meist nur „thematische Raumausschnitte“ untersucht werden, d. h., die Raumanalyse erfolgt unter spezifischen Fragestellungen, z. B. naturgeographische und landschaftsökologische, Fragen der Inwertsetzung und des Wertwandels, räumliche Auswirkungen wirtschaftlicher und gesellschaftlicher Prozesse.
Eine einführende Exkursion sowie Informationen z. B. aus Karten und Massenmedien liefern einen ersten Einblick in die dominanten Raumstrukturen. Daraus werden eine Arbeitshypothese über das Untersuchungsgebiet und ein Plan für die Durchführung der Einzelanalysen aufgestellt.
Zunächst werden nur einzelne Faktoren für sich untersucht, z. B. Relief, Klima, Siedlungen, Industrie. Dann werden die Wechselwirkungen zweier oder weniger Faktoren aufgezeigt, z. B. Relief – Gewässer, Relief – Verkehrswege, Relief – Verkehrswege – Siedlungen, Klima – Boden – Vegetation, Bodenschätze – Industrie. Die Reihenfolge der Einzelanalysen richtet sich in der Regel nach der eingangs aufgestellten Arbeitshypothese. Als mögliches Gliederungsprinzip, besonders bei Gesamtanalysen, bietet sich auch das länderkundliche Schema an: Die einzelnen Geofaktoren werden nacheinander untersucht, ausgehend von den Naturfaktoren Lage, Relief, Klima, Boden, Vegetation usw. bis zu den Humanfaktoren Siedlungen, Wirtschaft, Verkehr usw. Am Schluß steht die Zusammenschau.
Bei der Analyse ist grundsätzlich darauf zu achten, daß der Zusammenhang zwischen den einzelnen Faktoren und ihre Stellung im Gesamtgefüge des Raumes aufgezeigt wird, etwa in Form von Regelkreisen, Ursachengeflechten oder Wirkungsgefügen; linear verlaufende Kausalketten werden der Realität meist nicht gerecht.
Eine abschließende Synthese faßt das vielschichtige Beziehungsgefüge der Geofaktoren zusammen und charakterisiert so den Raum in seiner Individualität. Das Ergebnis wird mit der eingangs aufgestellten Hypothese verglichen, und falls möglich, werden Folgerungen für die regionale Planung gezogen.

Fragenkatalog zur Raumanalyse

Zur Vorbereitung

- Welches Untersuchungsgebiet soll genommen werden?
- Wie läßt sich das Untersuchungsgebiet abgrenzen?
- Was ist das Typische/Raumprägende des Untersuchungsgebietes? (Arbeitshypothese)
- Welche Informationen werden benötigt? Woher können sie bezogen werden?

Zur Durchführung

- Welches sind die dominanten Faktoren des Untersuchungsgebietes?
- Welche Raumprozesse sind festzustellen? (z. B. Flurbereinigung, wasserwirtschaftliche Maßnahmen, Siedlungs- und Industrieausbau)
- Unter welcher Fragestellung soll der Raum analysiert werden?
- Mit welchen Methoden sind die Einzeluntersuchungen vorzunehmen? (z. B. Exkursion und Feldarbeit, Kartenarbeit)
- Welche Beziehungen bestehen zwischen den untersuchten Faktoren? (z. B. Wirkungsgefüge zwischen den Naturfaktoren, Störungen des Naturhaushalts, landschaftsökologische Prozesse, wechselseitige Beeinflussung von Natur- und Sozialfaktoren, Standortbedingungen der Industrie, Veränderungen von Raumstrukturen durch politische und demographische Prozesse)
- Welche Bedeutung kommt den Einzelfaktoren im Gesamtgefüge zu?
- Wie lassen sich die Ergebnisse der Einzeluntersuchungen zu einer Synthese zusammenfassen?
- Wie läßt sich das Untersuchungsgebiet abschließend charakterisieren?
- Stimmt das Ergebnis der Analyse mit der eingangs aufgestellten Arbeitshypothese überein?

Zur Nachbereitung

- War die Abgrenzung richtig vorgenommen? Gegebenenfalls Korrektur.
- Waren die verwendeten Methoden effizient, der Fragestellung und dem Raum angepaßt?
- Wurden die Arbeitsmaterialien richtig ausgesucht?
- Liefert die Synthese eine Hilfe für Planungsmaßnahmen?
- Inwieweit sind die Ergebnisse auf andere Räume übertragbar?
- Welche Forderungen sind für künftige Untersuchungen zu ziehen?

Raumanalyse – Beispiel: Landkreis Lüchow-Dannenberg

Arbeitsphase	Arbeitsthemen / Inhalte	Methoden / Arbeitsmittel
Überblick	Wahrnehmung und Beschreibung der raumprägenden Faktoren, erste räumliche Vorstellung vom Untersuchungsgebiet	einführende Exkursion, topographische Karten, Atlas, Presseartikel
Arbeitshypothese	Lüchow-Dannenberg, ein ländlich geprägter Raum im Zonenrandgebiet mit ungünstiger Struktur Aufstellen eines Arbeitsplans: Wie lassen sich die Strukturschwächen messen und erklären?	
Analyse	Einzeluntersuchung der Geofaktoren, Darstellung einfacher Wechselwirkungen **Naturfaktoren:** Geologie, Relief, Klima, Böden (Art, Güte), Wasserhaushalt in Abhängigkeit von Klima, Relief, Boden	Exkursion, Feldarbeit, Befragung, Kartierung und/oder: Geologische Karte und Profil, morphologische Großeinheiten, Karte „Haupteisrandlagen und ihre Stromtäler“ (S. 142), schematische Abfolge der Quartärschichten, schematischer Querschnitt durch einen großen Salzstock (S. 153), Karte „Naturräumliche Einheiten“ (S. 144), Klimadaten, Karte „Natürliche Ertragsfähigkeit der Böden“ (S. 148)

Arbeitsphase	Arbeitsthemen / Inhalte	Methoden / Arbeitsmittel
	Land- und Forstwirtschaft: Verteilung von Wald, Kulturland, Moor, Heide, Ödland – Erklärung aus den natürlichen Gegebenheiten?	Bodennutzungskarte, Atlas
	Nutzung der landwirtschaftlichen Fläche in Abhängigkeit von Naturfaktoren und Vermarktungsmöglichkeiten, Produktionsstruktur, Betriebsgrößenentwicklung, Erwerbsstruktur, Betriebssysteme, Mechanisierungsgrad, Arbeitskräftebesatz, Maßnahmen zur Strukturverbesserung: Flurbereinigung, Aussiedlung, Dorferneuerung Bedeutung der Forstwirtschaft, Besitzverhältnisse am Waldbestand	Tab. „Landwirtschaftliche Betriebsstruktur" (S. 149), Atlas, Flurpläne, Luftbilder, landwirtschaftliche Statistiken
	Industrie und Gewerbe: Zahl und räumliche Verteilung der Industriebetriebe, Betriebsgrößen, Branchenstruktur, Standortbedingungen der Industrie, Anteil der Industrie am BSP, Standortveränderungen und Strukturwandel	Karte „Industriestandorte" (S. 150), Tab. „Industrie" (S. 150, 152), schematischer Querschnitt durch einen großen Salzstock, mögliches Endlager mittel- und hochradioaktiver Abfälle (S. 153), Tab. „Handwerk" (S. 152), Atlas: Wirtschaftskarte, Bodenschätze, Energieversorgung
	Tertiärer Sektor und Fremdenverkehr: Öffentliche und private Dienstleistungsbetriebe, Groß- und Einzelhandel Freizeiteinrichtungen, Einrichtungen des Natur- und Landschaftsschutzes, Entwicklung des Fremdenverkehrs, Auslastung der Beherbergungskapazität	Atlas: Zentrale Orte, Fremdenverkehr, Erholungsgebiete, Tab. „Entwicklung des Fremdenverkehrs" (S. 152), Fremdenverkehrsprospekte
	Verkehr: Lage im überregionalen Verkehrsnetz, Verkehrslage einzelner Orte und Industriebetriebe, Verkehrserschließung, vorherrschende Verkehrsmittel, Lage zu den großen Wirtschaftszentren in der Bundesrepublik Deutschland, Auswirkungen auf Pendlerwesen und Vermarktungsmöglichkeiten	Atlas: Verkehrswege, Verkehrsaufkommen, Pendlerstatistiken
	Siedlungen: Ländliche Siedlungen – Dorfformen (historische Erklärung), vorherrschende Wirtschaftsstruktur Städtische Siedlungen – Größe, Zentralität, vorherrschende Funktion, Veränderung der Einzugsbereiche durch politische Maßnahmen, Siedlungsdichte	„Topographische Karte" (S. 145), Flurkarten, Luftbilder, Stadtpläne
	Bevölkerungsverhältnisse: Bevölkerungsdichte im gesamten Untersuchungsgebiet und in Teilgebieten, Bevölkerungsentwicklung, inter- und intraregionale Bevölkerungsbewegungen, Zu- und Abwanderungsgebiete, Pendler Bevölkerungsstruktur: Altersstruktur, Gastarbeiteranteil, Erwerbsstruktur, Arbeitslosigkeit, Einkommensverhältnisse Versuch einer Kennzeichnung der Sozialstruktur	Tab. „Bevölkerungsdichte, Bevölkerungsentwicklung" (S. 146), „Wanderungsbewegungen" (S. 146), „Wanderungssaldo nach Altersgruppen" (S. 145), „Altersstruktur" (S. 146), „Erwerbstätigkeit" (S. 147), „Arbeitslosigkeit" (S. 148), „Bruttoinlandsprodukt" (S. 147), Atlas
Synthese	Integrierende Beschreibung der Raumstruktur, Zusammenfassung des vielschichtigen Beziehungsgefüges der Geofaktoren, Darstellung der Ergebnisse der Einzelanalysen in Text, Diagramm, Karte, Kausalprofil, Aufbautransparent, Strukturschema Überprüfung der Arbeitshypothese und Korrektur	thematische und topographische Karten, Aufbautransparente, Kausalprofil, Kreisbeschreibung
Kritische Nachbereitung	Kritik zur Wahl und Abgrenzung des Untersuchungsgebietes, Kritik zu den verwendeten Methoden und Quellen, Kritik an Umfang und Aussagekraft der Ergebnisse	

Ausgewählte Klimastationen

Station/Land: Bergen/Norwegen

Lage: 60°12'N/5°19'E Höhe ü. NN: 45 m

		J	F	M	A	M	J	J	A	S	O	N	D	Jahr	Z	
1 Mittl. Temperatur	in °C	1,5	1,3	3,1	5,8	10,2	12,6	15,0	14,7	12,0	8,3	5,5	3,3	7,8		1
2 Mittl. Max. d. Temperatur	in °C	3,1	3,3	6,1	9,2	14,2	15,9	18,8	18,6	15,2	11,1	7,5	5,0	10,7	24	2
3 Mittl. Min. d. Temperatur	in °C	-0,5	-0,9	0,4	3,0	6,7	9,6	12,2	12,0	9,5	6,1	3,4	1,3	5,4	30	3
4 Absol. Max. d. Temperatur	in °C	13,3	11,2	19,8	22,1	27,1	31,8	30,5	29,7	26,0	19,5	15,4	16,4	31,8		4
5 Absol. Min. d. Temperatur	in °C	-13,5	-10,9	-10,0	-5,6	-0,1	0,6	5,2	5,4	1,3	-3,1	-5,6	-8,4	-13,5		5
6 Mittl. relative Feuchte	in %	79	77	73	74	71	77	80	80	81	81	79	80	78	30	6
7 Mittl. Niederschlag	in mm	179	139	109	140	83	126	141	167	228	236	207	203	1958		7
8 Max. Niederschlag	in mm															8
9 Min. Niederschlag	in mm															9
10 Max. Niederschlag 24 h	in mm	60	54	66	55	44	67	79	58	61	91	76	99	99		10
11 Tage mit Niederschlag	>0,1 mm	21	18	16	19	15	18	21	20	22	24	22	23	239		11
12 Sonnenscheindauer	in h	22	54	127	142	191	175	167	132	102	69	29	13	1223	10	12
13 Strahlungsmenge	in Ly/Tag	29	67	168	251	426	400	371	297	172	97	38	16	194		13
14 Potentielle Verdunstung	in mm	9	9	18	39	70	95	107	92	67	40	20	11	577	41	14
15 Mittl. Windgeschwindigkeit	in m/sec.	3,2	3,5	3,1	3,6	3,1	2,9	2,4	2,6	3,2	3,3	3,3	3,6	3,2	10	15
16 Vorherrschende Windrichtung		S	S	S	S	NNW	NNW	NNW	NNW	S	S	S	S		10	16

Station/Land: Berlin-Dahlem/Bundesrepublik Deutschland

Lage: 52°28'N/13°18'E Höhe ü. NN: 51 m

		J	F	M	A	M	J	J	A	S	O	N	D	Jahr	Z	
1 Mittl. Temperatur	in °C	-0,6	-0,3	3,6	8,7	13,8	17,0	18,5	17,7	13,9	8,9	4,5	1,1	8,9	30	1
2 Mittl. Max. d. Temperatur	in °C	1,7	2,9	7,8	13,5	19,1	22,3	23,8	23,3	19,5	13,0	6,9	3,1	13,1	30	2
3 Mittl. Min. d. Temperatur	in °C	-3,5	-3,1	-0,3	3,8	7,9	11,1	13,3	12,6	9,3	5,3	1,9	-1,4	4,7	30	3
4 Absol. Max. d. Temperatur	in °C	13,0	16,7	25,1	30,9	33,2	35,0	37,8	36,6	34,2	26,5	19,5	15,4	37,8	62	4
5 Absol. Min. d. Temperatur	in °C	-21,0	-26,0	-16,5	-6,7	-2,9	1,4	5,7	4,7	-0,5	-9,6	-13,5	-20,2	-26,0	62	5
6 Mittl. relative Feuchte	in %	84	82	73	68	66	70	74	77	80	83	87	88	78	10	6
7 Mittl. Niederschlag	in mm	43	40	31	41	46	62	70	68	46	47	46	41	581	30	7
8 Max. Niederschlag	in mm	120	85	112	106	125	127	230	136	108	110	98	124	803		8
9 Min. Niederschlag	in mm	16	5	6	1	10	8	13	7	1	1	1	11	381		9
10 Max. Niederschlag 24 h	in mm	32	22	27	27	36	53	46	125	40	36	34	20	125	30	10
11 Tage mit Niederschlag	>0,1 mm	17	15	12	13	12	12	14	14	12	14	16	15	166	30	11
12 Sonnenscheindauer	in h	56	78	151	193	239	244	242	212	194	123	50	36	1818	10	12
13 Strahlungsmenge	in Ly/Tag	40	84	162	240	317	374	350	305	210	106	52	31	189	10	13
14 Potentielle Verdunstung	in mm	0	0	16	45	88	110	125	105	72	39	13	2	615		14
15 Mittl. Windgeschwindigkeit	in m/sec.	3,5	3,5	3,8	3,3	3,1	3,0	2,9	2,8	2,8	2,9	3,3	3,3	3,2	20	15
16 Vorherrschende Windrichtung		W,SW	W,SW	SE,W	NW,SE	NW,SE	NW,W	NW,W	W,NW	NW,SE	SE	SE	SE,W			16

Station/Land: Prince Rupert (Brit. Columbia)/Kanada

Lage: 54°17'N/130°23'W Höhe ü. NN: 16 m

		J	F	M	A	M	J	J	A	S	O	N	D	Jahr	Z	
1 Mittl. Temperatur	in °C	1,8	2,4	3,8	6,3	9,5	11,7	13,4	13,9	12,1	8,7	5,2	2,8	7,6	26	1
2 Mittl. Max. d. Temperatur	in °C	3,9	5,6	7,2	10,0	12,8	15,6	16,7	17,8	15,6	11,7	7,8	4,4	11,1	26	2
3 Mittl. Min. d. Temperatur	in °C	-1,1	-0,6	0,6	2,8	5,0	7,8	9,4	10,6	8,3	5,6	2,8	0,0	4,4	26	3
4 Absol. Max. d. Temperatur	in °C	16,7	18,9	20,0	21,7	28,9	31,1	30,6	30,0	26,1	21,7	20,0	15,6	31,1	30	4
5 Absol. Min. d. Temperatur	in °C	-19,4	-16,7	-9,4	-5,6	-1,1	1,7	0,6	3,9	-1,1	-5,6	-10,0	-17,2	-19,4	30	5
6 Mittl. relative Feuchte	in %	81	81	79	79	79	83	85	87	84	84	83	85	83	5	6
7 Mittl. Niederschlag	in mm	225	177	196	173	130	108	117	149	217	336	293	278	2399		7
8 Max. Niederschlag	in mm															8
9 Min. Niederschlag	in mm															9
10 Max. Niederschlag 24 h	in mm	125	65	70	71	49	57	55	49	58	141	138	126	141		10
11 Tage mit Niederschlag	>0,25 mm	20	18	20	19	17	16	17	16	18	24	22	23	230		11
12 Sonnenscheindauer	in h	37	58	80	106	140	107	108	112	85	50	35	25	943		12
13 Strahlungsmenge	in Ly/Tag															13
14 Potentielle Verdunstung	in mm	0	0	0	32	73	102	116	104	61	29	0	0	517	26	14
15 Mittl. Windgeschwindigkeit	in m/sec.	3,8	3,4	3,3	3,3	2,2	1,8	1,6	1,7	2,3	3,5	3,7	3,9	2,9		15
16 Vorherrschende Windrichtung		SE	SE	SE	SE	SE	SE	SE	SE	SE	SE	SE	SE			16

Station/Land: Helsinki (Ilmala)/Finnland

Lage: 60°12'N/24°55'E Höhe ü. NN: 45 m

			J	F	M	A	M	J	J	A	S	O	N	D	Jahr	Z	
1	Mittl. Temperatur	in °C	-6,1	-6,6	-3,4	2,6	8,8	14,0	17,2	16,0	11,1	5,4	1,0	-2,6	4,8		1
2	Mittl. Max. d. Temperatur	in °C	-3,4	-3,9	0,1	6,4	13,5	18,6	21,6	20,1	15,0	8,1	2,9	-0,5	8,2	30	2
3	Mittl. Min. d. Temperatur	in °C	-8,5	-9,3	-6,8	-0,9	4,3	9,2	12,5	11,7	7,5	2,7	-1,0	-4,8	1,4	30	3
4	Absol. Max. d. Temperatur	in °C	6,8	11,8	15,0	20,5	26,1	31,2	33,1	30,1	24,3	17,8	10,7	9,4	33,1		4
5	Absol. Min. d. Temperatur	in °C	-33,2	-30,2	-26,0	-13,4	-5,5	-0,3	5,4	3,5	-4,1	-10,0	-16,3	-27,8	-33,2		5
6	Mittl. relative Feuchte	in %	88	86	78	74	64	66	70	75	81	85	88	90	79	30	6
7	Mittl. Niederschlag	in mm	57	42	36	44	41	51	68	72	71	73	68	66	692		7
8	Max. Niederschlag	in mm	95	110	73	81	85	119	144	171	114	180	147	118	941		8
9	Min. Niederschlag	in mm	12	9	8	8	3	13	12	8	4	11	29	19	493		9
10	Max. Niederschlag 24 h	in mm	21	18	22	35	31	56	88	60	57	50	35	40	88		10
11	Tage mit Niederschlag	>0,1 mm	20	18	14	13	12	13	14	15	15	18	19	20	191		11
12	Sonnenscheindauer	in h	31	63	136	184	270	294	295	251	152	76	30	18	1799		12
13	Strahlungsmenge	in Ly/Tag	19	70	197	291	401	478	450	304	187	84	23	12	210		13
14	Potentielle Verdunstung	in mm	0	0	0	18	65	99	125	104	65	31	3	0	510		14
15	Mittl. Windgeschwindigkeit	in m/sec.	4,3	4,1	3,9	3,8	3,8	3,7	3,3	3,4	3,8	3,9	4,2	4,0	3,8		15
16	Vorherrschende Windrichtung		S	N	WNW	S	SSW	SSW	S	S	WNW	S	S	S			16

Station/Land: Braunlage/Bundesrepublik Deutschland

Lage: 51°43'N/10°37'E Höhe ü. NN: 607 m

			J	F	M	A	M	J	J	A	S	O	N	D	Jahr	Z	
1	Mittl. Temperatur	in °C	-2,7	-2,3	1,0	5,0	9,9	13,0	14,6	14,1	11,3	6,6	2,1	-1,0	6,0	30	1
2	Mittl. Max. d. Temperatur	in °C	-0,3	2,5	4,8	9,4	14,3	17,5	19,0	18,7	15,7	10,2	4,4	1,1	9,6	30	2
3	Mittl. Min. d. Temperatur	in °C	-5,2	-4,9	-2,3	1,1	5,4	8,4	10,5	10,4	7,8	3,8	0,0	-3,2	2,7	30	3
4	Absol. Max. d. Temperatur	in °C	12,8	15,1	18,7	25,9	28,1	29,4	32,0	32,0	30,3	23,8	18,7	13,9	32,0	40	4
5	Absol. Min. d. Temperatur	in °C	-23,1	-25,6	-16,4	-10,1	-7,6	0,8	2,7	2,7	-1,3	-6,8	-12,6	-20,2	-25,6	40	5
6	Mittl. relative Feuchte	in %	88	85	79	74	73	75	79	81	82	85	89	91	82	10	6
7	Mittl. Niederschlag	in mm	130	118	80	85	80	98	126	105	97	112	116	118	1265	30	7
8	Max. Niederschlag	in mm															8
9	Min. Niederschlag	in mm															9
10	Max. Niederschlag 24 h	in mm															10
11	Tage mit Niederschlag	>0,1 mm	21	18	16	17	16	15	18	16	15	17	19	19	207	30	11
12	Sonnenscheindauer	in h	50	80	134	183	211	211	193	174	161	112	47	35	1591	10	12
13	Strahlungsmenge	in Ly/Tag	49	98	160	241	294	340	318	276	191	111	52	34	181	10	13
14	Potentielle Verdunstung	in mm	0	0	7	35	77	97	109	95	66	36	10	0	532		14
15	Mittl. Windgeschwindigkeit	in m/sec.															15
16	Vorherrschende Windrichtung																16

Station/Land: Goose Bay (Neufundland)/Kanada

Lage: 53°19'N/60°25'W Höhe ü. NN: 13 m

			J	F	M	A	M	J	J	A	S	O	N	D	Jahr	Z	
1	Mittl. Temperatur	in °C	-16,6	-14,9	-8,4	-1,6	5,1	11,9	16,3	14,7	10,1	3,2	-4,4	-12,9	0,2	10	1
2	Mittl. Max. d. Temperatur	in °C	-13,3	-10,0	-3,9	2,8	9,4	16,1	21,7	19,4	15,0	7,2	-0,6	-8,9	4,4	10	2
3	Mittl. Min. d. Temperatur	in °C	-22,2	-20,6	-14,4	-7,2	0,0	5,6	11,1	9,4	5,6	-0,6	-7,7	-16,7	-5,0	10	3
4	Absol. Max. d. Temperatur	in °C	5,6	7,8	10,6	16,7	31,7	31,7	37,8	32,8	28,9	22,8	14,4	11,7	37,8	9	4
5	Absol. Min. d. Temperatur	in °C	-35,6	-37,2	-35,6	-25,0	-12,2	-1,1	3,3	0,0	-6,7	-11,7	-22,8	-31,7	-37,2	9	5
6	Mittl. relative Feuchte	in %	82	82	73	67	63	62	62	65	68	71	79	87	72	9	6
7	Mittl. Niederschlag	in mm	72	63	68	62	56	72	84	91	76	63	67	63	837		7
8	Max. Niederschlag	in mm															8
9	Min. Niederschlag	in mm															9
10	Max. Niederschlag 24 h	in mm	30	40	37	43	34	29	35	66	43	30	41	32	66		10
11	Tage mit Niederschlag	>0,25 mm	16	14	14	14	13	15	15	15	14	14	14	15	173		11
12	Sonnenscheindauer	in h	90	111	143	136	176	198	194	187	124	91	69	66	1585		12
13	Strahlungsmenge	in Ly/Tag															13
14	Potentielle Verdunstung	in mm	0	0	0	0	44	88	126	105	68	23	0	0	454	10	14
15	Mittl. Windgeschwindigkeit	in m/sec.	4,8	4,4	4,5	4,4	4,2	3,9	3,8	3,8	4,2	4,5	4,2	4,4	4,3		15
16	Vorherrschende Windrichtung		W	W	W	NW	NE	NE	SW	SW,W	W	W	W	W			16

Station/Land: Er-Riad/Saudi-Arabien

Lage: 24°39'N/46°42'E Höhe ü. NN: 591 m

		J	F	M	A	M	J	J	A	S	O	N	D	Jahr	Z	
1 Mittl. Temperatur	in °C	14,4	15,9	20,6	24,7	30,0	33,3	33,6	32,8	30,6	25,3	20,9	15,3	24,8	3	1
2 Mittl. Max. d. Temperatur	in °C	21,1	22,8	27,8	31,7	37,8	41,7	41,7	41,7	38,9	34,4	28,9	21,1	32,2	3	2
3 Mittl. Min. d. Temperatur	in °C	7,8	8,9	13,3	17,8	22,2	25,0	25,6	23,9	22,2	16,1	12,8	9,4	17,2	3	3
4 Absol. Max. d. Temperatur	in °C	30,0	32,8	38,3	40,0	43,3	45,0	45,0	44,4	43,9	38,3	34,4	30,6	45,0	3	4
5 Absol. Min. d. Temperatur	in °C	-7,2	-1,7	0,6	2,2	15,0	19,4	19,4	16,7	17,2	10,0	1,7	0,0	-7,2	3	5
6 Mittl. relative Feuchte	in %	57	50	51	49	41	39	26	27	33	36	47	64	43	3	6
7 Mittl. Niederschlag	in mm	3	20	23	25	10	2	0	2	0	0	2	2	89	3	7
8 Max. Niederschlag	in mm															8
9 Min. Niederschlag	in mm															9
10 Max. Niederschlag 24 h	in mm	5	58	61	51	18	2	0	2	0	0	2	2	61	3	10
11 Tage mit Niederschlag	>1,0 mm	1	1	3	4	1	0	0	<1	0	0	0	0	11	3	11
12 Sonnenscheindauer	in h															12
13 Strahlungsmenge	in Ly/Tag															13
14 Potentielle Verdunstung	in mm	17	22	60	111	185	204	210	197	169	116	55	21	1367		14
15 Mittl. Windgeschwindigkeit	in m/sec.	4,1	4,1	4,6	4,1	4,1	4,6	4,6	3,6	3,6	2,6	3,1	3,1	4,1		15
16 Vorherrschende Windrichtung																16

Station/Land: Kucha/VR China, Autonome Region Uighur

Lage: 41°40'N/86°06'E Höhe ü. NN: 970 m

		J	F	M	A	M	J	J	A	S	O	N	D	Jahr	Z	
1 Mittl. Temperatur	in °C	-12,6	-3,6	7,2	13,1	18,1	21,4	24,1	22,5	18,1	12,2	1,7	-7,2	9,6	2	1
2 Mittl. Max. d. Temperatur	in °C	-5,6	3,3	15,6	20,6	26,7	30,0	32,2	30,6	27,2	20,6	9,4	-0,6	17,2	2	2
3 Mittl. Min. d. Temperatur	in °C	-19,4	-10,6	-1,1	5,6	9,4	12,8	16,1	14,4	8,9	3,9	-6,1	-13,9	1,7	2	3
4 Absol. Max. d. Temperatur	in °C	2,2	11,7	26,1	30,0	32,2	36,7	37,2	36,1	33,3	29,4	16,7	8,9	37,2	2	4
5 Absol. Min. d. Temperatur	in °C	-25,0	-20,0	-8,9	-0,6	-0,6	8,3	11,1	7,8	1,1	-6,1	-11,1	-26,7	-26,7	2	5
6 Mittl. relative Feuchte	in %															6
7 Mittl. Niederschlag	in mm	3	3	5	3	3	33	18	8	5	0	2	8	91	2	7
8 Max. Niederschlag	in mm															8
9 Min. Niederschlag	in mm															9
10 Max. Niederschlag 24 h	in mm															10
11 Tage mit Niederschlag	>0,1 mm	3	1	<1	3	2	7	6	7	2	0	<1	1	33	2	11
12 Sonnenscheindauer	in h															12
13 Strahlungsmenge	in Ly/Tag															13
14 Potentielle Verdunstung	in mm	0	0	22	59	106	135	151	126	79	31	0	0	709	4	14
15 Mittl. Windgeschwindigkeit	in m/sec.															15
16 Vorherrschende Windrichtung																16

Station/Land: Swakopmund/Namibia

Lage: 22°41'S/14°31'E Höhe ü. NN: 12 m

		J	F	M	A	M	J	J	A	S	O	N	D	Jahr	Z	
1 Mittl. Temperatur	in °C	17,2	18,1	17,5	15,7	15,1	15,2	13,0	12,1	12,6	13,7	14,9	16,4	15,1	11	1
2 Mittl. Max. d. Temperatur	in °C	20	21	20	18	18	20	18	16	16	16	18	19	18	15	2
3 Mittl. Min. d. Temperatur	in °C	15	16	15	13	11	11	9	9	10	11	13	14	12	15	3
4 Absol. Max. d. Temperatur	in °C	25	29	40	40	38	36	36	40	29	41	24	27	41	15	4
5 Absol. Min. d. Temperatur	in °C	4	9	11	7	5	5	3	4	5	5	8	8	3	15	5
6 Mittl. relative Feuchte	in %	87	88	89	90	84	77	80	88	90	87	88	89	86	15	6
7 Mittl. Niederschlag	in mm	1	2	2	2	0	0	0	0	0	0	1	0	10	15	7
8 Max. Niederschlag	in mm	5	18	11	9	5	4	3	1	0	4	18	4	29	15	8
9 Min. Niederschlag	in mm	0	0	0	0	0	0	0	0	0	0	0	0	0	15	9
10 Max. Niederschlag 24 h	in mm	3	17	11	9	5	4	1	1	0	3	18	2	18	15	10
11 Tage mit Niederschlag	>0,1 mm	0	0	0	1	0	0	0	0	0	0	0	0	1	15	11
12 Sonnenscheindauer	in h	233	188	211	237	251	231	236	220	189	226	210	214	2646	5	12
13 Strahlungsmenge	in Ly/Tag															13
14 Potentielle Verdunstung	in mm	85	74	77	58	60	53	46	38	47	54	63	77	732	14	14
15 Mittl. Windgeschwindigkeit	in m/sec.															15
16 Vorherrschende Windrichtung																16

Manfred J. Müller: Handbuch ausgewählter Klimastationen der Erde. Trier: Forschungsstelle Bodenerosion Mertesdorf der Universität Trier, 3. Auflage 1983, S. 12, 22, 46, 47, 145, 168, 207, 208, 297

Register